项目资助

国家社会科学基金青年项目"公众参与环境治理的机制创新及路径选择研究"（17CZZ030）

公众参与环境治理的理论与实践

Theory and Practice of
Public Participation in Environmental Governance

龚宏龄 /著

中国社会科学出版社

图书在版编目（CIP）数据

公众参与环境治理的理论与实践 / 龚宏龄著 . —北京：
中国社会科学出版社，2024.5
ISBN 978-7-5227-3193-3

Ⅰ.①公… Ⅱ.①龚… Ⅲ.①公民—参与管理—环境
综合整治—研究—中国 Ⅳ.① X322

中国国家版本馆 CIP 数据核字（2024）第 052735 号

出 版 人	赵剑英
责任编辑	赵　丽
责任校对	冯英爽
责任印制	王　超

出　　版	中国社会科学出版社
社　　址	北京鼓楼西大街甲 158 号
邮　　编	100720
网　　址	http://www.csspw.cn
发 行 部	010 - 84083685
门 市 部	010 - 84029450
经　　销	新华书店及其他书店

印　　刷	北京明恒达印务有限公司
装　　订	廊坊市广阳区广增装订厂
版　　次	2024 年 5 月第 1 版
印　　次	2024 年 5 月第 1 次印刷

开　　本	710×1000　1/16
印　　张	23.5
插　　页	2
字　　数	343 千字
定　　价	118.00 元

前　言

　　人类的存续以资源环境为基础，同时，对更加丰富的物质生活的执着和对更高文明形态的渴望，使人类社会发展常常伴随着对资源环境的过度开发和粗放利用等问题。随着工业革命的出现，人类获得了大肆攫取自然资源的技术，但无限制地索取和有害物质的不断排放，导致生态平衡被大规模打破。尤其近百年来，环境污染事件更是在全球范围蔓延开来，20世纪30年代以来相继发生的极端环境污染事件，如比利时马斯河谷的烟雾事件（1930）、美国洛杉矶光化学烟雾事件（1943）、美国宾夕法尼亚州多诺拉城的烟雾事件（1948）、英国伦敦烟雾事件（自1952年以来多次发生），以及50年代开始，日本相继暴发的汞中毒和镉中毒事件（水俣病；骨痛病事件）等，无一不验证了"人与自然是生命共同体"，二者关系的失衡将导致其对人类施以报复。

　　虽然生态环境问题古已有之，但长期以来人类主流的志向是"征服大自然"，极少意识到物种灭绝、环境破坏对人类带来的灾难性后果。直到蕾切尔·卡逊《寂静的春天》的出版才真正使环境问题触动大众的神经。面对日益严峻的环境污染问题，国内外学者开始致力于研究科学治理环境的可循之道。1972年，丹尼斯·米都斯发表《增长的极限：罗马俱乐部关于人类困境的报告》，提出"增长极限论"和"零增长"的对策性方案，引发了全球范围内关于环境资源问题的持久大辩论和研究环境治理的热潮。与之相关，针对环境治理体系结构相继出现了系列不同的理论主张。这些不同的理论主张，其核心皆是环境治理主体结构问题，本质是政府、市场及社会等不同主体各自的角色地位及其边界问题，正是相互之间关系和作用边界的差异导致出现了不同的治理模式。

环境问题是典型的公共性问题，在危机时代，包括个体公民在内，没有任何人能够独善其身。当下，各界对于环境治理已经形成基本共识，即仅仅依靠政府或市场或社会力量都无法有效遏制环境污染，多元主体共治才是解决环境治理困境的有效选择。但从历史维度看，人类对于环境保护和环境治理的探索，大致经历了政府主导型、市场激励型和社会参与型等主流模式。在不同时代和不同模式下，各主体发挥的作用互有差异，相应地，公众的角色与地位也存在明显差别。

在早期环境治理中，受"利维坦"和"全能政府"思维的影响，环境保护被看作政府理所当然的职责，甚至政府被视为治理环境的唯一责任主体。政府主要通过强制命令、统一的法律政策和行政手段等对污染破坏环境的行为进行管控。这种治理模式因为有着较强的执行力和明显的管制效果，在客观上有效缓解了生态环境的恶化趋势。但此种模式下，公众自主保护环境的意识尚未觉醒，往往是被动的管制对象或法律政策的服从者，总体上属于消极被动的角色。随着新公共管理运动和治理理论的兴起，公民参与和公共责任的重要性不断凸显，以命令和控制为特点的传统治理模式受到冲击。加之，政府规模扩张导致的财政压力、行政干预的低效率和利益俘获等问题，环境治理中出现了不同程度的"政府失灵"，政府主导的治理模式因而陷入困境并遭遇质疑。

在此背景下，以"成本—收益"为核心的经济学思维被引入环境治理中，形成了市场激励型治理模式。这种模式重新定义了环境保护与环境治理的责任，明确了市场主体的环境保护义务和治理责任（如"谁污染谁治理"），并通过正向或负向的选择性激励来督促其责任履行。但是，相比于其他类型公共事物的治理而言，环境问题有着其典型的独特之处，即环境污染有时具有较长的潜伏期，污染物的辨识亦存在一定难度，比如人们很难从城市噪声中精准识别出主要的噪声源及其危害，而且，有的污染物比如水和空气等具有明显的流动性和跨域转移性，这进一步增加了对污染排放的识别难度。因此，以明晰"权属"来界定和划分责任、以成本和收益来激励市场主体的常规方式很难奏效，以致该模式在环境治理中不可避免地陷入"市场失灵"境地。

政府和市场主体相较于公众，在环境治理中具有更强的资源调动能力和治理话语权，是环境治理的十分重要的主体，但是，以二者为主导的治理模式都通过外部控制或约束来"内化"环境治理责任，皆存在失灵风险。为寻找新的解决办法，人们逐渐将视角转到公众这一广泛主体，认为公众参与可以改善环境污染、提高环境政策的接受度、实现经济和环境和谐发展，因此，试图在环境治理过程中提升公众的"议价能力"，重新构建环境治理结构体系。那么，有没有可能通过政府、市场和社会之间的协商合作来实现对环境污染问题的有效解决呢？答案是肯定的。随着多主体协同共治模式逐渐进入研究视野，环境治理主体由原来的二元阶段转变为政府、市场、社会并存的新阶段。在此背景下，逐步形成了政府引导和规制、企业主体责任、社会公众参与的多元主体共治的环境治理架构，在其中，政府、市场、社会公众各自的角色逐渐明晰。

鉴于公众参与在环境治理体系中的"纽带"作用，以及对于增强社会凝聚力，提高环境决策质量等诸多方面的重要性，近些年来，中国在环境治理中对公众参与给予了高度重视，如《环境保护法》（2014 年修订）、《环境保护公众参与办法》以及《公民生态环境行为规范（试行）》（简称"公民十条"）等法律法规和政策文件，明确了环境治理中公众的法律地位、公众参与方式方法以及相应保障等基本内容。与此同时，党的十九大提出"构建政府为主导，企业为主体，社会组织和公众共同参与的环境治理体系"；生态环境部等六部门提出"要更广泛地动员全社会参与生态文明建设，推动形成人人关心、支持、参与生态环境保护的社会氛围，到 2025 年基本建立生态环境治理全民行动体系"（《"美丽中国，我是行动者"提升公民生态文明意识行动计划(2021—2025 年)》）；党的二十大进一步强调要"推动绿色发展，促进人与自然和谐共生"；为贯彻党的二十大精神，生态环境部等五部门对"公民十条"

进行修订，于 2023 年 6 月 5 日联合发布了《公民生态环境行为规范十条》，进一步强化公民环保意识，推动形成全社会践行绿色低碳生产、生活方式的自觉性。

政策支持和法制保障为公众参与环境治理提供了越来越充分的空间和渠道，那么，公众是否如被期待的那般积极参与到环境治理实践中来了呢？公众的参与实践又是否达到了预期的效果？有研究指出，"治理环境污染最为有效的政策工具还是控制型和市场激励型工具，公众参与型工具和自愿行动型工具的有效性与前两者相比较差"[1]；目前公众参与环境治理主要侧重于投诉上访等后端治理，在建言献策等前端治理上，公众参与的积极性明显不足[2]；由于缺乏专业知识和参政话语权，多数公众无法有效地参与环境治理决策的辩论过程，他们的意见和建议也常常被忽视[3]。以致出现理论上和政策上高度重视，但实践难以有效推进的尴尬局面。那么，是什么因素导致在环境治理中公众被寄予厚望，但实际参与效果难以彰显呢？面对日益严峻的生态环境危机，当如何破解公众"参与失灵"困境？围绕上述问题，笔者以"公众参与环境治理的机制创新及路径选择研究"为主题申报国家社会科学基金青年项目，并展开相应研究。

在上述研究告一段落之际，主要研究内容经整理形成本书的主体部分。围绕前述问题，本书试图达到三个层次的目标：第一，在理论层面上，分析阐述公众参与环境治理的时代背景、理论基础及相应的制度环境（第一章、第二章）。第二，在现实层面，以调查数据为基础分析公众参与环境治理的现状，重点探讨公众参与环境治理是否存在失灵以及可能的影响因素；通过统计数据、补充调查及案例访谈，对不同环境治理模式下政企社之间的关系、信访形式的公众参与、公众与环保工作人

---

① 王红梅：《中国环境规制政策工具的比较与选择——基于贝叶斯模型平均 (BMA) 方法的实证研究》，《中国人口·资源与环境》2016 年第 9 期。

② 郭进、徐盈之：《公众参与环境治理的逻辑、路径与效应》，《资源科学》2020 年第 7 期。

③ Fischer A., Young J.C., "Understanding Mental Constructs of Biodiversity:Implications for Biodiversity Management and Conservation", *Biological Conservation*, Vol.136, No.2, 2007.

员双重视角下的公众参与问题等做进一步的分析探讨（第三章、第四章、第五章）。第三，以垃圾分类、噪声污染防治以及环境公益诉讼等为例，探讨促进公众参与环境治理及其效能的路径机制（第六章）。

本书的基本观点为：第一，在严峻的环境形势下，没有人能独善其身，包括个体形式的公民都需要为保护共同的家园做出努力。第二，虽然公众参与环境治理有着丰富的理论基础、较为完备的法律法规和政策体系的支持保障，但是，实际情况不容乐观。从调查结果来看，在日常生活中，虽然大部分人都认为自己具有环保意识，但人们的"行为意愿"高于其"行为实践"。也就是说，相比于行为意愿，人们的环保行为实践存在普遍的"折扣"现象。更为明显的是，当涉及参与环境政策过程、向政府表达关于环境问题的意见诉求和政策建议等方面活动时，虽然大部分人都清楚地认识到这些活动的积极作用，但采取实际行动的比例呈断崖式下降。这意味着，理论认知与行为实践之间存在巨大反差，在环境领域，存在明显的公众参与失灵问题。第三，在环境私领域，行为意向是公众环境行为的最主要的解释因素，而且，行为意向分别在行为态度、主观规范对环境行为的影响中起中介作用，感知行为控制并不通过行为意向来起作用，但能够直接影响公众的环境行为；另外，分析表明，存在价值观→生态世界观→后果意识→责任归属→个人规范→公众环境行为的链式中介效应。在环境公领域，存在效能感→政治信任→制度供给→公众参与有效性这样的链式作用路径。第四，中国的环境治理体系结构在政府外部关系维度，呈现从政府向市场和社会"放权"、从单一主体负责向多元主体共治演化的特征；在政府内部关系的纵向维度，呈现与行政管理体制改革的"放权"趋势逆向的上收特征，而在横向维度，则呈现从多部门"齐抓共管"到逐渐集中归并、从权力分散的碎片化格局向职能整合的整体性治理的逻辑转向。第五，从公众和环保工作人员的双重视角来看，通过环保热线进行投诉和通过电子政务平台来表达意见，是公众常用的也是被期待的参与方式，但是，常用的和被期待的方式与公众的效果评价形成鲜明反差。第六，激励引导、机制创新和法治转型是促进公众参与环境治理的必要举措。

如前所述，环境问题是典型的公共性问题，如果缺乏充分的公众参与，许多政策将难以有效执行。而在环境治理实践中，公众参与涉及的领域和参与的渠道十分广泛，公众参与存在的问题也比本书中看到的要多得多。虽然本书致力于从理论基础、现实情况和路径机制层面对公众参与环境治理问题进行系统研究，但仍有不少未尽事宜，也难免存在偏颇或不妥之处，敬请广大读者和专家指正。

必须要说明的是，本书的撰写得到了多方支持，是团队协作的产物：如前所述，主体内容得益于国家社会科学基金青年项目"公众参与环境治理的机制创新及路径选择研究"的相关工作，在此，感谢全国哲学社会科学工作办公室的立项支持，使本书对相关问题的研究得以顺利开展；同时，在问卷的编制和案例写作中，得到同事和同行们的大力帮助，他们分别是我所在单位的陈永进教授、陈培峰副教授、邢乐斌副教授（他们在问卷编制和数据分析上给予了翔实的专业性建议）以及武汉大学的吕普生教授（他在本书对于中国环境治理模式的政府内部关系维度的分析中给出了建设性意见）；在问卷调查、实地访谈和数据分析等环节以及文稿的撰写过程中，张成博、林铭海、刘治宏、郑懿、王红、蒋骐联、廖丽、刘茜等同学积极参与并作出了重要贡献；在书稿的修订和校对环节，中国社会科学出版社的编辑赵丽老师等人付出了大量辛勤劳动，给出了诸多富有建设性的意见和建议。在此，向他们衷心致谢！

龚宏龄

2023 年 10 月 8 日

目　　录

第一章　我们正在迈入环境危机时代 ……………………………… 1

　第一节　环境世界中的公众参与 ………………………………… 2

　　一　谁来参与? ……………………………………………… 3

　　二　参与什么? ……………………………………………… 5

　　三　参与效果如何? ………………………………………… 7

　第二节　公众参与环境治理研究主题及其趋势 ……………… 9

　　一　知识结构特征 ………………………………………… 12

　　二　研究热点主题聚类 …………………………………… 17

　　三　热点主题的演进脉络 ………………………………… 21

　　四　该领域的新兴前沿 …………………………………… 31

第二章　从看客到参与者：理论基础与制度环境 …………… 37

　第一节　公众参与环境治理的理论基础 ……………………… 37

　　一　环境产权理论 ………………………………………… 38

　　二　环境信托理论 ………………………………………… 45

　　三　公共治理理论 ………………………………………… 51

　第二节　公众参与环境治理的制度环境 ……………………… 57

　　一　公众参与环境治理的法律释义 ……………………… 58

二　公众参与环境治理的政策体系 ……………………… 61

第三章　行为"折扣"：公众参与环境治理的效能问题 ……… 72

第一节　公众参与环境治理的效能维度 …………………… 73

一　公众参与效能的衡量尺度 ……………………… 73

二　环境治理中的公众参与及其效能指标 ………… 81

第二节　公众参与环境治理的现状：实际与预期的比较 … 84

一　调查样本的基本情况 …………………………… 84

二　实际参与效果：是否存在参与失灵？ ………… 86

三　不同身份群体参与环境治理的效能水平 ……… 90

第三节　公众的策略及其结果的生成机理 ……………… 100

一　经验复制能否使"成功"的结果再现？ ……… 100

二　理论模型与案例简介 …………………………… 103

三　同途殊归：基于不同事件结果的生成机理 …… 114

四　结论和进一步的讨论 …………………………… 126

第四章　缘何失灵？影响公众参与环境治理的主要因素 …… 130

第一节　私领域公众环境行为的影响因素 ……………… 132

一　公众环境行为预测的主要理论模型 …………… 132

二　主要的影响因素：基于 TPB 与 VBN 的比较 … 136

三　社会情境：一个容易被忽略的要素 …………… 162

第二节　公领域公众参与环境治理的影响因素 ………… 163

一　公领域的行为：TPB 与 VBN 依旧适用吗？ …… 163

二　可能的影响因素：能力预期、制度供给及

政治信任 ……………………………………… 172

三　能力预期如何转化为有效的参与？ …………… 181

第三节　环境治理参与效能的群体差异及其影响因素 …………　188

　　一　基于职业身份差异的分析 …………………………………　189

　　二　基于婚育情况差异的分析 …………………………………　192

　　三　基于受教育程度差异的分析 ………………………………　197

第四节　相关探讨：经济越发展，环境越受关注吗？ ……………　202

　　一　公众环境关注度的可能影响因素 …………………………　202

　　二　研究设计：经济发展、空气质量与教育水平 ……………　207

　　三　经济发展对公众环境关注度的影响及其路径 ……………　212

第五章　环境治理中政府与公众之间的关系思考 …………………　221

第一节　中国环境治理模式演化路径：基于政策文本的分析 ……　222

　　一　政策嬗变与治理模式变迁 …………………………………　222

　　二　环境治理模式：各主体间关系及权责边界 ………………　224

　　三　政策文本角度的量化分析 …………………………………　227

　　四　路径特征：外部放权、治权上收与职能整合并存 ………　230

第二节　公众参与、政府回应与治理效能：基于环境信访的

　　　　探讨 ……………………………………………………………　245

　　一　信访能否改善环境污染状况？ ……………………………　245

　　二　数据来源及描述性统计 ……………………………………　249

　　三　环境信访、政府回应与环境治理效能之间的关系 ………　257

　　四　通过强化政府回应来提升公众参与和环境治理效能 ……　261

第三节　对参与的态度：公众和环保工作人员的双重视角 ………　262

　　一　不同主体对于公众参与的态度是一致的吗？ ……………　263

　　二　数据来源及描述性统计 ……………………………………　264

　　三　对参与的态度：来自双方的信息反馈 ……………………　266

　　四　公众参与方式：常用与被期待之间是否吻合？ …………　272

第四节　政社之外的维度：环境执法权的纵向流动 ············· 278

一　环境执法权为何逆"流"而上？ ······················· 279

二　核心概念与分析框架 ······························· 283

三　逆"流"之因：基于三个案例的分析 ··············· 289

四　结论：地方保护、级别悬殊与跨域合作失灵 ········· 302

第六章　何以"有声"？公众参与环境治理的路径机制 ············· 305

第一节　激励和价值引导：以垃圾分类为例 ··············· 306

一　垃圾分类政策及其效果 ····························· 307

二　是否受激励因素和价值感知的影响？ ··············· 309

三　假设检验：激励策略、价值感知与居民垃圾
分类行为 ··· 317

四　习惯养成之路：强化激励与塑造价值内外兼修 ······· 324

第二节　机制优化：以实现耳朵里的环境权为例 ··········· 328

一　被忽略的环境权 ··································· 328

二　法制历程：从无到有、从法规到法律及其修正 ········· 329

三　实现路径：基于《噪声污染防治法》（2021）的
解读 ··· 334

第三节　面向共治的环境法治转型：从受害者说到公益诉讼 ····· 339

一　主体的"受害者身份"限制 ························· 340

二　主体范围的扩大与环境公益诉讼 ··············· 342

三　当前环境公益诉讼的趋势特征及其思考 ··············· 347

附录　调查问卷 ··· 352

一　公众参与环境治理问卷 ····························· 352

二　环境保护工作人员问卷 ····························· 356

三　轨道噪声扰民及公众参与问卷 ····················· 360

第一章　我们正在迈入环境危机时代

不管情愿与否，我们已经迈入环境危机时代。在这个时代，人类一荣俱荣、一损俱损，没有谁能独善其身，都将主动或被迫根据环境状况及环境保护来调整自己的行为。这意味着，"无论是对作为个体的公民，还是对作为政治组织的国家，在环境污染所诱发的严峻形势下，'沉默是金'这一金科玉律不再被尊崇，'此时无声胜有声'俨然已过时，取而代之的是'有声胜无声'。"①

最近，联合国环境规划署发文指出："人类已经破坏了地球上四分之三的陆地和三分之二的海洋环境。随着森林被砍伐和海洋被污染，上百万个物种正濒临灭绝。"②气候变化、海平面上升、动植物大量灭绝以及各种污染破坏等问题比我们想象的要严重得多，它们正不断威胁着人类的生存和发展。虽然较长时间以来，各个国家和地区不断寻求可持续发展之路以减缓这一污染和破坏趋势，但环境退化对人类生活居住环境

---

① 张晓杰:《中国公众参与政府环境决策的政治机会结构研究》，东北大学出版社 2011 年版，前言第 1 页。

② United Nations Environment Programme, *"Five Environmental Trailblazers Forging a Better World"*, 4 January 2023.

以及人们身心健康的影响仍未得到有效减弱，可以说，"我们依然行进在偏离可持续未来的道路上"①。为了应对全球性的气候变化、生物多样性破坏和环境污染问题，我们必须重新思考如何妥善处理人与自然、经济社会发展与资源环境可持续的关系。在此过程中，政府部门、社会组织、私营部门、城市建设者、社区和普通公众等所有居于其中的主体必须共同努力，调整与自然的关系、改善环境质量，以确保拥有可持续的未来。

第一节　环境世界中的公众参与

在人类社会的绵延发展中，公众参与是交流意见、凝聚共识、促进民主与实现秩序的必要方式，也是公众由私人自治空间进入公共领域，实现权利与权力相连接、促进社会与国家及市场互动的基本途径，因此，常常被寄予厚望。但与此同时，在很多时候、很多场合，公众仅仅被视为公共产品和公共服务的消费者、有关公共事务信息的听众、公共政策的受众、选择代理人或方案时的机械化的投票者等。诸如此类的角色虽然纷繁多样，却塑造出公众的消极被动形象。

到了 20 世纪中后期，公众参与呼声日渐高涨：一方面，科技的进步使人们有了更多、更便捷的渠道来获取有关公共事务的信息，也为人们参与公共事务奠定了技术基础；另一方面，治理理论的兴起和推广为公众参与的推进提供了理论上的支撑。在此情势下，公众逐渐成为现代公共治理的重要主体，而公众参与在社会政治生活中发挥的作用越来越显著和不可替代。在一些典型的公共事务领域如对环境问题的治理中，

---

① 《联合国环境署、联合国人居署共同发布〈全球环境展望：城市版〉报告》，《人类居住》2022 年第 1 期。

这种趋势特征得到充分体现，公众参与对于优化环境治理模式以及提升环境治理效能的重要性不断彰显。

人类的存在与发展需要从外界环境中汲取资源，环境问题关乎每一个个体的切身利益，因而是一个典型的"公共"问题，这驱动着公众将越来越多注意力聚焦到环境问题上。与之相应，环境保护与环境治理也就具有"公共性"特征，这使得环境保护与环境治理成为公众参与的重要领域。在传统意义上，对"公共"问题的治理，往往是"公共部门"尤其是政府部门的责任。具体到环境领域，政府中负责环境事务的行政主管部门常常被视为理所当然的治理主体，这些行政主管部门通过行使人民委托授予的环境治理权力，来配置公共环境资源以及相关的治理资源、处理具有公共属性的环境问题，进而保障和维护公众的环境权利。但是，随着传统治理模式的式微以及各种治理性难题的凸显，促进公众参与并获取公共性支持已经成为当下环境治理的必然要求。公众参与和公共性支持不仅有利于提升环境治理的实际效能，更为重要的是，有助于缓和环境相关政策的科学性与可接受性之间的冲突，促进工具理性与价值理性的平衡，从而在根源上减少环境问题滋生的空间以及由此衍生的社会矛盾。

美国政治学家哈罗德·D.拉斯韦尔曾将政治学归纳为"谁得到什么、何时和如何得到"的问题，这一思维方式不仅适用于理解和认识政治学中的宏观抽象的问题，而且对于相关领域中观和微观问题的认知也具有良好的启发。在有关公众参与环境治理的研究中，这一概括性的思维框架同样适用，并且可以分解为以下几个关联性的问题——谁来参与、参与什么（或者说如何参与），以及获得怎样的效果。它们共同构成本书对于环境治理中公众参与研究的内在架构。

一　谁来参与？

"谁来参与？"这是环境治理参与主体资格问题，即作为参与主体的"公众"指的是谁，它是否等同于公民、市民、居民等概念？事实上，在不少研究中，公众常常被等同于公民、市民、平民或者利益相关者，如政治参与话语中的公众有时被界定为"因事务的非直接后果而受到影响的人"①，而政治参与被认为是"平民试图影响政府决策的活动"②。但在实际政治生活和公共管理活动中，公众的内涵远比上述界定复杂，因为"受决策影响"与"不受决策影响"二者并非泾渭分明。一些看似不受决策影响的普通公众实际上也是间接的或者潜在的利害关系方，而那些原本受到公共决策直接影响的人却可能不自知。而且，"平民"这一用语不管是从词源还是当下的语境来看，都带有颇为浓厚的身份烙印和主体限制性色彩，不适合用来指环境治理中的"公众"这一概念范畴。

在现实中，"公众"在通常情况下是一个笼统的、灵活的甚至带有模糊色彩的术语，可能既包括单个的个体，也包括这些个体构成的松散的人群，还包括利益团体、企业等社会组织，甚至包括他们的代表或那些并不具有公民资格的人（比如无国籍的人或者外国人）。这意味着，参与政治的公众可能以"公民个体""公民群体"以及"公民团体"③中的任意形式，或者以这些形式的任意组合样态呈现出来。

具体到环境领域，根据法律法规及相关内容，"公众"涉及的范围非常广泛，包括公民、个人、专家、法人、其他组织、社会组织、社会团体、单位、行业协会、中介机构、学会、消费者等④各类主体。也就是说，它是一个十分宽泛的概念，"适用于从事这类行动的任何人，无论他是当选的政治家、政府官员或是普通公民"⑤，只要他通过一定的方式和渠道影响到或者试图影响环境治理过程（通常而言，这种影响活动是将环境行政主管部门及其工作人员的正常履职予以排除的非履职性活动），都可以被纳入环境治理中的"公众"范畴。

---

① ［美］约翰·杜威：《公众及其问题》，魏晓慧译，新华出版社 2017 年版，第 13—14 页。

② ［美］塞缪尔·亨廷顿、琼·纳尔逊：《难以抉择：发展中国家的政治参与》，汪晓寿、吴志华、项继权译，华夏出版社 1989 年版，第 5 页。

③ 王维国：《公民有序政治参与的途径》，人民出版社 2007 年版，第 90—92 页。

④ 崔浩等：《环境保护公众参与研究》，光明日报出版社 2013 年版，第 9—10 页。

⑤ ［英］戴维·米勒、韦农·波格丹诺主编：《布莱克维尔政治学百科全书》，邓正来译，中国政法大学出版社 1992 年版，第 563 页。

二　参与什么?

"参与什么"是对象范畴问题。"参"字本身蕴含着"参加""参预""参与"之意,可用来指君臣共谋政治决策。"参与"作为一个整体的词汇,在中国古代典籍中通"参预",亦可作"与参"。如《晋书·唐彬传》中有"预闻而参预其事"的记载,此处的"参预"与"参与"同义,主要指参与政事;《后汉书·延笃传》记录了"擢用长者,与参政事"①。此外,"参议""参同""参决"等与之相关的用法也具有相似的涵义。如《后汉书·班固传》记载"大将军窦宪出征匈奴,以固为中护军,与参议",《三国志·魏志·锺会传》记载"参同计策",《魏书·高宗纪》记载"每有大政,常参决可否"②。

在西方文化中,"参与"对应"participate",后者在古希腊政治学中已经蕴含着某种政治参与的思想,被用于指公民共话城邦事务的活动。此后,"参与"理论随着民主政治的发展不断丰富。到了20世纪60年代,代议制民主遭遇危机,人们对政治领导人和公共部门的信任不断减弱,整个社会充斥着对权威的怀疑。为挽回日渐式微的政治权威合法性,通过促进公众参与来重拾公众信任,成为政治家们经常采用的方略。不管是在古典理念中还是在现代意义上,"参与"都是民主政治的一个关键性概念,公众参与常常被视作实现民主权利的核心路径,被当作反思民主理论的武器和拯救"民主赤字"的重要工具。参与程度的高低则被作为衡量一个国家政府与社会、权力与权利之间关系以及民主化程度的重要指标。也因此,它被当作"善治"的基本要素,用来衡量治理水平的高低。

虽然"参与"这一概念与民主理论的历史长河相伴生,并且衍生出一系列相关的概念,如民众参与、市民参与、公民参与、人民参与、公

---

① 《辞海·增补本》,上海辞书出版社1983年版,第7页。
② 《辞海·增补本》,上海辞书出版社1983年版,第149页。

共参与等，但是，对于具体"参与什么"却众说纷纭。除了参与政事、参与城邦事务或公共事务等笼统说法，公众广泛参与政策过程一直以来被视作公共精神和民主权利的重要体现，因此，在有关公众参与的研究中，政策参与一直是核心议题，而且，公众参与政策制定占据着研究的中心位置。在不少研究文献中，参与民主理论的核心理念是"凡生活受到某项决策影响的人，都应该参与那些决策的制定过程"[①]，而"参与"多被认为"是指人民参加选举活动或广泛参加决策者的选择"[②]。就此而言，参与被等同于公众参与选举或政策过程，甚至直接被化约为参加政治投票或参与政府决策。因此，对公众参与及其效能影响因素或制约因素的探讨往往集中在对选民投票和公众政策参与尤其决策参与的相关研究中。然而，不管从政府过程或政策过程特征，还是从参与意图而言，公众参与不仅包括政治投票过程和公共政策决策阶段的参与，还应包括其他政治活动或有关公共事务治理的活动，以及政策执行、监督反馈等其他政策环节的参与。

那么，在环境治理中公众参与的范围如何界定？公众参与环境治理的行为与公众环境行为之间又是怎样的关系？从理论上来讲，环境行为十分广泛，不仅包括环境友好行为，也包括环境破坏行为；既包括激进的环境行为、公共领域的非激进行为，还包括私人领域环保行为以及其他环保行为[③]；既包括个人行为或私人领域的行为、公民行为，也包括环境行动主义[④]。上述不同视角对环境行为的分类，虽然不尽相同，但存在比较明显的公私领域区分倾向。公共领域的环境行为主要包括参与环境决策及其执行、参与环境知识宣传推广、参与环境影响评价和监督、维

[①]　[美]约翰·奈斯比特：《大趋势：改变我们生活的十个新方向》，梅艳译，中国社会科学出版社1984年版，第161页。

[②]　[美]卡罗尔·佩特曼：《参与和民主理论》，陈尧译，上海人民出版社2006年版，第6页（推荐序言）。

[③]　Paul C.Stern, "Toward a Coherent Theory of Environmentally Significant Behavior", *Journal of Social Issues*, Vol.56, No.3, 2000.

[④]　Pisano I., Lubell M., "Environmental Behavior in Cross-National Perspective: A Multilevel Analysis of 30 Countries", *Environment and Behavior*, Vol.49, No.1, 2017.

护合法环境权益、参与环境纠纷的调解等活动。如2015年7月发布的《环境保护公众参与办法》中明确规定："为保障公民、法人和其他组织获取环境信息、参与和监督环境保护的权利，……制定本办法"（第一条）、"本办法适用于公民、法人和其他组织参与制定政策法规、实施行政许可或者行政处罚、监督违法行为、开展宣传教育等环境保护公共事务的活动"（第二条）等内容。私人领域环境行为主要包括个体在环境领域的实践活动，包括资源回收再利用、垃圾分类、低碳生活等行为，虽然这些行为活动未在环境相关法律政策文本中被明确纳入公众参与的范畴，但与环境保护密切关联，在本质上是对环境保护法律法规和政策的贯彻执行，是公领域环境行为在私领域的延伸。

三　参与效果如何？

公众参与意在对影响公众利益的决策和行为施加影响。但值得一提的是，参与并不意味着必须是由公众来作出决定或者主导决策，否则就应称之为"公众决策"而非"公众参与"。但其也并不意味着对政府过程或政策过程毫无影响，公众参与必须是真实的参与，而不是毫无原则的妥协和被动顺从，否则即意味着实际上未参与。也就是说，在一些时候，公众的参与活动会对政府过程产生实质性影响，在另一些时候这些影响也可能微乎其微——但即便在这种影响不显著的情况下，只要公众参与到政府管理过程或者采取了对该过程施加影响的活动，那么就可以认为是"真实的参与"。

不过，理论上而言，这种真实的或实际上的参与并不能确保在任何情况下公共政策和政府行为与公众的政策目标和利益期待都能够一致。真正考验参与绩效以及能够体现公众参与效能的是，当二者的目标不一致时，公众是否有畅通的渠道向政府及相关主体表达意见诉求，公众的意见诉求是否"被听见"和得到有效回应，在后续政策过程中公众的诉求表达和价值偏好是否得到应有的重视，以及是否给那些利益诉求未获得尊重甚至遭受利益损失的公众预留了获得救济的渠道。由此而言，对公众参与环境治理及其效能的分析应当予以综合考察。换言之，不管是理论层面还是实践层面，公众参与都未必能确保环境问题及相关争议获得与公众诉求表达或期待一致的结果，但是，"公众参与有助于建立平等对话的机制，使社会各方共同寻找问题的解决办法，为环境问题的解决提供条件、渠道和可能性，也有利于缓和矛盾，从而避免各方由于追求自我利益而导致的冲突"①。也正因如此，在当前针对环境问题的各种治理模式的探讨中，公众往往都被视为不可或缺的主体，与之相应，公众参与被作为提升环境治理效能的必要手段和构建现代化的环境治理体系的重要内容。

在新的世纪征程中，经济领域的瞩目成绩已经无法满足人民日益增长的美好生活需要，各种社会问题不断滋生，各类矛盾纠纷不断显现，进而形成了对公共秩序的各种威胁。在此形势下，公众参与成为缓解社会矛盾和社会问题的重要方式。在环境保护与环境治理领域，公众参与在中国成为热门的话题大约是21世纪以来的事情，特别是2003年以后发生的一系列重大生态环境事件（主要涉及水污染、重金属污染、尾矿废矿污染以及各类化工项目如 PX 或 PC 项目引发的群体性事件）使这一话题进入大众视野，并由此引发了对环境保护和环境治理中公众角色作用的关注。与此同时，党的十六届六中全会指出"必须创新社会管理体制，整合社会管理资源，提高社会管理水平，健全党委领导、政府负责、社会协同、公众参与的社会管理格局"，从而明确了公众参与在社会管理格局中的重要地位。相应地，公众参与环境保护和环境治理也在各种法律法规和政策文件中被不断强调。

但是，根据此前学者的研究，从参与强弱程度来看，在较长一段时期，社会管理中的公众参与显著不足，其中，"强政治参与行为只占7.11%，弱政治参与行为占 18.56%，无政治参与行为占 74.33%"②。而在

---

① 虞伟：《中国环境保护公众参与：基于嘉兴模式的研究》，中国环境出版社 2015 年版，第 4 页。

② 王丽萍、方然：《参与还是不参与：中国公民政治参与的社会心理分析——基于一项调查的考察与分析》，《政治学研究》2010 年第 2 期。

一些必要和必须参与的事务上，有接近一半的市民持消极否定的态度①。比如在地方人大代表选举中，不管是县级还是乡镇级别，公众实际参与都"处于较低水平"，而且除投票之外，"只有少数人"参与选举的其他环节如提名、协商、确定候选人以及参与候选人见面活动等②。可以说，在社会管理实践中，公众对于参与公共事务治理的冷漠态度非常明显，公众参与的理论与实际存在鸿沟，公众参与对于民主进程和社会发展而言，在理论上的价值并没有转变为实际效能。

在环境治理领域，公众参与同样被寄予厚望，不仅各种有关环境保护的法律法规明确提出"公众参与"和"社会共治"的原则，而且在理念上"公众参与"也不断被强化，如党的十九大报告明确提出要"构建政府为主导、企业为主体、社会组织和公众共同参与的环境治理体系"，《全国人民代表大会常务委员会关于全面加强生态环境保护依法推动打好污染防治攻坚战的决议（2018）》强调要"坚持党委领导、政府主导、企业主体、公众参与原则"等。那么，公众参与的实际情况如何，公众参与环境保护与环境治理的"热情"是否落实到了实际行为当中，公众参与被寄予的时代期许是否得到现实回应？环境领域的公众参与是否存在与其他社会事务领域相似的特征？更为重要的是，哪些因素促进或阻碍了公众参与环境保护和环境治理的行为及其效能水平？

第二节　公众参与环境治理研究主题及其趋势

环境问题是当代中国经济社会发展面临的重要难题，面对环境污染

---

① 余敏江、梁莹：《政府信任与公民参与意识内在关联的实证分析——以南京市为例》，《中国行政管理》2008 年 8 期。

② 史卫民、郑建君：《中国公民的县级人大代表选举参与》，载房宁《中国政治参与报告》，社会科学文献出版社 2015 年版，第 4、7 页。

严峻形势，公众被寄予厚望，公众参与被视为改善环境治理效能的十分重要的方式，在理论界和实务界颇受关注。在国内学术界，近些年对于公众参与环境治理的研究主要呈现以下特点：一是侧重农村环境治理领域的公众行为，如从农村环境治理中的公众参与度或关注度及其影响因素[①]、社区介入农村环境治理公众参与的实现可能[②]等角度进行分析；二是注重对公众参与环境治理的理论、机制与模型的探讨，如利用委托代理理论构建 P-S-A（委托人政府、监察者公众、代理人企业）三层委托代理模型探讨影响公众参与环境治理的激励制度和治理技术[③]、通过授权理论分析公众参与环境治理的嘉兴模式[④]、通过有效决策模型对番禺垃圾焚烧厂、松花江水污染等环境事件进行分析[⑤]、通过案例方式探讨环境群体性事件的治理机制[⑥]、用决策型、抗争型、程序型、协作型四种类别探讨环境治理公众参与的模式[⑦]、运用 CLEAR 模型探讨当前环境治理中公众参与存在的问题和对策等[⑧]；三是对当前环境治理中公众参与的效果及其影响因素进行研究，如运用动态一般均衡模型分析企业参与动机与公众参与外部性[⑨]、运用省级面板数据分析公众参与对于地方政府环境治理

---

① 李咏梅：《农村生态环境治理中的公众参与度探析》，《农村经济》2015 年第 12 期；黄森慰、唐丹、郑逸芳：《农村环境污染治理中的公众参与研究》，《中国行政管理》2017 年第 3 期。

② 李宁、王芳：《农村环境治理公众参与中的社区介入：必要、可能与实现》，《天津行政学院学报》2020 年第 2 期。

③ 薛澜、董秀海：《基于委托代理模型的环境治理公众参与研究》，《中国人口·资源与环境》2010 年第 10 期。

④ 辛方坤、孙荣：《环境治理中的公众参与——授权合作的"嘉兴模式"研究》，《上海行政学院学报》2016 年第 4 期。

⑤ 王红梅、刘红岩：《我国环境治理公众参与：模型构建与实践应用》，《求是学刊》2016 年第 4 期。

⑥ 卢春天、齐晓亮：《公众参与视域下的环境群体性事件治理机制研究》，《理论探讨》2017 年第 5 期。

⑦ 张金阁、彭勃：《我国环境领域的公众参与模式——一个整体性分析框架》，《华中科技大学学报》（社会科学版）2018 年第 4 期。

⑧ 周晓丽：《论社会公众参与生态环境治理的问题与对策》，《中国行政管理》2019 年第 12 期。

⑨ 张同斌、张琦、范庆泉：《政府环境规制下的企业治理动机与公众参与外部性研究》，《中国人口·资源与环境》2017 年第 2 期。

的效用①、探讨新媒体对于公众参与环境治理的促进作用②、从水环境、固体废弃物、大气环境和噪声环境四个类型探讨公众参与对环境治理的效用③等。

环境污染和破坏是人类对自然环境过度索取所遭到的反噬。人与自然是生命共同体，也是命运共同体，环境污染和破坏是全人类面临的共同难题，在各个国家和地区都是共同关注的话题。上述国内研究对于认识环境治理中的公众参与以及中国的环境治理实践提供了理论视角，但目前而言，放眼国际视野，对环境治理公众参与问题研究的总体特征、热点主题及其演进脉络、发展趋势的整体性梳理较为少见。理论研究与实践探索往往相辅相成，梳理国际学术界关于该主题的研究，对于更加充分地了解公众参与环境治理的总体特征、热点主题及其演进脉络、前沿趋势等有着重要的参考价值。因此，以下从国际视野出发对公众参与环境治理的相关研究进行总体梳理和分析。

在各种方式方法中，通过文献计量绘制科学知识图谱是分析特定领域研究整体情况、热点话题以及研究趋势的重要方法。在各种文献计量软件中，CiteSpace 由于其在分析文献共被引、挖掘知识聚类与分布、对作者、机构及其合作信息共现以及可视化等方面的优势，被广泛应用于各个领域的文献梳理及分析研究。因此，此处使用 CiteSpace（5.7.R1 Version）对国际学术界关于公众参与环境治理的已有研究进行梳理和分析，以期能直观呈现该主题研究的基本样貌。

笔者在科学网（Web of Science, WoS）中，选取 Web of Science 核心合集数据库，以"公众参与环境治理"的常见英文表达（public participation in environmental governance, public engagement in environmental governance, citizen engagement in environmental governance, citizen participation in

---

① 李子豪：《公众参与对地方政府环境治理的影响——2003—2013 年省际数据的实证分析》，《中国行政管理》2017 年第 8 期。

② 张樟：《新媒体视域下公众参与环境治理的效果研究——基于中国省级面板数据的实证分析》，《中国行政管理》2018 年第 9 期。

③ 余亮：《中国公众参与对环境治理的影响——基于不同类型环境污染的视角》，《技术经济》2019 年第 3 期。

environmental governance）为检索词分别进行主题检索（设置时间跨度为
"所有年份（1990—2019）"，语种为 English，访问时间为 2020 年 7 月 26
日），而后通过 WoS 组配策略将检索结果进行合并，得到 1133 篇文献。
为确保样本的代表性和相关性，本书以"内容是否符合主题、是否具有学
术价值"为标准进行数据清洗，保留 Article、Book Chapter、Early Access、
Proceedings Paper、Editorial Material、Review 五种文献类型；对于难以
判断是否符合标准的文章，本书先以查全率优先于查准率的原则给予保
留，在后期分析中如确实不符再进行剔除 ①。完成数据清洗后，笔者使用
CiteSpace 软件对数据进行去重，最终得到样本文献 1115 篇。每篇文献包
括文献标题、作者、摘要、关键词、文献类型、来源出版物或会议、Web
of Science 类别、被引频次、引用的参考文献、基金资助等信息。

一　知识结构特征

（一）发文量的年际变化

文献数量的年际变化是衡量该领域研究状况的重要指标。数据显示，
公众参与环境治理的研究文献最早出现于 1997 年（仅有 1 篇），截至
2019 年年底，除部分年份稍有回落，年发文量总体呈现稳步上升趋势。
而且，这种上升趋势具有较为明显的阶段性。如图 1-1 所示，在 1997—
2006 年，学界对于公众参与环境治理的研究文献呈现数量和增速的"双
低"特征（数量少、增速慢，年发文量最多的才 12 篇）；在 2007—2014
年，以"公众参与环境治理"为主题的研究文献明显增加，年均达到 40
余篇；自 2015 年以来，该领域研究年发文量呈跳跃式增长态势，其中
2015 年的发文量几乎是 2014 年的两倍，2019 年的发文量达到 189 篇之
多。由此可见，环境治理中的公众参与问题在国际学术界的受关注度与
日俱增，尤其近几年来，涌现出一大批围绕该主题的研究成果。

---

① Chen C., "Science Mapping: A Systematic Review of the Literature", *Journal of Data and Information Science*, Vol.2, No.2, 2017.

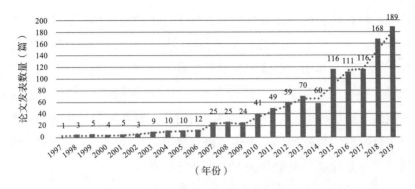

图1-1　"公众参与环境治理"研究文献的年际变化

（二）研究力量分布的结构性特征

学科领域分布：CiteSpace 的双图叠加（dual-map overlay）功能能够对某一专题研究所属的学科领域进行共现分析。如图 1-2 所示双图叠加图谱将 Web of Science 中索引的 10000 多种期刊参照 JCR 标准进行学科分类①，在左侧标示施引文献所在期刊隶属的学科领域，右侧标示被引文献所在期刊隶属的学科领域；当学科领域的研究样本文献数量足够形成集群时，会在图中以椭圆符号圈出，椭圆符号的纵轴长度表明该学科领域出现的研究集群的文献数量，横轴长度表明出现的作者数量；被引文献与施引文献通过引证连线（图中的曲线）相连，从而完整地展示出该专题研究在各学科领域相互之间的引用情况。

在公众参与环境治理研究中，从施引文献来看（如图 1-2 所示），左侧图中有四个研究领域出现了集群，按规模从大到小依次为经济与政治、生态与地球及海洋、兽医与动物科学、心理学与教育及健康，表明该主题研究文献大量集中在社会科学领域，同时也有相当部分发表在自然科学领域期刊，这意味着环境治理中公众参与问题同时受到社会科学以及自然科学的重视，具有多学科交织融合特征。从被引文献来看，右侧图中出现了一个大集群（经济与政治）和五个小集群（环境、毒理学

---

① Chen C., Leydesdorff L., "Patterns of Connections and Movements in Dual-Map Overlays: A New Method of Publication Portfolio Analysis", *Journal of the Association for Information Science and Technology*, Vol.65, No.2, 2013.

与营养；植物学、生态学与动物学；分子、生物与遗传学；化学、材料与物理；系统、计算与计算机），这些是环境治理公众参与研究较常引用的学科门类，其中"经济与政治"是该主题研究的最主要阵地。从全图来看，存在三条显著的引证曲线（图中较粗的曲线），并且它们都指向右侧的"经济、政治"学科范畴，表明公众参与环境治理研究文献主要引用自经济学与政治学。当然，也有部分研究倾向于从自然科学领域寻找论据，并且部分采用量化方式来进行研究。

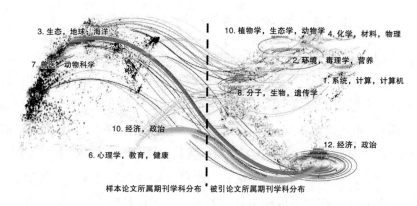

图1-2 "公众参与环境治理"主题文献的学科引用关系图谱

产出主体分布：根据样本数据，从高产作者分布来看，在公众参与环境治理研究领域发文数量排名前10的作者分别来自德国（3位）、加拿大（2位）、荷兰（2位）、波兰（2位）、英国（4位）等欧美国家，其中，来自德国吕讷堡大学的纽伊格·延斯在该主题研究方面发表论文数量最多（11篇）；来自澳大利亚莫道克大学的弗里奇·奥利弗的论文篇均被引次数为42.6，显著高于其他作者。从发文机构来看，发文量排名靠前的机构主要来自荷兰、美国、英国、澳大利亚、加拿大、德国等国家和地区，并呈现出"以高校为主、专职机构为辅"的结构性特征（澳大利亚联邦科学与工业研究组织是发文量前十位的研究机构中唯一的专职机构）。其中，发文量最多的是荷兰的瓦格宁根大学，以37篇的数量独占鳌头；h指数①

---

① 　　h-index 指数，指至少有 h 篇论文分别被引用了至少 h 次，用于测度所发表论文的质量，该指标来源于 Web of Science 官网。

与总被引次数最高的机构均为英国伦敦大学，发文量排名第三；篇均被引次数最高的为英国的东英吉利大学，发文量并列第十，这说明该校虽然发文量不是最靠前的，但文章平均质量很高。

产出的国别特征：该主题研究发文量排前 10 的国家和地区依次为美国、英格兰、澳大利亚、加拿大、中国、荷兰、德国、西班牙、苏格兰、意大利（见表 1-1）。其中，美国发文量为 259 篇，在较大程度上领先其他国家，占总发文量的 23.23%，其 h-index 指数也居于第一位；篇均被引次数最高的是加拿大，平均每篇论文被引用 25.93 次，其次为英格兰和美国，篇均被引次数皆超过 24 次；中国在该主题领域的发文量排名第五，是发文量排名前 10 的国家和地区中唯一的发展中国家，篇均被引次数名列第八。

表 1-1 　　　　　　　　发文量排名前 10 的国家和地区

排序	国家 / 地区	发文量	发文占比（%）	h 指数	篇均被引次数	被引次总计	去除自引
1	美国	259	23.23	36	24.04	6226	6169
2	英格兰	150	13.45	35	24.19	3629	3570
3	澳大利亚	117	10.49	24	16.98	1987	1957
4	加拿大	115	10.31	25	25.93	3008	2961
5	中国	108	9.69	20	13.50	1458	1385
6	荷兰	96	8.61	24	17.16	1649	1609
7	德国	71	6.37	18	17.52	1244	1220
8	西班牙	46	4.13	13	9.55	449	447
9	苏格兰	39	3.50	14	17.77	693	683
10	意大利	36	3.23	10	8.56	308	305

根据样本数据，中国在环境治理公众参与方面的最早文献是卢永鸿以上海环境影响评价为例探讨中国生态环境管制风格的论文。该论文基于环境管制在不同国家、不同政治体制下有所差异的观点，通过上海的

案例探讨了制度背景对于中国环境监管风格的影响，在其中，"公众参与"是一个重要的评价维度 ①。2001—2007 年，样本数据中没有采集到相关文献。此后，中国学者在国际期刊上关于该主题的发文量总体呈上升趋势，截至 2019 年年底，发文总量达到 108 篇，其中 2019 年的发文量就有 30 篇。可见，国内学界对该主题的关注度日渐增强。

（三）高被引论文特征

从高被引论文来看（表 1-2 所示），环境治理中的公众参与研究呈现出生态学科与公共管理学科交叉的特点。从被引频次来看，引用率最高的论文是勒内·A. 埃尔文和乔恩·斯坦斯伯里的 Citizen Participation in Decision Making: Is It Worth the Effort?（被引频次为 693），该文章对于公众参与环境决策的效用问题进行了分析；从发文时间来看，朱迪·弗里曼于 1997 年发表的 "Collaborative Governance in the Administrative State" 是该主题领域最早的文献，被引频次居所有关于公众参与环境治理研究文献的第八位，该文提出一种满足 "解决问题、广泛参与、临时解决方案、跨越公私部门的监管责任分担，以及灵活、参与的机构" 的多方协作模型，并以此作为利益代表模型的替代；从侧重点来看，排名第一与第九的文献皆关注社区层面的环境治理，排第四、第七、第八、第九的文献主要侧重对矿业、固体废物、水资源等具体领域的关注，排第五与第六的文献则关注发展中国家的环境治理问题。

表 1-2   引用量排名前 10 的论文

标题	作者	期刊	发表年份	被引频次
Citizen Participation in Decision Making: Is it worth the Effort?	Irvin, RA, Stansbury, J	*Public Administration Review*	2004	693
A Constitution of Democratic Experimentalism	Dorf, MC, Sabel, CF	*Columbia Law Review*	1998	662

---

①   Carlos Wing Hung Lo, Plato Kwong To Yip, Kai Chee Cheung, "The Regulatory Style of Environmental Governance in China: The Case of EIA Regulation in Shanghai*", *Public Administration and Development*, Vol.20, No.4, 2000.

续表

标题	作者	期刊	发表年份	被引频次
Reconciling the Supply of Scientific Information with User Demands: An Analysis of the Problem and Review of the Literature	McNie, Elizabeth C.	*Environmental Science & Policy*	2007	514
A Review of Citizen Science and Community-based Environmental Monitoring: Issues and Opportunities	Conrad, Cathy C., Hilchey, Krista G.	*Environmental Monitoring and Assessment*	2011	498
An Institutional Analysis of Payments for Environmental Services	Vatn, Arild	*Ecological Economics*	2010	401
Exploring the Origins of 'Social License to Operate' in the Mining Sector: Perspectives from Governance and Sustainability Theories	Prno, Jason, Slocombe, D. Scott	*Resources Policy*	2012	327
The Renew Deal: The Fall of Regulation and the Rise of Governance in Contemporary Legal Thought	Lobel, O	*Minnesota Law Review*	2004	326
Collaborative Governance in the Administrative State	Freeman, J	*Ucla Law Review*	1997	302
Review and Challenges of Policies of Environmental Protection and Sustainable Development in China	Zhang, Kun-min, Wen, Zong-guo	*Journal of Environmental Management*	2008	249
Systems Approaches to Integrated Solid Waste Management in Developing Countries	Marshall, Rachael E., Farahbakhsh, Khosrow	*Waste Management*	2013	236

二　研究热点主题聚类

文献的相互引证关系能够反映学科发展的客观规律，体现研究的发展脉络。因此，可以从引用关系入手，通过对文献进行共被引分析得到研究主题聚类，以此来梳理环境治理中公众参与研究的发展状况。将时间切片设置为 1 年，Node Types 设置为 Reference，g-index 值设置为 k=25，并将共被引图谱进行聚类，结果如图 1-3 所示。在该聚类图中，包含了 938 个节点与 3134 条连线（节点即连线两端的端点，代表了经过 k 值筛选后具有较高引用率的论文。每个节点代表一篇论文，而连线则表示所连接的两篇论文之间存在相互引用关系。节点与连线形成了整体的结构化网络），聚类的模块值 Modularuty Q 为 0.8635，表明划分出来的聚类具有显著性（Q 值 >0.3 为显著）；聚类的网络平均轮廓值 Mean Sihouette 为 0.5054，表明聚类划分较为合理（M 值 >0.5 为合理）。该图谱呈现了主要的聚类及其标签①，勾勒出自 1997 年至 2019 年国际学术界在公众参与环境治理研究中主要聚焦的热门话题。

聚类从 0 开始编号，即聚类 #0 是最大的群集，聚类 #1 是第二大的群集，以此类推；聚类标签通过对数似然率算法（LLR）从标题中提取，用以概括该聚类的研究主题。各聚类所在区域被填充为不同颜色，代表该聚类内部引用关系初始形成的时间，颜色越接近深绿色的区域出现的时间越早，越接近浅绿色、淡黄色的区域出现的时间越晚。

从图 1-3 中不同聚类主题的聚散情况可以看出，在公众参与环境治理研究中，具有最大体量与影响力的聚类是第 0 聚类 "社会学习"，它在所有聚类中时间跨度最大（在后续分析中将更加明显），涉及文献有 89 篇之多，其中不乏大量具有较高影响力与突现性的文章。在具有较高突现值与 Σ 值的几篇文献中，E. 莫斯特等人梳理出 8 类可以促进或阻碍社会学习的因素，并对社会学习过程、权力关系作用、政治与制度背景的互动等问题进行了初步探讨②；M. 穆罗和 P. 杰弗里则指出社会学习在概念与实践上的缺陷，以及它们对自然资源管理中参与式过程设计

---

① 图中仅显示满足筛选条件的主要聚类（g-index 值为 k=25），其余聚类未予展现，故聚类标签序号存在不连续的情况，但下文要进行分析的前 11 个聚类不受影响。

② Mostert, E., C.Pahl-Wostl, Y.Rees, B.Seare, D.Tàbara, and J.Tippett, "Social Learning in European River-Basin Management: Barriers and Fostering Mechanisms from 10 River Basins", *Ecology & Society*, Vol.12, No.1, 2007.

的启示①，他们的研究结论在后续研究中被多次引用。同时，该聚类研究与其他聚类主题之间联系颇为紧密，相互之间存在频繁的引证关系。比如，如 E. 莫斯特对社会学习的探讨与第 7 聚类 "权力关系" 中的研究多次相互引证；理查德·D. 马格热恩运用类型学方法，从利益相关者类型、管理安排与改革方法等角度对不同协同治理方式进行区分与评价②；克里斯·安塞尔和艾莉森·加什以此为基础构建了协同治理的权变模型③；菲克瑞特·贝克斯研究了知识产生、桥梁组织与社会学习的作用④，这些研究为第 1 聚类 "协同治理"、第 3 聚类 "保护政策" 提供了研究基础。

根据文献的共被引聚类图谱，在公众参与环境治理研究领域，出现最早的聚类主题是第 5 聚类 "利益相关者参与评估"，包括 42 篇文献。在其中，学者们研究了公众参与是否能够提高环境决策质量以及相应的影响机理⑤、公众相对缺乏专业素养是否会对环境治理造成负面影响⑥、公众参与发挥积极作用的限制条件⑦等问题。其中还包括关于公众参与环境治理主题最早发表的文献和引用率最高的文献，如前所述，前者提出 "解决问题、广泛参与、临时解决方案、跨越公私部门的监管责任分

---

① Muro M., Jeffrey P., "A Critical Review of the Theory and Application of Social Learning in Participatory Natural Resource Management Processes", *Journal of Environmental Planning & Management*, Vol.51, No.3, 2008.

② Margerum, R.D., "A Typology of Collaboration Efforts in Environmental Management", *Environmental Management*, Vol.41, No.4, 2008.

③ Chris Ansell, Alison Gash, "Collaborative Governance in Theory and Practice", *Journal of Public Administration Research and Theory*, Vol.18, No.4, 2008.

④ Fikret Berkes , "Evolution of Co-management: Role of Knowledge Generation, Bridging Organizations and Social Learning", *Journal of Environmental Management*, Vol.90, No.5, 2009.

⑤ Beierle T C., "The Quality of Stakeholder-Based Decisions", *Risk Analysis*, Vol.22, No.4, 2002；John R.Parkins., "De-centering Environmental Governance: A Short History and Analysis of Democratic Processes in the Forest Sector of Alberta, Canada", *Policy Sciences*, Vol.39, No.2, 2006.

⑥ Koontz T M., "The Farmer, the Planner, and the Local Citizen in the Dell: How Collaborative Groups Plan for Farmland Preservation", *Landscape & Urban Planning*, Vol.66, No.1, 2004.

⑦ Yaffee S L, Wondolleck J M., "Making Collaboration Work: Lessons from a Comprehensive Assessment of over 200 Wideranging Cases of Collaboration in Environmental Management", *Conservation*, Vol.1, No.1, 2000.

担，以及灵活、参与的机构"的多方协作模型，并以此替代利益代表模型，后者意在探讨公众参与环境决策及其效用问题。

在聚类图谱中，颜色最浅的区域代表着最新的聚类主题，在图 1-3 中，这些新近的研究主题大多呈黄色和浅黄色，主要集中于图谱的右下侧，涉及第 1 聚类"协同治理"、第 2 聚类"市民参与"①、第 3 聚类"保护政策"和第 4 聚类"生态系统服务理念"等内容。比较而言，这些聚类主题不仅出现时间比较近，而且在群集大小上也比其他聚类更大一些，并且这些新近的主题聚类范围存在交叉重叠之处。由此表明，它们相互之间存在很频繁的共被引关系，彼此具有交织融合的特征。

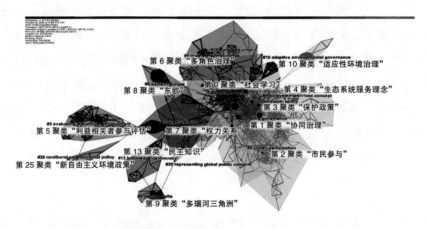

图 1-3 "公众参与环境治理"主题文献的共被引聚类图谱

余下的聚类主题与上述第 1、第 2、第 3、第 4 聚类之间存在一定的梯度关系，比如第 6 聚类"多角色治理"、第 7 聚类"权力关系"、第 8 聚类"东欧"、第 10 聚类"适应性环境治理"等分布在聚类图谱相对左上角的位置，这些聚类主题的研究略早于前述聚类主题（颜色更深一些，呈浅绿色甚至绿色）。图谱左下角的聚类则是更远一些的梯队，包括第 5 聚类"利益相关者参与评估"、第 25 聚类"新自由主义环境政

---

① 由于第 2 聚类的标签 citizen participation 是检索词的一部分，不能反映该聚类的研究主题特征，因此在后续分析中，采用潜在语义索引法（LSI）的结果，将 China 作为该聚类的标签，该做法在陈超美等人的论文中有介绍。

策"、第 13 聚类 "知识民主"、第 9 聚类 "多瑙河三角洲" 等，从聚类所在区域的颜色就可以很清楚地发现，这些聚类主题的研究在整个聚类图谱中是更早的，而且它们相互之间界限分明、彼此孤立，表明彼此之间的共被引关系薄弱、关联度较为松散。

三 热点主题的演进脉络

CiteSpace 中的时间线视图能够将沿水平时间线的研究主题聚类可视化。图谱顶部为聚类时间轴，每个聚类单独为一行，按时间从左到右显示，不同聚类按大小降序垂直排列，最大的聚类显示在图谱顶部。彩色曲线表示在相应颜色的年份中添加的文献共引连线。据此，对上述主题中较为典型的聚类（以聚类大小为依据，选取最具代表性的 #0 至 #10 聚类）作进一步的分析，形成环境治理中公众参与主题文献的共被引聚类时间线图谱，详见图 1-4。

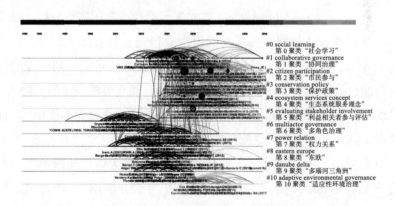

图 1-4 "公众参与环境治理"主题文献的共被引聚类时间线图谱

按照主题覆盖的主要内容，上述聚类结果在时间维度上的演进脉络如下。

第 5 聚类 "利益相关者参与评估" 是环境治理领域公众参与研究最早出现的聚类主题。在该主题研究中，弗兰克·费舍尔的文章具有最高的 Σ 值，探讨了专家是否比普通公民在环境治理中更能发挥有效作用，认为公民所具有的地方性知识（local knowledge）是专家无法取代的①。该观点具有较高的影响力，而作者提出的"后实证主义"政策分析方法被广泛应用于当代环境问题的研究中。该聚类对利益相关者参与环境治理问题的探讨为后续研究提供了一定的基础。虽然第 7 聚类"权力关系"研究的热度也出现得比较早，但一定程度上受到第 5 聚类的影响。比如，在第 7 聚类中，两项具有较高 degree 值与高被引频次的研究——B. 库克和 U. 科塔里编撰的有关"参与是否是新的暴政"的论文集（被引量：1880 次）②，以及学者希拉·贾萨诺夫有关"欧洲和美国科学与民主设计特征"的著作（被引量：1517 次）③均从第 5 聚类中引用了一些文献（此处省略图表）。

第 7 聚类研究的热度出现于 2000 年，当时学者们主要侧重于对环境治理过程中权力关系的探讨，如詹森·奇尔弗斯和杰奎林·伯吉斯提出，治理与参与的实质是政府将权力移交给各利益相关主体，而权力体现在参与的话语、知识等方面。他们对英国放射性废物管理委员会采用"分析—审议"（analytic-deliberative）方式进行治理的案例进行分析，结果表明，除非这些隐性的权力关系与既得利益得到充分表露和解释，并且被公众、专家、政策制定者乃至所有的利益相关方认可，否则相应的治理实践可能会破坏公众信任、公信力与合法性，而非促进民主的美德④。艾伦·埃尔文探讨了欧洲的公共对话对于形成新的治理模式的作用⑤，他的研究对于第 0 聚类产生了深刻影响。

第 0 聚类"社会学习"在所有聚类中具有最大体量与影响力，相关研究热度始于 2002 年，在 2005—2013 年进入井喷期。"社会学习"描

① Frank Fischer, *Citizens, Experts, and the Environment: The Politics of Local Knowledge*, Durham, NC: Duke University Press, 2000.

② Cooke B., Kothari U.eds, *Participation: The New Tyranny?* Zed Books, London, UK, 2001, pp.1-15.

③ Jasanoff S., *Designs on Nature: Science and Democracy in Europe and the United States*, Princeton University Press, 2005.

④ Jason Chilvers, Jacquelin Burgess, "Power Relations: The Politics of Risk and Procedure in Nuclear Waste Governance", *Environment & Planning*, Vol.40, No.8, 2008.

⑤ Alan Irwin, "The Politics of Talk: Coming to Terms with the 'New' Scientific Governance", *Social Studies of Science*, Vol.36, No.2, 2006.

述了一个集体反思的过程,这一过程指导着集体行动[①]。该理论由阿尔伯特·班杜拉于 1977 年提出并应用于社会行为研究,此后逐渐被拓展应用于包括公共管理在内的不同领域。罗尼·D. 利普舒兹等进一步明确指出,"社会学习是一个经过协商,在审议过程中渐进达成一致知识的过程……社会学习的过程也是市民通过互动的参与和观察来验证知识的过程,并且也是通过与专业人士一起进行政策讨论来达成一致意见的过程"[②]。在这一时期,不少学者认为,对于公众而言,在社会学习的过程中,可以通过不断增加的互动的参与和观察来改进自身对于环境治理相关问题的认知,并在与专家、政府等进行政策讨论与博弈的过程中达成一致意见,从而促进对环境的良善治理[③]。"社会学习"作为公众参与环境治理研究领域的重要理论基础,与协商民主、公民科学等理论交织,为诸多研究主题提供了相应的理论依据,这使得该聚类的研究具有持续性、多样化以及多元融合特征。

第 9 聚类"多瑙河三角洲"、第 8 聚类"东欧"[④]研究热度的出现时间都是 2013 年,但不同的是,第 8 聚类的颜色经历了从绿色到浅绿

---

① 崔晶:《中国城市化进程中的邻避抗争:公民在区域治理中的集体行动与社会学习》,《经济社会体制比较》2013 年第 3 期。

② Ronnie D.Lipschutz, Judith Mayer, *Global Civil Society and Global Environmental Governance: The Politics of Nature From Place to Planet*, Albany: State University of New York Press, 1996.

③ Dana G V, Nelson K C., "Social Learning Through Environmental Risk Analysis of Biodiversity and CM Maize in South Africa", *Environmental Policy and Governance*, Vol.22, No.4, 2012; Anne N.Glucker et al., "Public Participation in Environmental Impact Assessment: Why, Who and How?", *Environmental Impact Assessment Review*, Vol.43, November 2013; Brewer J F., "From Experiential Knowledge to Public Participation: Social Learning at the Community Fisheries Action Roundtable", *Environmental Management*, Vol.52, No.2, 2013; David Benson, Irene Lorenzoni, Hadrian Cook, "Evaluating Social Learning in England Flood Risk Management: An 'Individual-Community Interaction' Perspective", *Environmental Science & Policy*, Vol.55, No.14, 2016.

④ 在中欧和东欧社会主义政权崩溃的背景下,东欧国家进行国家体制转型,部分加入欧盟。与此同时,2000 年通过的《欧盟水框架指令》要求全体欧盟成员国将其转化为国内法,并对环境治理过程中公众参与的内容、形式提出了具体要求。由此,转变中的东欧国家为不同政治体制背景下环境治理公众参与研究提供了准自然实验。多瑙河三角洲生物圈保护区(The Danube Delta Biosphere Reserve, DDBR)位于东欧罗马尼亚黑海沿岸,是欧亚非三洲候鸟的集散地、欧洲主要的观鸟区与重要的湿地,1991 年被联合国教科文组织确认为世界自然遗产,因此也成为东欧案例研究中的一个重要分支。

色再到黄色的渐变，而第9聚类的颜色相对单一，可见第8聚类研究热度的时间跨度相比于第9聚类而言更长。在第9聚类中，克里斯托弗·V.艾斯克等人运用福柯的知识／权力（knowledge/power）理论分析了多瑙河三角洲的环境治理情况，他们提出当地政府机构以民众没有足够的知识观念为由垄断着环境权力[①]，并分析了原有的治理模式如何塑造多瑙河三角洲地区环境治理中公众参与的现状与机构改革方案[②]。在第8聚类中，学者们主要探讨了东欧国家环境治理领域公众参与的实践状况所受到的国家转型[③]、加入欧盟[④]以及欧盟环境政策[⑤]等因素的影响。在相当长一段时间内，多瑙河三角洲和东欧都是研究者们的案例聚焦点。

紧随其后的是第6聚类"多角色治理"，相关研究最早出现于2004年，热度持续至2013年。该聚类表明，随着对环境治理问题的重新审视和环境治理实践的推进，学者们意识到将国家视为单一行为主体和统治者的理论假设不再符合现实，非国家行为主体越来越多地参与到环境治理中来，从而超越了由政府单一主体制定并实施具有法律约束力的环境政策的传统模式。这些参与治理的角色包括公共主体、私人

[①] Kristof Van Assche, Martijn Duineveld, Raoul Beunen, Petruta Teampau, "Delineating Locals: Transformations of Knowledge/Power and the Governance of the Danube Delta*Journal of Environmental Policy & Planning*, Vol.13, No.1, 2011.

[②] Kristof Van Assche, Raoul Beunen, Joren Jacobs, Petruta Teampau, "Crossing Trails in the Marshes: Rigidity and Flexibility in the Governance of the Danube Delta", *Journal of Environmental Planning and Management*, Vol.54, No.8, 2011.

[③] Lenka Slavíková, Jiřina Jílková, "Implementing the Public Participation Principle into Water Management in the Czech Republic: A Critical Analysis", *Regional Studies*, Vol.45, No.4, 2011；Jakub Kronenberg, Agata Pietrzyk-Kaszyńska, Anita Zbieg, Błażej Żak, "Wasting Collaboration Potential: A Study in Urban Green Space Governance in a Post-transition Country", *Environmental Science & Policy*, Vol.62, August 2016.

[④] Börzel, Tanja A, Buzogány, Aron, "Governing EU Accession in Transition Countries: The Role of Non-state Actors", *Acta Politica*, Vol.45, No.1-2, 2010.

[⑤] Boerzel T, Buzogany A., "Environmental Organisations and the Europeanisation of Public Policy in Central and Eastern Europe: The Case of Biodiversity Governance", *Environmental Politics*, Vol.19, No.5, 2010.

主体和混合主体，彼此遵循着不同的行为动机与逻辑 ①。从图 1-4 可以发现，该主题研究与"社会学习""协同治理""中国""保护政策"以及"生态系统服务理念"等聚类主题都存在千丝万缕的联系，因而研究的问题也具有多个主题交织的特点，这些问题包括：第一，多角色治理安排的类型，如伙伴关系网络 ②、协商映射 ③、科学社群、新自由主义社群和基层社群 ④，国际协议和国家政策、资助者以及非政府组织和跨国网络 ⑤ 等多元主体在科学决策、流域治理以及全球气候治理等方面的组合类型；第二，多角色治理中不同角色的参与行为及其行为逻辑，如公众中的少数派在协商中的政治妥协 ⑥、穷人与边缘化群体如何参与环境治理项目特别是环境服务付费项目 ⑦、不同参与者行为的影响因素等 ⑧；第三，多角色治理安排的责任、合法性和有效性，如全球森林治理中私营部门规则制定的问责制度 ⑨、气候公正的实现 ⑩、如何设计公众参与跨区

---

① Peter Newell, Philipp Pattberg, Heike Schroeder., "Multiactor Governance and the Environment", *Social Science Electronic Publishing*, Vol.37, 2012.

② K.Bäckstrand, "Multi-stakeholder Partnerships for Sustainable Development: Rethinking Legitimacy, Accountability and Effectiveness", *Environmental Policy & Governance*, Vol.16, No.5, 2010.

③ Burgess J., Stirling A., Clark J.et al., "Deliberative Mapping: A Novel Analytic-deliberative Methodology to Support Contested Science-policy Decisions", *Public Understanding of Science*, Vol.16, No.3, 2007.

④ Cohen, Alice, "Rescaling Environmental Governance: Watersheds as Boundary Objects at the Intersection of Science, Neoliberalism, and Participation", *Environment & Planning A*, Vol.44, No.9, 2012.

⑤ Anguelovski I., Carmin J A., "Something Borrowed, Everything New: Innovation and Institutionalization in Urban Climate Governance", *Current Opinion in Environmental Sustainability*, Vol.3, No.3, 2011.

⑥ Goodin, Robert E., and John S.Dryzek, "Deliberative Impacts: The Macro-Political Uptake of Mini-Publics", *Politics and Society*, Vol.34, No.2, 2006.

⑦ Aguilar-Stoen, Mariel, "Global Forest Conservation Initiatives as Spaces for Participation in Colombia and Costa Rica", *Geoforum*, Vol.61, May 2015.

⑧ Mariel Aguilar-Støen, "Exploring Participation in New Forms of Environmental Governance: A Case Study of Payments for Environmental Services in Nicaragua", *Environment, Development and Sustainability*, Vol.17, No.4, September 2014.

⑨ Chan S., Pattberg P., "Private Rule-Making and the Politics of Accountability: Analyzing Global Forest Governance", *Global Environmental Politics*, Vol.8, No.3, 2008.

⑩ Diana MacCallum, Jason Byrne, Wendy Steele, "Whither Justice? An Analysis of Local Climate Change Responses from South East Queensland, Australia", *Environment and Planning C: Government and Policy*, Vol.32, No.1, 2014.

域性环境治理的新架构与进程从而促进集体决策的民主化等 ①。

随后出现的第 3 聚类"保护政策"反映出国际学界对环境治理政策的关注，热度时间为 2006—2016 年，聚类的主要颜色为浅绿色，部分为黄色和浅黄色。在该聚类中，学者们如安娜·韦塞林克等人主要关注的问题包括环境保护政策制定的理论基础 ②、保护政策制定中多方参与的制度安排、公众参与偏好 ③、环境保护政策的后续实施情况 ④ 等。这些研究从理论层面探讨了公众参与环境政策及环境治理实际成效不显著的根本原因，发现公众参与环境治理的实践问题可能是因为本质上有着不同的、相互冲突的理论基础，其中，工具主义和法律主义的理论占主导地位。该类研究对第 1 聚类"协同治理"和第 4 聚类"生态系统服务理念"的形成与发展产生了较为深远的影响。

第 2 聚类"中国"的研究热度初现于 2008 年，这与当时中国对环境问题的政策导向有着紧密关联。2007 年 10 月，中国共产党第十七次全国代表大会把"建设资源节约型、环境友好型社会"写入党章，首次将建设生态文明确定为中国的国家战略；2008 年 3 月，国务院部门调整，组建了环境保护部。这些举措使国内外学者对中国环境治理的关注度迅速升温。在具体研究中，学者们主要关注以下几个方面的问题：一是中国政治体制情境下公众参与环境治理的主要特点、环境治

---

①   Klinke A., "Democratizing Regional Environmental Governance: Public Deliberation and Participation in Transboundary Ecoregions", *Global Environmental Politics*, Vol.12, No.3, 2012.

②   Anna Wesselink, Jouni Paavola, Oliver Fritsch, Ortwin Renn, "Rationales for Public Participation in Environmental Policy and Governance: Practitioners' Perspectives", *Environment and Planning A*, Vol.43, No.11, 2011.

③   Fletcher R., "Orchestrating Consent: Post-politics and Intensification of Nature TM Inc. at the 2012 World Conservation Congress", *Conservation & society*, Vol.12, No.3, 2014；Diez M A., Etxano I., Garmendia E., "Evaluating Participatory Processes in Conservation Policy and Governance: Lessons from a Natura 2000 pilot case study", *Environmental Policy & Governance*, Vol.25, No.2, 2015.

④   Chewka K., *The Politics of Protecting Species: An Examination of Environmental Interest Group Strategies before and after the Species at Risk Act*, B.A., University of British Columbia, 2007；Agata Pietrzyk-Kaszyńska, Małgorzata Grodzińska-Jurczak, "Bottom-up Perspectives on Nature Conservation Systems: The Differences between Regional and Local Administrations", *Environmental Science & Policy*, Vol.48, April 2015.

理特点与机制的中西方差异①、"威权主义"下环境治理的特点与效用②、环保非营利组织在中国环境治理中的实践③；二是中国环境群体事件研究：环境公正与环境抗争④；三是中国的环境治理政策尤其是环境治理政策绩效⑤。从代表性的文献来看，刘本的论文探讨了中国公众的环境抗争行为及其受到的阻碍，该文被该主题的其他研究多次引用。香港城市大学李万新等人通过三个具体案例分析了中国公众参与环境治理的动因、公众参与的主导者、现行法律是否有利于公众参与等问题，认为公众参与在中国环境治理中尚未充分制度化⑥，这对此聚类的研究以及第 1 聚类"协同治理"的研究产生了一定的影响。

---

① Thomas Johnson, "Environmentalism and NIMBYism in China: Promoting a Rules-based Approach to Public Participation", *Environmental Politics*, Vol.19, No.3, 2010；Genia Kostka, Arthur P.J. Mol., "Implementation and Participation in China's Local Environmental Politics: Challenges and Innovations", *Journal of Environmental Policy & Planning*, Vol.15, No.1, 2013；Dan G., Oran Y., Jing Y., et al., "Environmental Governance in China: Interactions between the State and 'Nonstate Actors'", *Journal of Environmental Management*, Vol.220, 15 August 2018.

② Bruce Gilley, "Authoritarian Environmentalism and China's Response to Climate Change", *Environmental Politics*, Vol.21, No.2, 2012；Kevin Lo, "How Authoritarian is the Environmental Governance of China?", *Environmental Science & Policy*, Vol.54, December 2015；Van Rooij, Benjamin, Rachel E.Stern, and Kathinka Furst, "The Authoritarian Logic of Regulatory Pluralism: Understanding China's New Environmental Actors", *Regulation and Governance*, Vol.10, No.1, 2014.

③ Yi Liu, Yanwei Li, Bao Xi, Joop Koppenjan, "A Governance Network Perspective on Environmental Conflicts in China: Findings from the Dalian Paraxylene Conflict", *Policy Studies*, Vol.37, No.4, 2016；Guangqin Li, Qiao He, Shuai Shao, Jianhua Cao, "Environmental Non-governmental Organizations and Urban Environmental Governance: Evidence from China", *Journal of Environmental Management*, Vol.206, 15 January 2018.

④ Jingyun Dai and Anthony J. Spires, "Advocacy in an Authoritarian State: How Grassroots Environmental NGOs Influence Local Governments in China", *The China Journal*, Vol.79, August 2017；Thomas Johnson, Anna Lora-Wainwright and Jixia Lu, "The Quest for Environmental Justice in China: Citizen Participation and the Rural-urban Network Against Panguanying's Waste Incinerator", *Sustainability Science*, Vol.13, No.3, 2018；Benjamin van Rooij, "The People vs.Pollution: Understanding Citizen Action against Pollution in China", *Journal of Contemporary China*, Vol.19, No.63, 2010.

⑤ Jiannan Wu, Mengmeng Xu, Pan Zhang, "The Impacts of Governmental Performance Assessment Policy and Citizen Participation on Improving Environmental Performance Across Chinese Provinces", *Journal of Cleaner Production*, Vol.184, 20 May 2018.

⑥ Wanxin Li, Jieyan Liu, Duoduo Li, "Getting Their Voices Heard: Three Cases of Public Participation in Environmental Protection in China", *Journal of Environmental Management*, Vol.98, 15 May 2012.

　　同时出现并且时间跨度基本一致的是第 4 聚类和第 1 聚类。第 4 聚类 "生态系统服务理念" 由 R.T. 金等人提出 ①，指的是自然生态系统为人类提供的直接与间接效益属于公共物品与社会资本，可以分为供给服务、调节服务和文化服务，以及维持其他类型服务所必需的支持服务 4 种类型 ②。围绕这一聚类主题，学者们从不同角度进行了研究，如罗伯特·康世坦等人将全球生态系统服务分为 17 类子生态系统，采用或构造了物质量评价法、能值分析法、市场价值法、机会成本法等一系列方法，分别对每一类子生态系统进行测算；赛琳·格兰州等人分析了生态系统服务平台透明化的过程中公众与学术界的参与过程 ③；基兰·波德亚尔等对于生态系统服务理念的应用能否促进环境治理中的公众参与展开了理论分析 ④；玛尔特·L. 德克泽恩等通过对印度班加罗尔的七个城市社区的调查，研究了贫困地区生态系统服务变化对公民参与环境治理的影响 ⑤。

　　第 1 聚类 "协同治理" 的热度初现于 2008 年。该主题研究广泛受到来自 "社会学习""保护政策""中国" 等聚类研究的影响，内容十分丰富，出现了许多具有突现性与影响力的研究。其中较为突出的包括：克劳迪亚·帕尔 - 沃斯托针对复杂、动态的资源治理，从多方协同的角度构建了一个通过机构、行为群体的角色、多层次互动、治理模式四个维度来确定治理制度主要特征的分析框架，并构建了三重循环的社会学

---

①　King, R.T., "Wildlife and Man", *NY Conservationist*, Vol.20, No.6, 1966.

②　Robert Costanza, et al., "The Value of the World's Ecosystem Services and Natural Capital", *Nature*, Vol.387, 15 May 1997.

③　Céline Granjou, Mauz I., Séverine Louvel, et al., "Assessing Nature? The Genesis of the Intergovernmental Platform on Biodiversity and Ecosystem Services（IPBES）", *Science Technology & Society*, Vol.18, No.1, 2013.

④　Kiran Paudyal, Himlal Baral, Rodney J.Keenan, "Local Actions for the Common Good: Can the Application of the Ecosystem Services Concept Generate Improved Societal Outcomes from Natural Resource Management?", *Land Use Policy*, Vol.56, November 2016.

⑤　Derkzen, M.L., H.Nagendra, A.J.A.Van Teeffelen, A.Purushotham and P.H.Verburg, "Shifts in Ecosystem Services in Deprived Urban Areas: Understanding People's Responses and Consequences for Well-being*Ecology and Society*, Vol.22, No.1, 2017.

习过程 ①；柯克·艾默生和蒂纳·娜芭齐等针对协同治理的概念较为模糊的问题，综合前人对相关概念、实践的研究，综合并构建了一套协同治理概念框架，用于研究、实践和评估环境协同治理 ②；纽伊格·延斯和弗里奇·奥利弗则聚焦于多层次系统中的协作和参与式治理，通过对来自北美和西欧的 47 个案例进行荟萃分析（meta-analysis），探讨了多层次治理的存在是否影响以及在多大程度上影响了参与式决策的能力的问题，以提供高质量的环境政策输出并改善政策实施和合规性 ③。此外，纽伊格·延斯等人还通过对非国家行为者参与《欧盟洪水指令》与欧盟《水框架指令》的案例对比，探讨了公众参与的作用 ④，并构建了五种公众参与模式及其环境治理效果的因果机制框架，用于研究协同治理中公众参与的影响机制 ⑤。

第 10 聚类"适应性环境治理"的初现时间最晚。理论与实践表明，在环境治理中，多主体共同参与已呈现不可阻挡之势，面对不同价值、利益、视角、权力和信息的人群与组织之间可能存在的广泛冲突，适应性治理提供了一系列能够不断演进、符合地方实践、能够回应反馈、朝向可持续发展的策略体系，能够处理多元行动者与多元化利益主体的集体行动问题 ⑥。这一理念的提出进一步丰富了环境治理中公众参与研究

---

① Claudia Pahl-Wostl, "A Conceptual Framework for Analysing Adaptive Capacity and Multi-level Learning Processes in Resource Governance Regimes", *Global Environmental Change*, Vol.19, No.3, 2009.

② Kirk Emerson, Tina Nabatchi, Stephen Balogh, "An Integrative Framework for Collaborative Governance", *Journal of Public Administration Research and Theory*, Vol.22, No.1, January 2012.

③ Jens Newig，Oliver Fritsch, "Environmental Governance: Participatory, Multi-level and Effective?", *Environmental Policy and Governance*, Vol.19, No.3, 2010.

④ Newig J., Challies E., Jager N.W., Kochskämper E., "What Role for Public Participation in Implementing the EU Floods Directive? A Comparison with the Water Framework Directive, Early Evidence from Germany and a Research Agenda", *Environmental Policy and Governance*, Vol.24, No.4, 2014.

⑤ Newig J., Challies E., Jager N.W., et al., "The Environmental Performance of Participatory and Collaborative Governance: A Framework of Causal Mechanisms", *Policy Studies Journal*, Vol.46, No.2, 2018.

⑥ Thomas Dietz, Elinor Ostrom, Paul C.Stern, "The Struggle to Govern the Commons", *Science*, Vol.302, No.5652, 2003.

的理论基础和分析框架，并使得对于公众参与难题的探讨有了更为丰富的内容。如有学者认为引入适应性治理有利于应对日益增加的生态压力与不确定性，因此提出公众参与要克服三个合作困境——鼓励合作解决问题、获得社会认可和承诺以及培养对变化和不确定性的信任和容忍文化①；还有人将适应性治理用于美国环境法的研究之中，认为重视参与程序以及更多地使用实质性标准能够促进公众参与以合法和公平的方式进行②。

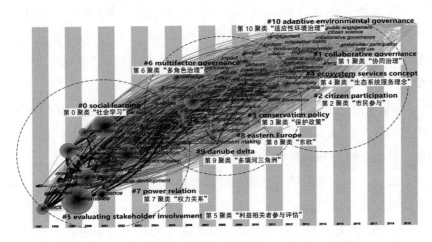

图 1-5 "公众参与环境治理" 研究热点主题演进脉络

根据对典型聚类结果在时间维度的梳理，如图 1-5 所示，总体而言，环境治理中的公众参与研究，在形式上体现出从不同研究主题相互之间孤立隔离到交织融合的演进趋势。在内容上则呈现出从提出对公众参与环境治理必要性及其效用的审视甚至质疑，到深化对包括公众在内的各种治理主体角色及其作用的认识，再到回答对如何创新理念、更新机制来促使其更好地发挥效能的问题的阶段性演进特征。具体而言，在

---

① DeCaro, D.A., C.Anthony（Tony）Arnold, E.Frimpong Boamah and A.S.Garmestani, "Understanding and Applying Principles of Social Cognition and Decision Making in Adaptive Environmental Governance", *Ecology and Society*, Vol.22, No.1, 2017.

② Robin Kundis Craig, et al., "Balancing Stability and Flexibility in Adaptive Governance: An Analysis of Tools Available in U.S.Environmental Law", *Ecology and Society*, Vol.22, No.2, 2017.

审视和质疑阶段（在聚类图谱中的主要颜色为深绿色），学者们通过案例分析或量化研究，论证了公众参与有利于做出更好的环境决策。不过在当时，环境治理理论与实践尚不成熟。一方面，最受关注的参与主体通常为公众和专家；另一方面，专家由于所提供的专业知识被一致性地认为对决策有助益，但公众参与对环境治理的效用则存在争议。在深化认识阶段（在聚类图谱中的主要颜色为绿色和浅绿色，部分为黄色），基于实践的检验和理论的不断反思，"多角色治理"的认识逐渐成形；基于不同案例种类的分析框架，环境治理中的公众参与研究逐渐规范化、体系化，而公众在环境治理中的作用也进一步受到重视。在理念更新阶段（在聚类图谱中的主要颜色为浅绿色、黄色以及浅黄色），随着公众参与环境治理研究的不断深化，出现了"生态系统服务理念""适应性环境治理""协同治理"等新理念，这使得公众参与环境治理研究有了更进一步的发展。当然，研究的各阶段并非相互拒斥，因为正如前文所述，不同阶段的研究主题之间往往存在前后相继、互相印证或者交织融合的关系。在方法上，公众参与环境治理研究颇为青睐案例研究法，这在聚类图谱上就能清晰地体现出来，在 11 个热点主题聚类中就出现了三个典型的案例聚焦区域——第 9 聚类"多瑙河三角洲"、第 8 聚类"东欧"以及第 2 聚类"中国"。

四　该领域的新兴前沿

在主面板设置时间切片为 1 年，Node Types 为 Keyword，g-index 值为 k=25，Burstness 的 γ 值为 1.045，检测频次变化率高和频次增长速度快的突现词，通过对突现词的突变强度及分布时间等特征进行识别，可以辨识该研究领域的前沿问题①。图 1-6 呈现了环境治理中公众参与研究领域的 10 个突现词，其中，突现强度最大的为"话

①　Chaomei Chen, "CiteSpace II: Detecting and Visualizing Emerging Trends and Transient Patterns in Scientific Literature", *Journal of the American Society for Information Science and Technology*, Vol.57, No.3, 2006.

语"（discourse，突现强度超过 5），突现持续时间最长的为"协商"（deliberation，2007—2015 年），突现时间最新的为"利益相关者参与"（stakeholder involvement，它在 2015 年开始才呈现突现状态）。

引文突现强度排名前 10 的关键词

关键词	年份	突现强度	起始	结束	
deliberation 协商	1997	4.4751	2007	2015	
environmental policy 环境政策	1997	4.272	2008	2012	
involvement 参与	1997	3.3295	2008	2012	
discourse 话语	1997	5.2055	2009	2012	
system 系统	1997	4.4102	2010	2011	
publicparticipation 参与	1997	4.4008	2011	2014	
india 印度	1997	3.5182	2012	2014	
water 水	1997	3.5969	2012	2014	
environment 环境	1997	3.6404	2013	2016	
stakeholder involvement 利益相关者参与	1997	3.4034	2015	2016	

图 1-6 "公众参与环境治理"研究领域突现词

（一）突现强度最强：话语

"话语"为强度最大的突现词，这意味着以该词为核心的研究主题具有最为强劲的成为前沿问题的趋势。"话语"一词在公众参与环境治理的相关文献中有三层含义：第一层表示"论述"，如在 M. 科顿和帕特里克·迪瓦恩 - 赖特的论文中，"话语"用于引介文章中要阐述的问题，该含义通常不用于说明研究趋势问题 [1]。第二层意思与尤尔根·哈贝马斯的观点一致，指公共话语，即公众所形成的公共意见，是公众运用话语权参与政治的工具，是公众意志的表达 [2]。在公众参与环境治理研究中，已经有部分学者开始关注参与公众的话语表达，如公众的发

---

[1] Cotton, M. and P.Devine-Wright, "Discourses of Energy Infrastructure Development: A Q-Method Study of Electricity Transmission Line Siting in the UK", *Environment and Planning A*, Vol.43, No.4, 2011.

[2] Daniela Kleinschmit, "Confronting the Demands of a Deliberative Public Sphere with Media Constraints", *Forest Policy and Economics*, Vol.16, March 2012.

言权、地位与影响力①、听证会上公众话语的作用②、环境治理中公众参与的话语构建③以及关于公共领域协商讨论相关理论在环境治理中的实践等。第三层含义是"话语—理论"式研究方法（discourse-theoretical analysis），基于对公众话语的关注与案例研究的主要取向，该研究方法逐渐被应用到环境治理领域的相关研究中④。

（二）突现时间持续最久：协商

"协商"为持续时间最久的突现词，这说明它在相当长一段时间内被频繁使用，并且其热度持续至今。"协商"一词也可被理解为"审议""商议"等，通常用于指通过面对面谈话、组建小组或委员会等方式，使得不同利益相关方在沟通过程中能够充分表达自身观点——尤其使边缘化观点与容易被忽略的问题得以表达，以调和互相冲突的主张，从而更好地促进环境问题的解决的过程。它被认为是公众参与环境治理的核心，能够为不同利益主体的协调提供平台和机制⑤。由于"可持续发展的治理意味着对过去、现在和未来有意识地反思，包括对社会进步性质的潜在激进质疑"⑥，因此，不同利益、价值、结构、群体等要素之间的分歧甚至冲突在所难免，而协商能够使许多在通常情况下被边缘化的或被忽略的观点和问题得以充分表达，对促进环境治理工作的顺利开展和环境治理效能的提升有着重要意义。在具体研究中，

---

① Anabela Carvalho, Zara Pinto-Coelho and Eunice Seixas, "Listening to the Public-Enacting Power: Citizen Access, Standing and Influence in Public Participation Discourses", *Journal of Environmental Policy & Planning*, Vol.21, No.5, 2019.

② Luig T., "Legitimacy on Stage: Discourse and Knowledge in Environmental Review Processes in Northern Canada", *Anthropological Notebooks*, Vol.17, No.2, 2011.

③ Jaap G.Rozema, Alan J.Bond, Matthew Cashmore, Jason Chilvers, "An Investigation of Environmental and Sustainability Discourses Associated with the Substantive Purposes of Environmental Assessment", *Environmental Impact Assessment Review*, Vol.33, No.1, 2012.

④ Jelle Behagel, Esther Turnhout, "Democratic Legitimacy in the Implementation of the Water Framework Directive in the Netherlands: Towards Participatory and Deliberative Norms?", *Journal of Environmental Policy & Planning*, Vol.13, No.3, 2011.

⑤ John S.Dryzek, Jonathan Pickering, "Deliberation as a Catalyst for Reflexive Environmental Governance", *Ecological Economics*, Vol.131, January 2017.

⑥ James Meadowcroft, "Who is in Charge Here? Governance for Sustainable Development in a Complex World", *Journal of Environmental Policy & Planning*, Vol.9, No.3-4, 2007.

环境治理实践中如何进行有效协商①、公民参与协商的意愿②及其影响因素等主题文献较为突出。

（三）最新突现：利益相关者参与

"利益相关者参与"为最新出现的突现词，代表了最前沿的研究趋势。在语义上，利益相关者可以用于指与特定利益存在直接或间接关联的各类主体。环境问题常常涉及面非常广泛，普通公众、政府、非政府组织、企业等多方主体都可能是受环境影响的利益相关方，这些不同主体的角色、话语能力、作用方式及其效能等互有差异。在该主题中，核心的话题主要包括对参与式治理效用的验证③、利益相关者对环境问题的感知④、具体利益相关者的参与如非政府组织的参与能力等⑤。值得一提的是，这一最新的突现词与公众参与环境治理研究的热点主题之一，也是最早在 WoS 核心合集中出现的主题聚类——第 5 聚类"利益相关者参与评估"有较为明显的重合之处。这表明，在公众参与环境治理研究领域，利益相关者重新进入大众的视野，利益相关者参与被再次纳入研究的核心范畴，甚至可以说，利益相关者从未退出环境治理研究视域，它一直以各种形式融合在公众参与环境治理的各类议题中。不过，关注的焦点出现了显著变化，早期研究中对"利益相关者"的探讨往往侧重评估其参与效用，而最新突现的"利益相关者参与"研究的关注重点则转变为如何通过理念更新、结构创设和机制优化等方式来促使其在环境治

---

① Blue, Gwendolyn, "Framing Climate Change for Public Deliberation: What Role for Interpretive Social Sciences and Humanities?", *Journal of Environmental Policy & Planning*, Vol.18, No.1, 2015.

② Hidenori Nakamura, "Willingness to Know and Talk: Citizen Attitude toward Energy and Environmental Policy Deliberation in Post-Fukushima Japan", *Energy Policy*, Vol.115, April 2018.

③ Prutsch A., Steurer R., Stickler T., "Is the Participatory Formulation of Policy Strategies Worth the Effort? The Case of Climate Change Adaptation in Austria", *Regional Environmental Change*, Vol.18, No.1, 2018.

④ Jetske Vaas, Peter P.J.Driessen, Mendel Giezen, Frank van Laerhoven, Martin J. Wassen, "'Let Me Tell You Your Problems'.Using Q Methodology to Elicit Latent Problem Perceptions about Invasive Alien Species", *Geoforum*, Vol.99, February 2019.

⑤ Raišienė, A.G., Podviezko, A., Skulskis, V., & Baranauskaitė, L., "Interest-balanced Agricultural Policy-making: Key Participative and Collaborative Capacities in the Opinion of NGOs' Experts", *Economics and Sociology*, Vol.12, No.3, 2019.

理中发挥更好的效能。

以上基于 WoS 核心合集数据库，采用文献计量软件 CiteSpace 对环境治理中公众参与研究的知识结构、研究热点及其演进脉络、前沿趋势等内容进行了总体梳理。分析表明，国际学术界关于公众参与环境治理的研究热度持续上升，尤其近几年来，围绕该主题发表的文献呈跳跃式增长。从研究力量的空间分布来看，该领域的研究同时受社会科学与自然科学的重视，具有多学科交织融合的特征，其中经济与政治范畴是该主题研究的最主要阵地；根据文献产出地域分布，欧美等国家的学者和研究机构在该领域的研究数量和质量都居于前列，中国在该主题领域的发文量位居前五名，但文章的影响力还有待提升。

根据对文献共被引关系的梳理，在公众参与环境治理研究热点中，"社会学习"具有最大体量和影响力，与"权力关系""协同治理""保护政策"等其他聚类主题研究之间存在密切关联，甚至部分热点主题的初现都受到"社会学习"这一主题研究的影响。在该研究领域出现最早的热点主题是"利益相关者参与评估"，该主题的核心是评估公众参与环境治理的效力问题。"协同治理""中国""保护政策"以及"生态系统服务理念"等是最新的热点主题，这些新近主题聚类区域存在交叉重叠，说明相互之间存在很频繁的共被引关系以及研究内容上的交织融合性。与之形成鲜明对比，"利益相关者参与评估""多瑙河三角洲"等主题研究之间界限分明、彼此之间的共被引关系和关联度较弱。

按照研究主题所覆盖的主要内容，在 1997—2019 年，公众参与环境治理研究的热点主题在时间维度上呈现出从不同研究主题相互之间孤立隔离到交织融合的演进趋势；在内容上呈现出从提出对公众参与环境治理效用的审视和质疑到深化对包括公众在内的各种治理主体角色的认识，再到回答对如何创新理念更新机制来促使其更好地发挥效能的问题的阶段性演进特征；在方法上，案例研究是环境治理公众参与研究中最常用的研究方法，在案例区域的选取上，受经济社会发展阶段和国家体量等因素的影响，多瑙河三角洲、东欧和中国等国家和地区颇受学者们的青睐，是环境治理领域研究中最为集中的案例聚焦区域。

从研究主题的发展趋势来看，在公众参与环境治理研究中，"话语"的突现强度最大，"协商"的突现持续时间最长，"利益相关者参与"的突现时间最新。"话语"具有最高突现强度意味着，话语、话语权、话语表达、话语构建等关键词辐射的内容受到研究环境治理公众参与问题的学者们的密切关注，有着成为该领域前沿话题的强劲趋势；协商、审议、商议等则在相当长一段时间内被频繁使用并且其热度一直持续至今，表明在环境治理公众参与问题上，协商对话在相对长时间以来都被视为核心机制；"利益相关者参与"从突现时间来看正在成为或再次成为环境治理中公众参与研究的热点前沿。与之相关的"利益相关者参与评估"是公众参与环境治理研究中初现最早的聚类主题，但二者又有差异，早期研究侧重评估其参与效用，而最新突现的"利益相关者参与"研究则关注如何使其在环境治理中发挥更好的效能，即关注的焦点从是否有效转变为如何使其更为有效。

综观之，从国际学术界的研究来看，在环境保护和环境治理领域，公众参与的效用，经历了从被质疑到获得普遍认可，再到被视为提升环境治理效能的不可或缺的重要举措这样一个发展演变的历程。在这一历程中，学者们贡献了基于经验基础上的多样化理论成果，一些重点领域和核心问题保持着持久的研究热度。而且，从该领域研究的热点主题及其演进脉络中不难看出，在可预见的时间范围内，一些热点主题必将受到国内外学者的关注，而中国作为该领域研究的重要阵地，也将贡献出更丰富的样本题材和研究成果。上述分析虽然对环境治理领域公众参与研究的知识结构、热点主题、演进脉络以及前沿趋势等问题进行了整体梳理，但正如前文所述，该领域的研究涉及政治学、经济学、心理学、地理学、海洋科学乃至病理学和信息科学等诸多学科，是典型的多学科交织的复杂话题，还应尽可能从学科交叉融合的角度，对研究的热点主题及其演进脉络等进行更为深入详尽的探讨。

第二章 从看客到参与者：理论基础与制度环境

当今政治生活最重要的发展之一就是引导社会的规则、规制、项目和程序在产生方式上的显著变化——或者说是公共政策产生方式的变化，……政府过去曾在"为社会掌舵"方面扮演了一种主导角色，……但是，时间和环境都已经发生变化。公共政策规划这场博弈的参与者主要不再是政府中的人员。你甚至可以说，现在观众已经不再在看台上了，而是就在博弈现场参与每一场博弈。

——珍妮特·V.登哈特，罗伯特·B.登哈特，2010①

第一节 公众参与环境治理的理论基础

"从前，大多数公共管理者都习惯于在幕后远离公众监督或不被公

---

① [美]珍妮特·V.登哈特、罗伯特·B.登哈特：《新公共服务：服务，而不是掌舵》，丁煌译，中国人民大学出版社 2010 年版，第 62 页。

众关注的环境下工作。但是，在今天，这一工作的环境大大改变了。公共管理者不得不与公民或者公民组织保持密切的接触，与公民一起从事日常公共事务的管理。对于公共管理者来说，公民参与公共管理过程已经成为他们工作与生活中的一部分，这是一个不争的事实。"①除了被视为民主政治的核心以及"新公民参与运动"的蔓延，在环境治理中，公众参与的与日俱增还得益于一系列相关理论的发展，在其中，环境产权理论、环境公共信托理论以及治理理论的发展等进一步夯实了公众参与环境治理的理论基础。

一 环境产权理论

环境问题具有显著的外部效应，建立明晰的环境产权制度是解决环境资源开发与交易中的"外部性问题"的重要着力点。2019 年中共中央办公厅、国务院办公厅印发《关于统筹推进自然资源资产产权制度改革的指导意见》（以下简称《产权改革指导意见》），指出"我国自然资源资产产权制度改革的目标是完善中国特色自然资源资产产权制度体系，构建起归属清晰、权责明确、保护严格、流转顺畅、监管有效的自然资源资产产权制度，促进自然资源开发利用效率和保护力度明显提升，推动生态文明建设"。该政策文件提出了资源环境产权制度改革的目标，也明确了自然资源产权制度的基本内容，为环境产权制度奠定了基础。

环境产权对于环境资源开发利用以及环境保护都具有十分重要的意义，不过，关于"环境产权"这一概念的具体内涵和定义，学界众说纷纭。从语言结构上来看，"环境产权"这一概念的核心在于"产权"，因此，要合理界定"环境产权"就必须立足于"产权"二字。在学理上，"产权"理论已经较为成熟，并形成了两大主流派系——马克思主义产

---

① [美]约翰·克莱顿·托马斯:《公共决策中的公民参与》，孙柏瑛等译，中国人民大学出版社 2014 年版，第 9—10 页。

权理论派系和西方产权理论派系。

卡尔·马克思是第一位有产权思想的社会科学家。在卡尔·马克思的著作中，其所有制和使用权思想明确表达了有关产权的理念，如在《黑格尔法哲学批判》和《论犹太人问题》中，他从法权形式角度对私有财产和私有制进行了论述。在分析商品交换过程时，他对产权关系作了如下描述，"他们必须彼此承认对方是私有者。这种具有契约形式的（不管这种契约是不是用法律固定下来的）法的关系，是一种反映着经济关系的意志关系。这种法的关系或意志关系的内容是由这种经济关系本身决定的。①"在谈到私有产权时，他指出："私有财产的真正基础，即占有，是一个事实，是无可解释的事实，而不是权利。只是由于社会赋予实际占有以法律规定，实际占有才具有合法占有的性质，才具有私有财产的性质。"② 在卡尔·马克思看来，所有权是所有制的法律表现形式，所有制的性质和内容决定所有权的性质和内容，也就是说，产权决定于所有制。而且，产权结构并不是单一的，而是以权利束的形式存在，其权能体现在诸多方面。这一理念在《资本论》中得以充分体现，在该书中，他对所有权、占有权、支配权、使用权、收益权和处置权等做了详细的分析和阐述，特别是在第二卷中研究借贷资本和地租时，更是详尽论述了各项具体权利和权能的归属。③

西方产权理论侧重资源配置及其使用，认为产权是一种行为权利。产权理论的开创者罗纳德·科斯指出"人们通常认为生产要素是商人获取和使用的物质实体（如一亩土地、一吨肥料），而不是采取某种（实际）行动的权利。我们说某人把拥有的某块土地当作一种生产要素来使用，但是，其实土地所有者拥有的是采取有限行动的权利"④。这一界定强调了三个方面的内容：第一，产权不是生产要素等物质实体；第二，产权是"行动的权利"；第三，产权是所有者实际上拥有的，即产权的

---

① 《马克思恩格斯全集（第四十四卷）》，人民出版社 2001 年版，第 103 页。

② 《马克思恩格斯全集（第三卷）》，人民出版社 2002 年版，第 137 页。

③ 李燕：《〈资本论〉中的产权理论与我国国企产权制度改革》，《当代经济研究》2002 年第 3 期。

④ 高建伟、牛小凡：《科斯〈社会成本问题〉句读》，经济科学出版社 2019 年版，第 82 页。

归属问题。罗纳德·科斯关于产权理论的核心思想后来被人概括为"科斯定理"。此外，还有人把产权看作所有权和所有者的各项权利的法律安排①，"是一种通过社会强制而实现的对某种经济物品的多种用途进行选择的权利"②，是"使自己或他人受益或受损的权利"③。总体来看，他们对"产权"的界定大多以所有权为中心，以围绕所有权而来的所有者主体权利为核心，认为"产权本质上是由于稀缺物品的存在而引起人与人之间相互认可的行为关系和社会经济关系"④，并且，产权界定清晰与否决定着资源配置的有效性⑤。

　　总体来看，马克思主义产权理论注重分析产权背后的经济社会关系，西方产权理论的研究侧重所有权和资源配置。二者虽然各有侧重，但相对一致地认为产权在本质上是人与人之间的经济社会关系，并体现为某种性质的权利。产权理论的这一共识性内核是环境产权界定的重要依据。根据产权理论，环境产权中的所谓"产权"在本质上也是人与人之间的经济社会关系，并且以特定权利的形式呈现出来。在环境产权、环境治理等话题中，"环境"指的是可以作为"资源"的"自然环境"，它包括可再生资源和不可再生资源。经济社会发展对环境的无尽索取以及部分资源本身的不可再生性使得自然环境具有某种程度的稀缺性，进而形成了特定的环境资产价值。相应地，对这些特定环境资产价值的"所有、使用以及收益等各种权利集合即形成了相应的生态环境产权"⑥。也就是说，根据马克思主义产权理论与西方产权理论，环境产权可以被界定为"拥有和使用环境资源以及享有良好环境质量的权利"⑦，

---

① 邓宗豪：《基于两种产权观的我国自然资源与环境产权制度构建》，《求索》2013 年第 10 期。

② Armen A.Alchian, "Some Economics of Property Rights", *IL Politico*, Vol.30, No.4, 1965.

③ 常修泽：《产权交易理论与运作》，经济日报出版社 1998 年版，第 45—50 页。

④ Harold Demsetz, "Toward a Theory of Property Rights", *American Economic Review*, Vol.57, No.2, May 1967.

⑤ Yoram Barzel, *Economic Analysis of Property Rights*, Cambridge: Cambridge University Press, 1997.

⑥ 董金明、尹兴、张峰：《我国环境产权公平问题及其对效率影响的实证分析》，《复旦学报》（社会科学版）2013 年第 2 期。

⑦ 曹越：《产权范式的财务研究：历史与逻辑勾画》，《会计研究》2011 年第 5 期。

它是"包括多项权利或权能在内的'权利束'"①，如对环境资源和财富的所有、占有、支配、使用和收益等权利。

从物品属性来看，环境资源具有公共性特点，它不属于任何人，同时，它又属于任何人。在早期研究中，环境资源大多被当作一种"公共资源"来看待，被认为具有消费上的非排他性和非竞争性等公共物品特性。这种公共特性使得对它的占有和使用很容易陷入"公地悲剧"（也就是俗称的"公共池塘资源"的滥用问题）。在对"公共池塘资源"滥用问题进行的公共治理之道的探索中，一个典型的路径方向是"产权私有化"，核心在于通过将公共权属性质的资源加以"切割"，转变为私人权属性质，以寻求对于公共事物治理的新方向。不过，对于公共资源的产权私有化路径，有一些学者持否定态度。同样，对于环境这一具有公共属性的资源，其产权化路径也遭到一些学者的质疑，现代环境产权理论在一定程度上正是基于此而产生和发展起来的。

环境产权理论主要通过成本和收益变化来研究排他性产权。比如，道格拉斯·C.诺思引入人口这一外生变量，通过分析人类从远古时期狩猎和采集向定居农业演变过程中人口与资源基数之间的关系，阐释了排他性产权形成的原因：在最初时期，自然资源基数相对于人类的需求较为充裕，此时，对自然资源设置排他性产权的成本超过其可能获得的收益，因此，缺乏承担界定和行使排他性资源产权费用的激励，所以自然资源是公共财产。此后，人口规模逐渐扩大，当扩大到资源被充分利用的程度时，人口持续增加的压力就使得资源日渐稀缺，为占有公共财产资源，人们相互之间就会发生冲突，在此背景下，设置自然资源排他性产权可能获得的收益上升，从而促进了排他性资源产权的界定②。不同于道格拉斯·C.诺思产权起源论中人口增长导致资源稀缺的论点，哈罗德·德姆塞茨从商业贸易活动增加导致资源稀缺的角度出发，认为产权的起源是一种新的产权的产生，新产权是在旧产权的基础上为了

---

① 吴秋兵：《企业环境责任经济激励机制研究》，《黑龙江对外经贸》2010年第5期。
② ［美］道格拉斯·C.诺思：《经济史中的结构与变迁》，陈郁等译，上海三联书店1991年版，第13、70—75、88—91页。

适应新的市场而变革产生的，也就是说，"新的产权的形成是相互联系的人们对新的收益和成本可能性要求进行调整的回应"①。与之类似，加里·D.利贝卡普聚焦"共有资源"的损失，认为政府或个人会为了减少共有资源的损失、获取预期收益而去建立或调整产权以控制资源的使用②。根据该理论，共有资源的损失决定了界定排他性产权所能获得的收益，在相对价格变动、生产和操作技术变化、偏好和其他政治参数变化的动态力量影响下，修改或重新安排产权的政治缔约行为得以产生。

环境问题从经济学角度来看其实就是外部性的问题，根据对环境外部性问题不同的应对方式，传统环境产权理论又可以划分为两大派系：以阿瑟·塞西尔·庇古为代表的提倡政府干预的传统环境产权理论和以罗纳德·哈里·科斯为代表的提倡引入市场机制的新环境产权理论。作为第一个把污染当作外部性进行系统分析的人，阿瑟·塞西尔·庇古在《福利经济学》一书中指出，在存在环境外部性的情况下，通过对排污企业征收排污税的办法来使排污企业的生产成本等于社会成本，可以在一定程度上避免外部性问题，这也就是通常所说的"庇古税"思想③。在此基础上，另一学者约翰·昂伯克重点强调强力的约束作用。他认为，个体或群体确保稀缺资源排他性使用的能力，即强制性排除其他潜在竞争者的能力——是一切所有权最终得以确立的基础，决定社会财富初始分配的是强力而不是公平。任何个体或群体想要确保自己的稀缺资源产权，就必须具有强制性排除其他潜在竞争者的意愿和能力。④针对外部性问题，罗纳德·哈里·科斯提出另一种解决办法，即在明确界定产权的前提下采用市场交易的办法，使污染者和污染的受损者通过自愿谈判

---

① Harold Demsetz, "Toward a Theory of Property Rights", *American Economic Review*, Vol.57, No.2, May 1967.

② [美]加里·D.利贝卡普：《产权的缔约分析》，陈宇东等译，中国社会科学出版社2001年版，第5—7、136页。

③ [英]阿瑟·塞西尔·庇古：《福利经济学》，朱泱、张胜纪、吴良健译，商务印书馆2020年版，第34—37页。

④ John Umbeck, "Might Makes Rights: A Theory of the Formation and Initial Distribution of Property Rights", *Economic Inquiry*, Vol.19, No.1, January 1981.

和交易实现外部性的内部化。不过，即便通过科斯所谓的"产权确认来限制非产权人或非利用权人自由进入的资格，也无法回避大量的'搭便车'行为。……可以说，只要在生产和消费过程中存在外部性和不完全信息，我们就很难期盼市场的自由竞争会使污染在社会主体中间合理分配。这意味着环境资源领域中的市场失灵问题是全方位的"[①]。

如上所述，传统理论认为，自然资源等公共资源的使用者难以组织起来就长远利益和公共利益采取集体行动，对这类公共资源的使用和治理需要借助政府强制力的干预或市场化的手段，就如加勒特·哈丁在《公地的悲剧》里提出的政府环境管制或私有化的解决方案[②]。不过，这两种方案被埃莉诺·奥斯特罗姆认为是建立在个体间沟通困难和个人无力改变规则的极端假设上，这种假设仅适用于大规模的公共事物治理情形，对于规模较小的公共事物治理和资源利用则并不具有良好的适用性。她通过对小规模公共池塘资源问题以及世界众多国家自然资源管理实际案例的分析，提出自主组织和治理公共事物的集体行动制度理论即自主组织理论，认为在一定条件下人们能够为了集体利益而自主组织起来采取集体行动：在使用者界限分明、规则受到严格监督和执行等特定条件下，社区治理的结果优于国家干预或私人产权[③]。

对于环境产权的研究在国内学界也同样受一般产权理论的启发。20世纪末，随着国有企业改革的推进，国内学者们对于产权理论的研究与日俱增，针对产权改革大致形成了以下几类不同的观点：一类是坚持马克思主义产权理论的观点。持这类观点的人认为，尽管马克思的著作没有明确、系统论述产权问题，但它所提出的所有制理论是"两种产权理论的范式之一"[④]，其中，"在马克思《资本论》的中文版中第一次出现了产权的术语"[⑤]。另一类是坚持西方产权理论的主张。如有学

① 杜辉：《环境公共治理与环境法的更新》，中国社会科学出版社2018年版，第53页。
② Garrett Hardin, "The Tragedy of the Commons", *Science*, Vol.162, 1968.
③ [美]埃莉诺·奥斯特罗姆：《公共事物的治理之道》，余逊达、陈旭东译，上海译文出版社2012年版，第19—27页。
④ 林岗、张宇：《产权分析的两种范式》，《中国社会科学》2000年第1期。
⑤ 王振中：《产权理论与经济发展》，社会科学文献出版社2005年版，第5页。

者认为，"流行的'委托—代理'框架和'所有权经营权分离'框架都不适合分析公有制企业的经济性质"①。针对国有企业产权模糊、产权主体虚置的形势，有学者如张维迎等人提出了私有化的政策主张。还有一类观点是"超产权论"，即认为，"问题的症结并不在于产权不明晰""国有企业的所有权和经营权从来就是相分离的，所以，问题在于所有权与经营权分离的情况下监督企业经营的成本太高"，因此，重要的是"创造竞争条件和环境去完善市场机制"②。

随着对产权制度的深入研究，基于 20 世纪末以来对转型中的土地资源配置、城乡土地市场建设和土地制度改革等领域的重视，国内学者在致力于西方土地经济学理论的本土化发展过程中，开始注意和探索中国的环境产权制度。起初学者们对于环境产权研究的重点一直聚焦在提高土地资源、水资源、大气资源、森林资源、矿产资源等自然资源的开发利用率、资源配置效率，以及对于城市化、工业化进程中已经产生的一些现实环境污染问题的处理和对企业等第三方主体的环保激励上。近些年来，尤其党的十八大以来，党和政府对于环境问题的重视程度与日俱增，提出了"经济建设、政治建设、文化建设、社会建设、生态文明建设五位一体总体布局"③，"围绕建设美丽中国深化生态文明体制改革，加快建立生态文明制度，健全国土空间开发、资源节约利用、生态环境保护的体制机制，推动形成人与自然和谐发展现代化建设新格局"④的指导思想，以及"坚持人与自然和谐共生……实行最严格的生态环境保护制度"⑤的基本方略等系列方针政策。这使人们尤其理论界在意识到环境问题的重要性的同时，开始从产权角度思索降低环境领域负外部效应、

---

① 周其仁：《公有制企业的性质》，《经济研究》2000 年第 11 期。

② 林毅夫、蔡昉、李周：《经营权侵犯所有权问题的症结并不在于产权不明晰》，《财政》1995 年第 9 期。

③ 胡锦涛：《坚定不移沿着中国特色社会主义道路前进 为全面建成小康社会而奋斗——在中国共产党第十八次全国代表大会上的报告》，2012 年 11 月 8 日。

④ 中国共产党第十八届中央委员会第三次全体会议通过：《中共中央关于全面深化改革若干重大问题的决定》，2013 年 11 月 12 日。

⑤ 习近平：《决胜全面建成小康社会 夺取新时代中国特色社会主义伟大胜利——在中国共产党第十九次全国代表大会上的报告》，2017 年 10 月 18 日。

提高环境资源的利用率和优化配置程度，进而保证人们生态环境权利的理论、路径和方法。

不少学者认为"明晰产权"和"公共产权私有化"是环境资源产权制度建设和完善的必经之路，但恰恰因为环境资源的独特性和复杂性，许多环境资源的产权无法界定，加之一些资源的"非排他性"无法逆转，私有化的方案不仅实施起来非常困难，而且很难阻止"公地悲剧"的重演。而且，事实上，市场式的谈判不能解决具有自然垄断色彩的水源、牧道等资源的竞争问题，也不能解决诸如草场等"非排他性"资源的竞争问题，因此在寻求解决之法时，很难仅以产权界定来实现对其有效治理。总体而言，在当前阶段，国内的环境产权制度改革与经济体制改革总体上相互适应，但是仍不够完善，自然资源要素市场改革滞后于经济发展的需求，不能准确反映自然资源的稀缺性和潜在巨大价值，自然资源配置和利用效率、社会福利以及生态环境保护程度与预期目标之间存在较大差距。[①] 在此背景下，对于环境资源"公共性"的探索成为环境产权理论的重要议题，而明晰公众作为环境资源的"共有"主体以及环境问题的直接利益攸关者角色，充分发挥各类主体的积极性和能动性，将"共有"环境资源交由包括公众在内的利益相关主体"共治"，是优化环境治理效能的必然选择。

二　环境信托理论

一般认为，公共信托最早可追溯到罗马法，《查士丁尼法典》规定："从法律性质上看，空气、流动的水体、海洋和海岸对人类来讲是共同拥有的"[②]，这便是早期公共信托理念的雏形。此后，该理念在英国得到继承与发展，确认了公众对于某些特定资源所享有的普遍所有权，并形成了相应的公共信托理论。随着英国在北美建立殖民地，公共信托理论

---

① 卢现祥、李慧：《自然资源资产产权制度改革：理论依据、基本特征与制度效应》，《改革》2021年第2期。

② 陈超璧：《罗马法原理》，法律出版社2006年版，第77—80页。

也在美国得到了长足的发展，美国各州在各自的领域和主权范围之内，对于涉及公共利益的领域进行了相应的界定，以防止过度地开发自然资源，这些领域在美国主要是指大气、水等自然资源。

将公共信托引入环境保护领域，标志着新公共信托时代的开始。1970 年约瑟夫·萨克斯教授对公共信托理论进行了详尽的论述，他认为："阳光、水、野生动物等环境要素是全体公民的共有财产，公民为了管理这些财产，将其委托给政府，与政府建立起信托关系"[①]。他的观点受到广泛的追捧，在此基础上产生了环境权概念。

不过，历史上公共信托的范围过于狭窄，在早期阶段，公共信托主要是对通行权和捕鱼权等公共权利的保护。后来，随着不同案件的实践拓展，公共信托的适用范围出现了明显的扩张倾向。比如，美国加州最高法院在一系列案件中将公共信托从海岸延伸到内陆，包括了从科罗拉多河到最小的山溪再到不时输入的沙漠沟壑的一切[②]；甚至，公共信托的保护范围从地表水拓展到地下水，地下水的法规变化很大，很多的地下水问题需要一种新的模式来明智地解决，而公共信托原则正好可以提供这种模式[③]；还有学者提出公共信托原则是水陆两用的理论，它不仅适用于通航的水域及其底层土地，也适用于高地海滩[④]；更有甚者建议将公共信托原则的范围扩大到包括所有的野生动物，这为保护野生动物及其所依赖的栖息地提供了一种分析和法律的替代方案，可以避免严格的以人类为中心的野生动物保护和管理方法的缺陷[⑤]。这种适用范围的明显扩张倾向不可避免地遭受了大量的质疑。比如理查德·拉撒路斯认为公共

①　Sax J L., "The Public Trust Doctrine in Natural Resource Law: Effective Judicial Intervention", *Michigan Law Review*, Vol., 68, No.3, 1970.

②　Sarah C. Smith, "A Public Trust Argument For Public Access To Private Conservation Land", Duke Law Journal, Vol.52, No.629, 2002.

③　Jack Tuholske, "Trusting the Public Trust: Application of the Public Trust Doctrine to Groundwater Resources", *Vermont Journal of Environmental Law*, Vol.9, No.2, 2008.

④　Mackenzie S.Keith, "Judicial Protection for Beaches and Parks: The Public Trust Doctrine above the High Water Mark", *Hastings Environmental Law Journal*, Vol.16, No.1, 2010.

⑤　Gary D. Meyers, "Variation on a Theme: Expanding the Public Trust Doctrine to Include Protection of Wildlife", *Environmental Law*, Vol.19, No.3, 1989.

信托不可避免地依赖于传统的财产法和信托概念，与当前的环境保护和自然资源保护的法律规则方向相冲突，因此，使用公共信托原则的财产法可能会颠覆强调管理的自然资源法的未来发展①。

公共信托理论的另一个重要内容与诉权有关。1970年，《密歇根湖环境保护法案》规定："首席检察官或者其他任何人，可以基于对空气、水和其他自然资源的保护，为了防止这些资源受到污染和破坏，根据公共委托提起申诉或平衡救济的诉讼。"在美国，环境资源被视作一种公共资源，国家和国民对其享有双重的但是有区别的所有权，国家一方面作为受托人，需要严格按照信托条款的要求去管理环境资源，另一方面作为管理者，对于侵害生态资源的行为，为了保护环境利益，有义务追究侵害者的责任。但是，国家原本无法直接作为当事人提起诉讼，所以此时，检察院等国家机关与公共利益虽然没有直接的利害关系，但是基于有权机关的授权委托而获得了诉权。②与之相关，公共信托制度的一道最重要的保障是对政府环境决策的司法审查。根据严格审查主义，这主要包括四个方面的要求：第一，提供决策的详细解释；第二，如果决策与以往不同，应该证明不同的合理性；第三，当涉及公众利益时，决策过程应该允许广泛的公众参与；第四，如果决策可能产生负面影响时，决策机关应当寻求代替措施。③

在国内，环境信托理论研究较晚。2001年出台的《中华人民共和国信托法》对公共信托做了明确的界定，即"为了公益而设立的信托属于公共信托"。环境信托就是一种以全体公民作为委托人，将其所享有的环境资源作为信托财产委托给政府，从而实现公益目的的一种公共信托。环境公共信托（又简称"环境信托"）作为一种保护环境的创新方式引起了广泛关注。

环境信托根据信托的受益人不同可被分为公益信托和私益信托，此

---

① Richard J. Lazarus, "Changing Conceptions of Property and Sovereignty in Natural Resources: Questioning the Public Trust Doctrine", 71 *Iowa Law Review*, 1986.

② 周小明：《信托制度比较法研究》，法律出版社1996年版，第152—156页。

③ Cass R. Sunstein, "Deregulation and the Hard-Look Doctrine", *The Supreme Court Review* 1983.

处涉及的主要是保护自然资源、维护公众的环境利益而设立的环境公益信托。一般而言，在环境公共信托关系中，委托人和受益人皆为全体公民，政府则是环境信托的受托人。但也有学者对环境公共信托的主体进行了更为详细的划分，比如，有人认为"环境公共信托是一项特殊的信托制度，环境公共信托也存在三方主体，委托人是不包含后代人的全体公民，因为后代人不能够享受权利、承担义务，受托人是国家（即政府），受益人是包括后代人的全体公民"①。不过，实际上，受托人也未必就是政府，鉴于政府职能的分散性以及环境污染事件的突发性特征，有时需要专门的机构来对环境问题进行专项治理，像一些社会组织如环保类机构因其自身的非营利性和专款专项治理的运作机制等特征，也能够扮演公共信托受托人这个角色。在各种主体中，民间环保组织作为重要的环境信托参与主体，能够对各地的民间环保资源进行整合，建立以及完善国民环保信托法，积极引导民间环保信托组织的发展，从而更好地激发全民的参与。②

尽管许多学者承认了公共信托理论在环境保护领域所具有的积极价值与意义，但是，也有学者着眼于各个环境因素之间以及每个环境因素内部的相互关联性来对环境公共信托理论进行批判。在理论方面，有人认为，公共信托存在前提虚无、关系虚构、主体虚构等问题。《中华人民共和国信托法》规定，"本法所称信托，是指……将其财产权委托给受托人，由受托人按委托人的意愿以自己的名义，为受益人的利益或者特定目的，进行管理或者处分的行为"（第二条），"设立信托，必须有确定的信托财产，并且该信托财产必须是委托人合法所有的财产"（第七条），这意味着信托关系以信托财产为核心。然而，自然环境不具有财产属性，因此将自然环境作为信托客体，显然已经突破了信托财产的常规范围，使得客体出现极大不确定性。信托财产的不确定性导致公共

---

① 杨倩：《环境公共信托在我国建立的法律障碍及突破路径》，《河南工程学院学报》（社会科学版）2020年第2期。

② 饶传坤：《英国国民信托在环境保护中的作用及其对我国的借鉴意义》，《浙江大学学报》（人文社会科学版）2006年第6期。

信托法律关系的建立如"无本之木"一般难以稳固。同时，在信托关系中，由于无法确定确切的委托人是谁，因此也存在公共信托主体虚构问题。其次，在现实作用方面，公共信托理论也存在诸多功能障碍，主要表现在：第一，公共信托理论着眼于单项自然资源的保护，不满足环境保护的整体性，因此不能从根本上解决环境问题；第二，公共信托理论以权利思维为基本依托，但权利手段在解决环境问题中有功能上的缺陷；第三，公共信托理论单纯强调政府的环境管理职责，这就决定了该理论无法实现环境资源问题的根本解决。[①]

鉴于环境公共信托制度的重要价值以及在理论与现实中的问题，学者们从环境法的完善、环境公益诉讼、环境信托基金等方面提出了各自的观点。

在环境法方面，经过不断努力改进，中国已经形成了一套较为完备的环境法体系，但环境污染问题依然突出。理论与实践皆表明，环境法实施机制中缺乏有效的公众参与，是当前环境污染、生态破坏等问题仍然没有得到有效遏制的重要原因之一。环境公共信托强调公民环境权的确立。环境权是维护公众的环境公共利益的法律基础和依据，尽管公众享有使用环境资源的权利，但是由于环境各个因素之间以及每个环境因素的内部普遍存在关联性，这个权利不能被机械地分解和割裂地行使。因此，有学者提出将环境法的调整对象确定在具体的社会关系当中，保障公众对于稀缺资源合理利用的权利。[②]此外，有必要在环境资源权利体系中引入公共信托原则，强调环境权的救济，突破对原告资格的不当限制，强化国家在环境侵权救济中的权利与义务。[③]

在环境公益诉讼方面，要更好地发展环境公共信托，就必须要促进环境资源立法理念的更新，完善环境公益监督制度如环境公益诉讼制

---

① 李冰强：《公共信托理论批判》，博士学位论文，中国海洋大学，2012年，第109—119页。
② 吴真：《从公共信托原则透视环境法之调整对象》，《当代法学》2010年第3期。
③ 吴真：《公共信托原则视角下的环境权及环境侵权》，《吉林大学社会科学学报》2010年第3期。

度，通过司法途径抑制政府违背环境资源公益目的的行为①。在当前阶段，环境公益诉讼的必要性已获得普遍认可，而设计一个能使社会成员直接就环境损害提起公益诉讼的制度，关键在于明确诉讼原告资格。但实践中，对于环境公益诉讼的原告主体资格的认定问题还存在着许多争议。有人认为，环境公益诉讼的原告主体应加以拓展，应当建立以环保组织、生态环境行政主管部门为主，以检察机关为辅，以公民直接起诉为补充的多元协调共治的原告主体资格制度②，其中公民应该作为提起环境公益诉讼的重要主体。甚至有人认为，由于环境是一种公众公用物，一切自然人和组织都很容易达到或者满足"所涉公众"的标准和条件，因此，与环境污染和生态破坏有关的一切单位和个人（或一切自然人、法人、组织）都可以成为环境公益诉讼的原告③。但是，在传统民事诉讼法的理念中，原告资格是指公民、法人和其他组织在认为自己的权利受到侵害时，能够将问题诉诸法院，请求法院依法进行审理和裁判，以解决问题、得到司法救济的资格。也就是说，当事人和诉讼标的具有事实或者法律上的特定关系，能够以自己的名义起诉，以寻求司法救济。不过，在现实中，公民个体因环境污染破坏而受到的损害与环境侵权行为之间很难找到充分的证据来证明其联系，这成为阻碍环境公益诉讼制度建立的重要障碍。对此，有学者提出，既然检察机关是法定的公诉机关，那么，检察机关就是提起环境公益诉讼的最佳主体④，应该具备环境公益诉讼的原告资格。检察机关若是基于公益的目的提起诉讼，应该认定其与该案件具有直接利害关系。⑤ 但是，也有学者认为，检察机关并不是提起环境公益诉讼的最佳主体。因为，首先，根据中国宪法和法律的规定，代表环境公共利益的国家机关并非检察机关；其次，环

---

① 张颖：《美国环境公共信托理论及环境公益保护机制对我国的启示》，《政治与法律》2011 年第 6 期。

② 孙海涛、张志祥：《论我国环境公益诉讼原告主体资格的拓展与抑制》，《河海大学学报》（哲学社会科学版）2020 年第 4 期。

③ 蔡守秋：《从环境权到国家环境保护义务和环境公益诉讼》，《现代法学》2013 年第 6 期。

④ 郭英华、李庆华：《试论环境公益诉讼适格原告》，《河北法学》2005 年第 4 期。

⑤ 别涛：《中国的环境公益诉讼及其立法设想》，《中国环境法治》2006 年第 1 期。

境公益诉讼的性质和内容与检察机关的性质和任务不相符合；再者，检察机关不具备提起环境公益诉讼的专业知识与能力。[①] 因此，有学者建议创立专门的政府机关用于处理环境公益诉讼案件，这些政府机关有资格提起禁止命令，有时候也可提起损害赔偿。[②] 基于以上种种原因，在实践当中对环境公益诉讼中的起诉资格问题往往采取谨慎的态度，而这也将是从公益诉讼角度延展公众参与范围、提升公众参与环境治理效能的重要路径。

在环境信托基金方面，美国和日本等国家在处理环境污染事件时，往往依托环境信托基金，打破传统环境侵害责任主体的限制，通过社会化的救济，优先保障环境受害人的利益。环境信托基金具有公益性、补充性等特征，是一种以公益信托为基础的基金。该基金的基本思路在于，以信托公司作为环境污染事件信托基金的受托人，他们在法律法规和政策引导规范下，与环境行政主管部门协作进行环境污染事件的内外部监督，并对环境受害人予以补偿，从而拓宽环境污染事件的法律救济途径和完善环境侵权损害赔偿机制。这对中国的环境问题尤其是环境污染事件中受害人的权利救济问题来说不失为一个值得借鉴的解决方式，有助于从公众权益保障的角度逆向助推环境治理效能的提升。

三　公共治理理论

环境在直观上体现为人与自然之间的关系，在本质上却涉及人与人、个体与社会之间的关系问题，因此，环境问题引发的矛盾不仅是人与自然的矛盾，也是人与人、人与社会之间的矛盾，所以环境问题及其治理关乎芸芸众生，属于典型的公共事务治理范畴。鉴于此，环境治理在实质上也是政府与市场、社会等不同主体相互之间关系以及作用边界的问题，这种关系和作用边界决定着主体角色定位和功能的发挥，进而

---

① 吕忠梅：《环境公益诉讼辨析》，《法商研究》2008 年第 6 期。
② ［意］莫诺·卡佩莱蒂：《福利国家与接近正义》，刘俊祥等译，法律出版社 2000 年版，第 92—93 页。

影响环境治理的实际效能。因此，在分析探讨公众参与环境治理相关问题时，有必要对公共治理理论及其发展演变做一个简要的梳理，从总体上把握环境治理之道的核心特征。

（一）治理的语义溯源

在社会科学领域，一些重要的术语用法上的广泛性往往与其概念的多样化甚至模糊性成正比。"治理"正属于这一类型，乔恩·皮埃尔和B.盖伊·彼得斯指出，"治理的概念显然是不清晰的；社会科学工作者和实践者经常使用这一词语，但定义却是众说纷纭"[①]。不过，尽管存在多种复杂甚至深奥的含义，"治理"其实原本有着相对通俗易懂的标准定义。这种标准定义在添加上相应的性状词之后，几乎具备了在各种不同情境中应用的广泛适用性。

在词源上，"治理"（governance）的动词形态"govern"一词"来源于拉丁语'gubernare'，意思是'掌舵、指导、统治'，而拉丁语的词语又来源于希腊语'kubernan'，意思是'掌舵'"[②]。在《牛津高阶英汉双解词典》中，"govern"的首要释义即为"统治、控制、支配、治理、管辖（城市、国家等）的公共事务"，在加上后缀"-ance"之后就转变为"governance"（这是"govern"转变而来的众多词汇之一），译为"统治、控制、支配、治理"。与之相关的含义还包括：①有统治、控制、治理权力的；②统治、控制、支配、治理权，统治或治理的方式、政体、体制，政府、内阁；③政府的、与政府有关的；④省长、州长、总督，机构首脑，行政机构的成员，顶头上司。当然，在中国古代汉语当中，"治理"这一用语也早已有之。从适用的情境来看，"治理"一开始与水有关，如篆书中的"治"是治水的象形，意指顺应事物规律进行疏导和整修。而后，"治理"一词逐渐被引证为统治、管理（如《汉书·赵广汉传》中有云："壹切治理，威名远闻"），以及治理政务的道理或成绩，如晋袁宏《后汉纪·献帝纪三》记载："上曰：'玄在郡连

---

① Jon Pierre, B.Guy Peters, *Governance, Politics and the State*, London: Palgrave Macmillan, 2000, p.7.

② ［澳］欧文·E.休斯：《公共管理导论（第四版）》，张成福、马子博等译，中国人民大学出版社2015年版，第92页。

年，若有治理，追迁之，若无异效，当有召罚。何缘无故征乎？'"

综合上述可以发现，字典中或者词源意义上的治理多数时候与"掌舵""统治""控制""支配""政府"等术语相关，甚至有时候它们被混同使用。也正因为有着相同的词源，关于它的内涵一直存在争议，尤其是它与"统治"的同源属性使其常常遭受质疑。不过，也正是从词源以及相关概念的含义来看，治理是关于组织的（如政府），"是关于引导和控制的，即如何组织、如何设定程序，从而使组织保持运转"①。这种标准的字典含义与各种日常用法具有高度一致性。

（二）治理的不同类型

"治理"一词虽然历史久远，但其真正的"崛起"是在 20 世纪 90 年代中期。彼时它被广泛应用到私营部门和公共部门的研究领域，既可以用于指学校治理、公司治理、合同关系的治理，也可以用于指政府治理、国家治理甚至国际组织的治理，同时还适用于讨论各种社会组织体系和结构的治理、社会问题的治理以及社区治理等领域。正如 H. 乔治·弗雷德里克森指出的，"治理是一个有影响力的词，是一个主导性的标识符号，是学术风尚开创者时下追捧的事物，因此，当今世界的任何其他时尚都希望能贴上治理的标签"②。这种追求时髦的风尚以及共识性定义的缺乏，使得对于"治理"的精确定义及其用法规范的探索从未停止，因而涌现出大量风格迥异的尝试。这些尝试为理解"治理"概念提供了有益帮助。

在字典的或标准定义之外，各种关于治理的阐释中，最具系统性、被引用最为广泛的是 R.A.W. 罗兹提出的"治理的六种不同用法"以及此后马克·贝维尔和 R.A.W. 罗兹共同提出的治理的七种定义，具体如表 2-1 所示。

---

① ［英］Stephen P. Osborne 编：《新公共治理？——公共治理理论和实践方面的新观点》，包国宪、赵晓军等译，科学出版社 2016 年版，第 80 页。

② ［英］Stephen P. Osborne 编：《新公共治理？——公共治理理论和实践方面的新观点》，包国宪、赵晓军等译，科学出版社 2016 年版，第 79 页。

表 2-1   关于治理的定义

	基本内容
治理的六种不同用法 （R.A.W. 罗兹）	（1）作为最小国家的治理；（2）作为公司治理的治理；（3）作为新公共管理的治理；（4）作为"善治"的治理；（5）作为社会—控制论系统的治理；（6）作为自组织网络的治理
治理的七种定义 （马克·贝维尔和 R.A.W. 罗兹）	（1）治理是公司的治理；（2）治理是新公共管理；（3）治理是"善治"；（4）治理是社会—控制论系统；（5）治理是国际上的相互依存；（6）治理是新政治经济；（7）治理是自组织的网络

在两个不同的时期，虽然部分内容有变化，如用"定义"代替"用法"，"作为最小国家的治理"不复存在，新增加"新政治经济"和"国际上的相互依赖"，其他大部分内容是一致的。但是，有学者指出，"尽管有些定义确实简洁精辟，但是其余的一些则既不是含义，也不是定义。使用先前讨论的字典含义——'治理是关于事务运行及运行事务的组织的'就已经足够，因此许多含义纯粹是多余的，也就是说，它们仅仅是治理的一般含义的常见用法"①。就比如，"作为最小国家的治理"意在减少政府控制，除此之外没有提供有关治理的本质或进一步的内容，更像是一种政治修辞而非概念界定（当然，在后来的著作中该用法被剔除）。同样的，"作为'善治'的治理"是在治理的一般用法前添加了一个修饰词；作为"国际上的相互依存"的治理是针对国际关系情境而增添的一个特别的用法；"governance"在词源上本就有"控制"之义，如果从这一角度来创设一个单独的概念——"社会—控制论系统"的治理——显然与其词源含义存在同义反复；而作为"新政治经济"的治理与作为"社会—控制论系统"的治理之间很难看出根本相异的内容。

在 R.A.W. 罗兹以及他与马克·贝维尔后来论著中列举的有关治理的另外几个用法（定义）——作为"公司治理"的治理、作为"新公共管理"的治理，以及作为"自组织网络"的治理——则在很多场合得到进一步讨论。但细究起来，这些概念仍然被认为存在上述相似的问题。

---

① ［英］Stephen P. Osborne 编：《新公共治理？——公共治理理论和实践方面的新观点》，包国宪、赵晓军等译，科学出版社 2016 年版，第 83 页。

比如，"公司治理"不限于私人部门，也广泛应用于公共部门，但它依然是关于"控制"和"引导"的，可以视作标准概念应用于公司情景或者是以公司化方式来对公共部门进行"控制"和"引导"的情景。新公共管理对掌舵和划桨进行了区分，但他们（如斯蒂芬·奥斯本等人）在使用"治理"一词时并未赋予其新的定义，更多是在标准的字典含义基础上进行使用，而且从字典中的标准定义可以发现，新公共管理的标志性词汇"掌舵"原本就是"治理"的同义词，甚至可以说，治理原本就是关于掌舵的。在"自组织网络的治理"中，R.A.W. 罗兹强调，"治理的涵义是如此之多以至于失去了原有的价值，但是该概念可以通过指定一个含义而得到挽救……因此，治理是指自我组织的组织间网络"，然而，该界定显然被高估，从目前来看，将治理视作网络的做法尚未强大到将治理的一般性含义从字典中移除的程度，也没有足够证据表明其他情境之下的用法都需要被废弃。综上可以发现，上述关于治理的多重定义或用法实际上都奠基于其一般性的或标准定义，与其说它们是对治理概念的重新建构，不如说是治理的标准含义在不同情镜之下的恰如其分的使用。尽管它有很多适用情境，但简单明了的定义并不影响其实用性，反而，"赋予治理如此之多的含义是有风险的，（因为）这种做法会使字典中治理的标准含义（完全适用于许多现在的用法）最终消失"①，恰恰这种标准定义构成其他专业化界定的基石。

（三）治理中的公众角色：基于政府、市场、社会关系视角

　　虽然人们对于治理的精确定义众说纷纭，但无论是一般性的定义还是如上述所列清单中的专业化界定，都从不同角度涉及甚至重点考察了政府、市场、社会之间的关系问题。如作为"最小国家"的治理，意在削减政府开支、减少政府控制，主张通过市场机制来提供公共服务；作为"善治"的治理将自由民主和新公共管理整合打包，但实际上与作为"国际上的相互依存"的治理一样在一开始都是有关国际组织的，意味

---

① 　[英]Stephen P. Osborne 编:《新公共治理？——公共治理理论和实践方面的新观点》，包国宪、赵晓军等译，科学出版社 2016 年版，第 94 页。

着国家空心化和多层次、多主体治理；作为"新政治经济"的治理与作为"社会—控制论系统"的治理则更为直接地关注到了公共部门、私人部门、志愿部门（国家、市场和社会）之间界限的模糊性；"公司治理"看似聚焦私人部门，但实则同样适用于公共部门，尤其在新公共管理运动的影响下，类似于公司形式的治理结构被大量引入公共部门管理中，同时，它虽然更侧重组织内部的问题，但也涉及公共部门与其所处社会环境之间的外部关系；在"自组织网络的治理"中，作为第三种协调和配置资源的方式，网络与官僚制和市场并驾齐驱。由此可见，政府、市场及社会之间的关系是治理理论的核心议题，看似风格迥异的治理概念实际上都在探讨政府、市场和社会各自的边界问题，其差异在于谁进谁退、谁处在核心、谁又被边缘化，理论的发展演变意味着政府与市场、国家与社会之间的边界不断发生变化。

在上述标准定义以及各种关于治理的经典示例中，虽然政府缺席状态下的治理在理论上是可能存在的，但从各种适用情境来看，政府及其强制力量无疑是最为重要、出境频率最高的，以至于让人萌生出有关治理的理论实际上是关于如何缔造一个好政府的想法。与政府的强存在感相对应，市场一直以来都以"你进我退"和"你退我进"的方式存在，而变化最大的当属社会。在标准定义中，社会一直作为"掌舵""统治""控制""支配"的客体而隐形存在，在其他用法比如作为"最小国家"的治理中，政府与市场的较量也并未给社会留出明显的作用空间。不过，作为"善治""社会—控制论系统""新政治经济"以及"自组织网络"的治理，则给予社会越来越多的自主性。尤其在网络被认为是一种新的组织形式之后，治理被直接定义为"是自组织的组织间网络，其特点是相互依赖、资源交换、博弈规则以及不受国家制约的显著自主性"①。这一定义隐含着"国家空心化"或者"去行政化"趋向，在这种治理模式下，掌舵变得尤为困难，间接的管理取代了控制，治理看起来

---

① ［英］R.A.W. 罗兹：《理解治理：政策网络、治理、反思与问责》，丁煌、丁方达译，中国人民大学出版社 2020 年版，第 15 页。

更像是一种相互依赖和资源交换基础上的社团主义活动。

不管在什么情境之下，各种关于治理的定义以及基于此的理论都致力于回答这样一个问题：谁来治理？这是治理的主体问题。不同治理主体之间的关系又衍生出"如何来治理"的方式方法问题。方式方法的建构是在推进治理目标实现的过程中不断探索各主体作用边界的活动。社会势头渐旺的自主性趋势意味着，在"谁来治理"这个问题上，传统的"利维坦式"单一主体格局已经被"网状"的多元化、多层次主体所取代。而"如何来治理"的问题则从权威"控制"经由对抗博弈、讨价还价或多元谈判，转变为信任、依赖、交换基础上的交互式合作。在此过程中，作为社会的原子化存在，公众的地位和角色也同样不断变化。其典型特征表现为，在公共事务治理中，公众逐渐经历了"服从者"—"授权方"—"顾客"—"公民"（此处并非法律意义上的公民，而是具有公共理性，积极参与公共事务治理的公民）的角色转变。尤其是，在那些与公众利益直接关联的领域，比如环境治理中，公众角色的演变隐含着治理情境中政府、市场和社会之间关系的不断建构、反思和重构。

第二节　公众参与环境治理的制度环境

环境问题是当代中国社会经济发展面临的重要制约因素，面对环境污染严峻形势，一方面，政府积极倡导公众参与，建立了"公众参与、专家论证和政府决策相结合的决策机制"，并在《环境保护法》（2014年修订，现行有效，如未作特殊说明，余同）中设"信息公开和公众参与"专章，以明晰公众的环境"参与权利"，但另一方面，公众环保素质仍是"洼地"，主动参与环境治理的积极性不高（《中国公众环保指数（2008）》），同时，"自1996年以来，环境群体性事件一直保持年均

29% 的增速"①,由此导致在环境治理领域公众被寄予厚望而实际参与有效性不足的尴尬局面。因此,如何促进公众有效参与环境治理进而提高环境治理效能,成为当前环境治理领域面临的重要问题。

公众参与作为治理环境问题的必不可少的举措,其效能的充分发挥需要相应的制度体系作为保障。自 1972 年 6 月联合国人类环境第一次国际会议通过《联合国人类环境会议宣言》以来,中国拉开了环保事业的序幕。1973 年 8 月,第一次全国环境保护会议通过了新中国第一个环境保护文件——《关于保护和改善环境的若干规定》。此后,《关于治理工业"三废"开展综合利用的几项规定》(1977)以及《中华人民共和国环境保护法(试行)》(1979)相继出台,标志着正式的环境保护制度在中国的确立。改革开放以来,党和政府又相继出台了一系列旨在保护生态环境的法律法规和政策文件,不断完善着国家的环境保护制度。时至今日,环境领域的各项法律法规和政策文件已经形成了一套多层次、复合型的环境治理政策体系。这是公众参与环境治理的制度情景,也是公众参与从理念转变为实践的机会结构。

一 公众参与环境治理的法律释义

公众参与作为一种公民权利,在制度上源于《宪法》的规定。《宪法》第二条明确指出:"中华人民共和国的一切权力属于人民。人民行使国家权力的机关是全国人民代表大会和地方各级人民代表大会。人民依照法律规定,通过各种途径和形式,管理国家事务,管理经济和文化事业,管理社会事务"。这一规定有三层含义:第一,人民是一切权力的所有者和最终归属;第二,作为权力所有者的人民并不完全和直接行使国家权力,而是授权给代议机构(在中国指的是全国人民代表大会和地方各级人民代表大会)和代议人员,由他们代为行使国家权力;第三,授权代议机构和代议人员来行使国家权力,并不意味着人民不再行

---

① 《监狱法等 7 部法律修改 18 处》,《新京报》,2012 年 10 月 27 日第 A05 版。

使国家权力，人民仍然可以直接或间接管理国家事务、经济和文化事业以及社会事务。

上述对于公众参与的《宪法》规定，是人民主权的价值理念与民主实践二者之间不断调适的结果在现代政治社会的权威呈现。从历史发展与沿革来看，主权在民的理念几乎贯穿各种类型的民主理论。在古希腊时期，城邦事务由全体公民直接参与管理，虽然当时的"公民"身份将妇女、外邦人、农民和手工业者等自由民以及奴隶排除在外，但这并不影响全体公民参与管理的直接民主成为民主理论的经典源头，也因此，在各种对于民主政治的研究中"言必称希腊"成为一种潮流。全体公民直接参与管理是不少理论家有关民主的理想蓝图，但是，政治生活现实和民主实践使其即便不是一种纯粹的空想主义，也很难按照原初的理论构想付诸实践。主要的原因包括但不限于以下几点：其一，在芸芸众生中，并非所有人都对行使国家权力、管理国家事务具有足够的兴趣和动力；其二，人们在能力素质上的差异使直接民主未必能够妥善应对各种繁杂的公共事务；其三，在地域广阔、人员众多的现代民族国家，每个个体直接参与管理国家事务的成本和代价非常昂贵，即便科技的发展尤其是互联网的推广和普及使得电子投票能够解决民意表达的部分技术难题，但是，这相比于全体公民直接行使国家权力和管理公共事务的理想预期仍非常遥远。诸如此类因素的综合作用，使得代议制民主成为当今政治生活的现实选择。

近代以来在各个国家和地区广为盛行的代议制，虽然在大部分场合和领域摒弃了全体公民直接管理的形式，但始终以主权在民的理念作为根基。如前所述，代议制民主实践中，民众通过授权给自己的代理人（代议机构及代议人员）来行使国家权力。与此同时，民众还通过两种方式将"风筝线"掌握在自己手中：一方面，以权力所有者的立场实现对代理机构及其组成人员的监督，通过批评、建议、申诉、控告、检举等法定政治权利来监督公权力的行使；另一方面，以利益相关者的姿态参与到具体的国家事务、经济和文化事业以及社会事务中来，通过决策参与、执行协同、监督反馈等全过程的"权利回归"来促进自身利益保障和权利维护。

环境领域的公众参与权，除了《宪法》第二条的总括性和原则性规定，具体的规定主要见于《环境保护法》《环境保护公众参与办法》《环境影响评价公众参与办法》等法律法规中。《环境保护法》第五章专门规定了"信息公开和公众参与"的基本内容，明确了公众（公民、法人和其他组织等主体形式）"依法享有获取环境信息、参与和监督环境保护的权利"（第五十三条第一款）；《环境保护公众参与办法》在诸多条款中明确了公众提出"意见和建议"的权利（第四条第二款）、"向环境保护主管部门举报"（第十一条）、向"上级机关或者监察机关举报"的权利（第十二条）；《环境影响评价公众参与办法》则是专门以"保障公众环境保护知情权、参与权、表达权和监督权"以及"规范环境影响评价公众参与"为目的而制定（第一条）。

根据诸如此类法律法规的相关规定可以发现，在环境治理中，公众参与实际上具有三层含义：第一层，在环境治理中，公众参与是一项重要原则，这是"人民主权"和"主权在民"原则在环境治理领域的具体体现；第二层，参与是公众在环境治理中享有的一项基本权利，是"生命、自由、财产"以及"追求幸福"的权利等基本权利的衍生，也是现代公民政治权利的重要内容；第三层，保护环境还是公众的一项法定义务，这项义务的法定性源于权利义务之间的对等性。

基于公众参与的重要原则，环境污染防治与环境问题的解决主体不再是单一的公共部门，公众由传统模式中的消极的政策服从者和信息的接受者成为治理环境污染的重要一极主体。如《环境保护法》明确指出，"环境保护坚持保护优先、预防为主、综合治理、公众参与、损害担责的原则"（第五条）。

在公众参与的基本权利方面，不仅公众可以采用如批评、建议、举报等各种方式向有关部门表达自己的环境政策主张、环境利益诉求以及对相关部门环境工作的意见建议，而且，公共部门还负有责任，应当为公众参与提供条件和渠道，如"依法公开环境信息、完善公众参与程序，为公民、法人和其他组织参与和监督环境保护提供便利"（《环境保护法》第五十三条第二款），具体包括"定期发布环境状况公报"，"公开环境质量、环境监测、突发环境事件以及环境行政许可、行政处罚、排污费的征收和使用情况等信息"，"将企业事业单位和其他生产经营者的环境违法信息记入社会诚信档案，及时向社会公布违法者名单"（第五十四条）等。

在公众参与的法定义务方面，法律明确规定："一切单位和个人都有保护环境的义务"（《环境保护法》第六条第一款）。在其中，企事业单位和其他生产经营者应当主动采取各种措施"防止、减少环境污染和生态破坏"，一旦造成环境污染和破坏，则应当"对所造成的损害依法承担责任"；公民个体则应当"增强环境保护意识，采取低碳、节俭的生活方式，自觉履行环境保护义务"（第六条第三、第四款），比如节约水电气、绿色出行、减少塑料袋和一次性碗筷的使用、使用清洁能源等，通过意识的强化来改变以往的不利于环境保护的生活习惯，自主地践行保护环境的义务。

二　公众参与环境治理的政策体系

制度情景是公众参与机会在政治生活中的聚合结构，是公众参与得以实现的关键场域和前提条件。具体到环境领域，有人将推动公众参与环境保护的前提条件概括为"公民环境权的法律确认""信息的透明公开""政府的鼓励""司法救济权的完善"以及"社会组织的成熟"①等多个要素，其中前四个要素实际上便是制度性要素。在具体实践中，这些要素又往往以政策供给（含法律法规和各种形式的政策文件等）的形式呈现出来。

笔者以"环境""公众"作为关键词在北大法宝进行全文搜索（限定为中央法规），并在检索条件中以"环境保护"作为法规类别加以限制（最后检索时间为 2022 年 6 月 15 日），结果如图 2-1 所示。

---

① 　虞伟：《中国环境保护公众参与：基于嘉兴模式的研究》，中国环境出版社 2015 年版，第 4 页。

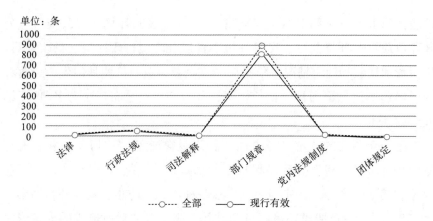

图 2-1　公众参与环境保护法律法规（效力级别）

　　在中央层面，与公众参与相关的环境保护类的法律法规共计 1044 条，其中法律 20 条、行政法规 74 条、司法解释 19 条、部门规章 897 条、党内法规制度 25 条、团体规定 9 条；在其中，现行有效的法律 15 条、行政法规 62 条（含行政法规 8 条、国务院规范性文件 54 条）、司法解释 16 条、部门规章 821 条、党内法规制度 24 条、团体规定 9 条，共计 947 条。如果以法律法规的类别来进行统计，中央层面涉及公众参与相关的环境保护类法律法规中，环保综合规定 771 条、环境标准 29 条、环境监测 36 条、污染防治 158 条、自然保护 37 条、违法处理 8 条；其中，现行有效的环保综合规定 713 条、环境标准 24 条、环境监测 30 条、污染防治 135 条、自然保护 36 条、违法处理 7 条。这些法律法规中最早实施的是由原国家环境保护总局发布的《城市放射性废物管理办法》（1987 年 7 月 16 日公布施行，现已失效），最新实施的是《最高人民法院发布 2021 年度人民法院环境资源审判典型案例》（2022 年 6 月 5 日公布施行）以及《中华人民共和国噪声污染防治法》（2021 年 12 月 24 日公布，2022 年 6 月 5 日施行）。

　　具体而言，有关公众参与的现行有效的"法律"中（内含法律 13 项、有关法律问题和重大问题的决定 1 项、工作文件 1 项），除综合性的环境保护法之外，主要涉及噪声污染防治、长江保护、固体废物污染防治、环境影响评价、循环经济促进、大气污染防治、土壤污染防治、水污染防治、环境保护法、清洁生产促进、放射性污染防治等领域。根据表 2-2 的简要梳理可以发现，这些不同领域或环节的法律对于公众参与的具体规定分散在不同的章节，既有对义务的规定，也有对权利的规定。从公众的角度来看，在义务上主要涉及保护声环境、保护大气、防治水污染的义务，在权利上着重强调获取相关信息、参与、监督、举报、控告或检举等权利，以及特定事项需征求公众等相关主体意见等内容。从环境行政主管部门以及相关监管部门等主体角度而言，以上法律法规则主要从通过宣传教育来提高公众环境保护意识和对相关环境知识的了解，公开相关环境信息、开放相应平台，开展座谈会、听证会等方面保障公众参与的机会和渠道。

表 2-2　　　　涉及公众参与的"环境保护"法律（现行有效）

名称	公众参与相关内容
中华人民共和国噪声污染防治法（2021 公布）	社会共治原则（第四条）；任何单位和个人的义务，获取信息、参与和监督的权利（第九条）；编制声环境质量改善规划、噪声污染综合治理方案等需向公众等征求意见（第二十一条、第五十八条）；任何单位和个人的举报权（第三十一条）；全社会的防噪意识（第六十条）；家庭及其成员生活习惯、日常活动的规定（第六十五条）
中华人民共和国长江保护法（2020 公布）	鼓励、支持单位和个人参与（第十六条）；公民、法人和非法人组织有权获取相关信息、举报和控告相关违法行为（第七十九条）
全国人民代表大会常务委员会专题调研组关于《全国人民代表大会常务委员会关于全面加强生态环境保护依法推动打好污染防治攻坚战的决议》落实情况的调研报告（2020 公布，工作文件）	2018 年 8 月以来的工作成效包括："立案生态环境和资源保护领域公益诉讼案件 17.2 万件"；"深入开展普法宣传教育""建立健全全民共治机制""积极回应人民群众诉求和关切"等；同时建议"加强宣传教育，凝聚全民生态环境共保共治强大合力"
中华人民共和国固体废物污染环境防治法（2020 修订）	引导公众参与（第三条）；增强公众防治意识（第十一条）；开放设施、场所，提高公众保护意识和参与程度（第二十九条）；任何单位和个人的举报权（第三十一条）；生活垃圾分类（第四十三条）；制定收费标准、编制建设规划充分征求公众等意见（第五十八条、第七十六条）
中华人民共和国环境影响评价法（2018 修正）	鼓励有关单位、专家和公众以适当方式参与（第五条）；专项规划报送审批前举行论证会、听证会，征求公众等主体意见（第十一条）

名称	公众参与相关内容
中华人民共和国循环经济促进法（2018修正）	公众参与方针（第三条）；公民的环保意识和举报、提出意见建议权（第十条）
中华人民共和国大气污染防治法（2018修正）	公民的保护义务（第七条）；制定大气环境质量、污染排放标准，编制质量限期达标规划需征求公众等主体意见（第十条、第十四条）
中华人民共和国土壤污染防治法（2018公布）	公众参与原则（第三条）；任何组织和个人的保护义务、报告或举报权（第四条、第八十四条）；引导公众依法参与（第十条）；制定土壤污染风险管控标准需征求公众等主体意见（第十三条）
全国人民代表大会常务委员会关于全面加强生态环境保护依法推动打好污染防治攻坚战的决议（2018公布，有关法律问题和重大问题的决定）	决议提出"要在党中央集中统一领导下，坚持党委领导、政府主导、企业主体、公众参与，密切配合、协同发力""广泛动员人民群众积极参与生态环境保护工作"
全国人民代表大会常务委员会关于修改《中华人民共和国水污染防治法》的决定（2017公布）	对《中华人民共和国水污染防治法》的修改部分予以明确
中华人民共和国水污染防治法（2017修正）	任何单位和个人的保护义务、检举权利（第十一条）；受损当事人的排除妨害和赔偿请求权、诉讼权（第九十六条、九十七条）
中华人民共和国环境保护法（2014修订）	公众参与原则（第五条）；一切单位和个人的保护义务、公民的保护义务（第六条）；信息公开和公众参与（第五章）
全国人民代表大会常务委员会关于修改《中华人民共和国清洁生产促进法》的决定（2012公布）	对《中华人民共和国清洁生产促进法》修改内容的决定
中华人民共和国清洁生产促进法（2012修正）	鼓励社会团体和公众参与宣传、教育、推广、实施及监督（第六条）；提高公众等清洁生产意识、有关单位和社会团体做好宣传工作（第十五条）；鼓励公众购买和使用环保产品（第十六条）；能耗控制、排污控制未达标企业排污情况接受公众监督（第十七条）；强制性清洁生产审核的结果接受公众监督（第二十七条）
中华人民共和国放射性污染防治法（2003公布）	宣传教育使公众了解有关情况和科学知识（第五条）；任何单位和个人的检举和控告权（第六条）；放射性污染事故向公众告知（第三十三条）

综合而言，《环境保护法》作为一项环保综合规定，对于公众参与的规定更为集中和充分。该法律明确将"保护优先、预防为主、综合治理、公众参与、损害担责"作为环境保护的基本原则（第五条），并设置专门章节（第五章）对公众参与相关问题进行规定和规范，以强化公

众参与意识、促进公众参与实践。从内容上来看，本章主要涉及公民等主体获取环境信息的权利（第五十三条）、政府环保部门及其他监管部门的信息公开职责（第五十三条、五十四条）、重点排污单位的信息公开义务（第五十五条）、编制环境影响报告书时征求公众意见的要求（第五十六条）、公民等主体的举报权（第五十七条）、社会组织的诉讼权（第五十八条）。

其他法律或工作文件等则基于各自领域的特点，对公众参与环境保护与环境治理作出不同程度的规定和规范。

其中，《全国人民代表大会常务委员会关于全面加强生态环境保护依法推动打好污染防治攻坚战的决议（2018公布）》作为一项有关法律问题和重大问题的决定，明确提出"要在党中央集中统一领导下，坚持党委领导、政府主导、企业主体、公众参与"，并且从"保障人民群众的知情权、参与权、监督权"等角度，对于"动员人民群众积极参与生态环境保护工作"作出规定，由此明确了环境治理中国家与社会、政府与市场及公众等不同主体的角色，从治理体系架构上确定了公众参与的主体地位。

在现行有效的"行政法规"级别中，《排污许可管理条例（2021公布）》《防治海洋工程建设项目污染损害海洋环境管理条例（2018修订）》《建设项目环境保护管理条例（2017修订）》《畜禽规模养殖污染防治条例（2013公布）》《危险化学品安全管理条例（2013修订）》《规划环境影响评价条例（2009公布）》等行政法规对公众参与也作出了相应的规定，具体的内容大多为征求社会公众等相关主体意见、规定单位和个人的举报权等。此外，该类型中的国务院规范性文件（现行有效的有54项）主要涉及新污染物治理、入河入海排污口监管工作、"十四五"节能减排、碳达峰行动、危险废物监管、快递包装绿色转型、"无废城市"建设、滨海湿地保护、蓝天保卫战、全国污染源普查、洋垃圾入境、生活垃圾分类、核安全与放射性污染防治"十三五规划"、湿地保护修复、"十三五"生态环境保护、污染物排放许可、温室气体排放、土壤污染防治、生态保护补偿机制、生态环境监测网络监测、水污染防治、突发事件环境事件应急预案、环境污染第三方治理、环境监管执法、国家级自然保护区调整、大气污染防治、城市生活垃圾处理、大气污染联防联控、清洁生产、生态环境保护纲要等诸多领域工作，并在不同程度上对公众参与相关问题作出了相应的规定。

在现行有效的环境保护类法律法规和政策文件中，有关公众参与的"司法解释"级别的文件主要是司法解释性质文件，其中大多为最高人民法院和最高人民检察院发布的典型案例、指导性案例，这些案例中有部分涉及环境公益诉讼。另外，也有文件从适用范围、审判原则、社会组织与检察机关提起环境公益诉讼的具体内容等方面对环境公益诉讼案件作出了详细规定①，比如有文件提出"依法受理和审理社会组织提起的环境民事公益诉讼案件以及检察机关提起的环境行政、民事公益诉讼案件，强化公众参与长江流域生态环境保护"②。由此可见，这类文件主要是从环境公益诉讼的角度对公众参与的方式以及实践情况予以规定或公布。

现行有效的关于公众参与环境保护的"部门规章"效力级别的文件中，有部门规章 20 条、部门规范性文件 266 条、部门工作文件 346 条、行政许可批复 189 条。其中部门规章的具体情况如表 2-3 所示。

表 2-3　　涉及公众参与环境保护的部门规章③（现行有效）

名称	涉及公众参与的主要内容
环保举报热线工作管理办法（2021 修正）	"公民、法人或者其他组织"可通过环境举报热线进行举报（第二条）；环保举报热线工作的原则之一为维护公众"知情权、参与权和监督权"（第三条）等

---

① 最高人民法院：《最高人民法院关于审理环境公益诉讼案件的工作规范（试行）》，2017 年 4 月 1 日。

② 最高人民法院：《最高人民法院关于全面加强长江流域生态文明建设与绿色发展司法保障的意见（法发〔2017〕30 号）》，2017 年 12 月 1 日。

③ 表格中将未直接规定公众参与有关事项的部门规章予以剔除，它们分别是《生态环境标准管理办法》《固定污染源排污许可分类管理名录（2019 年版）》《工矿用地土壤环境管理办法（试行）》《清洁生产审核办法（2016 修订）》。

续表

名称	涉及公众参与的主要内容
环境信访办法（2021修正）	"公民、法人或者其他组织"是信访人（第二条）；环境信访工作的原则之一是维护公众"知情权、参与权和监督权，实行政务公开"（第四条）；环境信访渠道的具体规定（第三章）、信访事项的提出（第四章）等
企业环境信息依法披露管理办法（2021公布）	"企业名单"的公示及"征求公众意见"（第九条）；"公民、法人或者其他组织"的举报权、社会公众等的监督（第二十五条）
碳排放权交易管理办法（试行）（2020公布）	"鼓励公众、新闻媒体等……进行监督"（第三十五条）；"公民、法人和其他组织"的举报权（第三十六条）
生态环境部建设项目环境影响报告书（表）审批程序规定（2020公布）	提交的材料中必须包括"公众参与说明"（第六条）；"公开环境影响报告书（表）、公众参与说明、公众提出意见的方式和途径"（第八条）
新化学物质环境管理登记办法（2020公布）	"一切单位和个人"的举报权（第九条）
排污许可管理办法（试行）（2019修正）	"排污单位应当在……方便公众监督的位置悬挂排污许可证正本"（第三十三条）；"公民、法人和其他组织"的举报权（第四十二条）
中华人民共和国水生野生动物利用特许办法（2019修订）	"单位和个人"的保护义务（第二十条）等
环境影响评价公众参与办法（2018公布）	对公众参与原则、方式方法、建设单位的义务、环保部门职责等具体内容都作出了详细规定
污染地块土壤环境管理办法（试行）（2016公布）	"公众举报"（第七条）；社会组织的"环境公益诉讼"（第八条）
建设项目环境影响登记表备案管理办法（2016公布）	"公民、法人和其他组织"的举报权（第十六条）
入河排污口监督管理办法（2015修正）	"公众有权查询"入河排污口、"排污单位、利害关系人"的陈述和申辩权、"依法听证"（第十二条）
建设项目环境影响后评价管理办法（试行）（2015公布）	评价文件应包括"公众意见收集调查情况"（第七条）
环境保护公众参与办法（2015公布）	对公众参与原则、方式方法和渠道、环保部门的职责、社会组织的环保公益诉讼等具体内容作了详细规定
城市生活垃圾管理办法（2015修正）	"产生城市生活垃圾的单位和个人"的缴费义务（第四条）；"任何单位和个人"的守法义务、检举和控告权（第六条）；制定规划"广泛征求公众意见"（第七条）；"单位和个人"的分类投放义务（第十六条）
环境保护行政许可听证暂行办法（2004公布）	"充分听取公民、法人和其他组织的意见，保证其陈述意见、质证和申辩的权利"（第四条）；"征求项目所在地有关单位和居民的意见"（第六条）；"可能造成不良环境影响并直接涉及公众环境权益的……专项规划……举行听证会，征求有关单位、专家和公众……的意见"（第七条）；"行政许可申请人、利害关系人"的权利、义务（第十二条、第十三条）等

· 67 ·

在这些部门规章中（剔除未直接涉及公众参与的 4 项，剩余 16 项），2015 年原环境保护部发布的《环境保护公众参与办法》对环境治理中公众参与的原则、方式方法和参与渠道、环保部门在促进公众参与中的相应职责、社会组织的环保公益诉讼等具体内容作了详细规定。2018 年生态环境部发布的《环境影响评价公众参与办法》对环境影响评价中的公众参与原则、方式方法、建设单位的义务、环保部门职责等具体内容作出了详细规定。2021 年生态环境部发布的《环境信访办法（2021 修正）》和《环保举报热线工作管理办法（2021 修正）》分别对公众通过信访渠道参与环境治理的具体内容，如环境信访中的权利、信访渠道、信访事项的提出等，以及通过环保举报热线渠道参与环境治理的具体内容作出了系统性规定。其他部门规章则分别从各自领域对公众参与环境治理的相关内容进行了不同程度和范围的规定和规范。

在现行有效的法律法规和政策文件中，"党内法规制度"（24 项）是一个很重要的类别，其中，《中共中央办公厅、国务院办公厅印发〈关于构建现代环境治理体系的指导意见〉》《生态文明体制改革总体方案》是涉及公众参与最全面的党内法规制度，前者从总要求、基本原则、主要目标以及具体的全民行动方案等角度对现代环境治理体系中的公众参与提出了指导性意见，后者从原则、目标以及具体方案等角度对生态文明体制改革中的公众参与作出了相应部署。其他文件则主要涉及污染防治、生物多样性、黄河流域、天然林保护、自然保护地体系、国土空间规划体系、湖长制、环境监测、生态保护红线、河长制、目标评价考核、环境宣传教育等领域，并对公众参与作出不同程度的规定。主要的政策文件以及涉及公众参与的内容如表 2-4 所示。

表 2-4　涉及公众参与环境治理的"党内法规制度"（现行有效）

名称	涉及公众参与的内容
中共中央、国务院关于深入打好污染防治攻坚战的意见（2021 公布）	强调加强宣传引导，"构建生态环境治理全民行动体系，发展壮大生态环境志愿服务力量，深入推动环保设施向公众开放，完善生态环境信息公开和有奖举报机制"

续表

名称	涉及公众参与的内容
中共中央办公厅、国务院办公厅印发《关于进一步加强生物多样性保护的意见》（2021 公布）	明确"政府主导，多方参与"的原则，提出"建立健全企事业单位、社会组织和公众参与生物多样性保护的长效机制，提高社会各界保护生物多样性的自觉性和参与度，营造全社会共同参与生物多样性保护的良好氛围"，并从宣传机制和社会参与机制角度提出"全面推动……公众参与"的措施
中共中央、国务院印发《黄河流域生态保护和高质量发展规划纲要》（2021 公布）	提出"加强宣传教育，增强社会公众对自然灾害的防范意识，开展常态化、实战化协同动员演练"
中共中央办公厅、国务院办公厅印发《省（自治区、直辖市）污染防治攻坚战成效考核措施》（2020 公布）	将"公众满意度"作为考核内容（第五条）
中共中央办公厅、国务院办公厅印发《关于构建现代环境治理体系的指导意见》（2020 公布）	提出"构建党委领导、政府主导、企业主体、社会组织和公众共同参与的现代环境治理体系"的总体要求；基本原则包括"坚持多方共治。明晰政府、企业、公众等各类主体权责，畅通参与渠道，形成全社会共同推进环境治理的良好格局"；主要目标包括"建立健全……全民行动体系……落实各类主体责任，提高市场主体和公众参与的积极性，形成导向清晰、决策科学、执行有力、激励有效、多元参与、良性互动的环境治理体系"。具体到全民行动体系则从"强化社会监督""发挥各类社会团体作用""提高公民环保素养"方面作出具体部署
中共中央办公厅、国务院办公厅印发《天然林保护修复制度方案》（2019 公布）	将"政府主导，社会参与"作为原则，提出"强化舆论监督，发动群众防控天然林灾害事件，设立险情举报专线和公众号""鼓励和引导群众"提高保护意识
中共中央办公厅、国务院办公厅印发《关于建立以国家公园为主体的自然保护地体系的指导意见》（2019 公布）	将"政府主导，社会参与"作为原则，"鼓励原著居民参与""探索全民共享机制"
中共中央、国务院关于建立国土空间规划体系并监督实施的若干意见（2019 公布）	提出"坚持上下结合、社会协同，完善公众参与制度"
中共中央办公厅、国务院办公厅印发《关于在湖泊实施湖长制的指导意见》（2018 公布）	提出"要通过湖长公告、湖长公示牌、湖长 App、微信公众号、社会监督员等多种方式加强社会监督"
中共中央办公厅、国务院办公厅印发《关于深化环境监测改革提高环境监测数据质量的意见》（2017 公布）	提出"加强社会监督。广泛开展宣传教育，鼓励公众参与、完善举报制度，将环境监测数据弄虚作假行为的监督举报纳入'12369'环境保护举报和'12365'质量技术监督举报受理范围"

名称	涉及公众参与的内容
中共中央办公厅、国务院办公厅印发《关于建立资源环境承载能力监测预警长效机制的若干意见》（2017公布）	将"政府监管与社会监督相结合"作为基本原则，"鼓励社会各方积极参与，充分发挥社会监督作用，形成监测预警合力"，"接受社会监督，发挥媒体、公益组织和志愿者作用，鼓励公众举报资源环境破坏行为"，加大宣传教育和科普，"保障公众知情权、参与权、监督权"
中共中央办公厅、国务院办公厅印发《国家生态文明试验区（江西）实施方案》和《国家生态文明试验区（贵州）实施方案》（2017公布）	将"构建政府、企业、公众协同共治的生态环境保护新格局"作为制度创新的内容，推广政社合作、推行第三方治理；在司法保障方面提出"强化环境资源案件的信息公开和公众参与机制"；在制度体系上强调"完善全民参与"的体制机制，并提出"创新生态扶贫""建立绿色共享""完善社会参与""健全生态文化培育引导"等任务要求
中共中央办公厅、国务院办公厅印发《关于划定并严守生态保护红线的若干意见》（2017公布）	将"促进共同保护。……保障公众知情权、参与权和监督权。加大政策宣传力度，发挥媒体、公益组织和志愿者作用，畅通监督举报渠道"作为"强化组织保障"的重要内容
中共中央办公厅、国务院办公厅印发《关于全面推行河长制的意见》（2016公布）	明确"强化监督、严格考核"的基本原则，提出"拓展公众参与渠道，营造全社会共同关心和保护河湖的良好氛围"；明确了从信息发布、宣传舆论引导、责任意识和参与意识等角度"加强社会监督"
生态文明建设目标评价考核办法（2016公布）	将"公众满意程度"作为评价内容（第六条）
环境保护部、中宣部、中央文明办等关于印发《全国环境宣传教育工作纲要（2016—2020年）》的通知（2016公布）	从面临的形势、指导思想和总体要求、主要任务、保障措施等方面对"十三五"期间环境宣传教育工作作出部署
生态文明体制改革总体方案（2015公布）	将"发挥社会组织和公众的参与和监督作用"作为原则性内容；将构建"监管统一、执法严明、多方参与的环境治理体系"作为改革的目标之一；从"引导人民群众树立环保意识，完善公众参与制度，保障人民群众依法有序行使环境监督权。建立环境保护网络举报平台和举报制度，健全举报、听证、舆论监督等制度"等角度提出建立健全环境治理体系的具体方案
中共中央、国务院关于加快推进生态文明建设的意见（2015公布）	将"提高全民生态文明意识""培育绿色生活方式""鼓励公众积极参与"作为"加快形成推进生态文明建设的良好社会风尚"的重要举措
商务部办公厅、中宣部办公厅、发展改革委办公厅等关于开展2012年全国废旧商品回收利用宣传活动的通知（2012公布）	将"强化公众的资源节约意识，引导广大群众理解支持、积极参与，推动全社会进一步把绿色回收和发展循环经济的理念转化为全民实际行动"作为宣传目的

续表

名称	涉及公众参与的内容
环境保护部、中央宣传部、中央文明办等关于印发《全国环境宣传教育行动纲要（2011—2015）》的通知（2011公布）	从面临的情况、总体目标和基本原则、行动任务、保障措施等角度对"十二五"期间环境宣传教育工作作出部署
环境保护部、中共中央宣传部、教育部关于做好新形势下环境宣传教育工作的意见（2009公布）	从新形势和新任务、环境新闻宣传工作、面向公众的环境宣传教育、理论研究、能力建设和组织保障等方面提出新形势下环境宣传教育工作的意见
国家环境保护总局、中共中央宣传部、教育部关于印发《关于做好"十一五"时期环境宣传教育工作的意见》的通知（2006公布）	从意义、指导思想和方针原则、面向公众的环境宣传教育、队伍与能力建设以及组织领导、协调联动等方面提出"十一五"期间环境宣传教育工作的意见
全国人大环境与资源保护委员会、中共中央宣传部、财政部等关于开展2004年中华环保世纪行宣传活动的通知（2004公布）	提到"加大明察暗访的力度……倾听人民群众的意见"以及"加强公众参与，支持全国妇联……和共青团中央组织的……行动"
中共中央宣传部、国家环境保护总局关于印发《2001年—2005年全国环境宣传教育工作纲要》的通知（2001公布）	从环境形势、指导思想和目标、行动与措施方面对"十五"期间环境宣传教育工作作出相应部署

在上述法律、行政法规、司法解释、部门规章以及党内法规制度等之外，还有大量地方层面的法规和政策文件涉及公众参与环境治理的相关内容。以"环境""公众"作为关键词进行全文检索，以"环境保护"作为法规类别的限制性条件，得到现行有效的结果共计14327条。从效力级别来看，其中地方性法规736条、地方政府规章170条、地方规范性文件2825条、地方司法文件43条、地方工作文件10467条、行政许可批复86条。这些地方性法规及文件和中央层面的法律法规以及政策文件等，从多层次、多角度、多领域构建了中国环境治理领域公众参与的政策体系，为公众参与环境治理提供了制度空间和法律保障。

第三章　行为"折扣"：公众参与
环境治理的效能问题

　　治理概念的批评者很快就指出了实践中所存在的问题。公众确实是想参与政府决策，但他们也要求政府能够果断、迅速地采取行动。参与会不会成为造成行动迟缓的繁文缛节的另一种形式呢？一般的公众是否会有足够充裕的信息来参与复杂的详细讨论呢？若不花费大量的时间很难建立共识，这种常让专家们苦恼的问题有时也会出现。政府必须要有一套合法的规范来防范此种情形的发生。

——B. 盖伊·彼得斯，2014①

　　对公共事务的治理已经逐渐从以忽略程序正义、公众参与和政府回应为特征的"结果导向"型模式（传统治理理论）向以强调程序公正、多中心治理、伙伴关系等为特征的"过程导向"型模式转变（公共治理理论），"在这样的治理范式下，治理并不是一套规则条例，也不是一种活动，而是一个过程"②。但是，这并不意味着结果不再重要。实际上，对结果的重视从未退场，在公共事务治理上，这既是一个注重过程的时

---

① 　[美] B. 盖伊·彼得斯：《政府未来的治理模式》，吴爱明、夏宏图译，中国人民大学出版社 2014 年版，第 59—60 页。

② 　俞可平：《治理和善治：一种新的政治分析框架》，《南京社会科学》2001 年第 9 期。

代，也是一个注重结果的时代。对于结果的关注，在环境治理领域，集中体现为人们对环境质量以及环境治理效能的重视。

　　公众参与环境治理是 21 世纪以来国内学界探讨的热点，这也反映出社会各界对该问题的关注程度。通过网络检索"中国期刊全文数据库"（检索时间为 2021 年 11 月 11 日 17 时 10 分），依次输入主题词"环境治理""公众参与"，可检索出 2038 条结果，其中有期刊文献1107 篇。但是，如果增加主题词"有效性"，则结果骤减为 34 条（其中，期刊文献 13 篇）；若将"有效性"替换为"效能"，则检索的结果更少，仅有 8 条（其中期刊文献 5 篇，学位论文 3 篇）。由此可见，虽然公众被视为环境保护不可或缺的主体，公众参与环境治理备受各界重视，但是，理论界对于公众参与环境治理有效性问题或参与效能问题的探讨仍有待充实。而对这类问题的探讨不仅能够丰富有关环境治理和公众参与研究的内容，还有助于从结果维度来检视相应的环境治理政策、治理方式或治理路径。

第一节　公众参与环境治理的效能维度

一　公众参与效能的衡量尺度

　　公众参与是一个与民主一样有着悠久历史的古老话题，对民主问题的研究往往内含着对于公众参与的探讨（很多时候，这种探讨以"政治参与"的形式出现）。撇开古希腊的直接民主（这是一个号称"全体公民亲自上阵参与城邦事务"的时代）不说，16 世纪以来近代民主政治发展演变的过程中，无论是从封建社会或绝对君权向代议民主的转变、从有限选举向普遍的竞争性选举的演进，还是从公民政治权利内容的延展和范围的扩大来看，无不以扩大政治参与为基本内核。

可以说，在各种关于民主的理想中，"参与"都是一个居于核心地位的概念。理论界关于参与的研究不胜枚举，不过，从参与效能的角度来加以探讨的却并不多见。

对效能的评估既要注重特定的客观参照标准，也需要考虑到主体感知层面的评价。本书不着眼于全局性的文献梳理，主要从有效决策模型和参与阶梯等理论中寻求可资借鉴的理论基础，以作为衡量公众参与环境治理效能指标的参照。

（一）参与效果：公众参与有效与否的直观印象

公共管理与传统公共行政的一个显著区别在于对规则和结果的侧重。随着公共管理领域的范式变迁，人们的需求和侧重点不断变化，从一味强调结果公平逐渐变得越来越看重过程公平和程序正义。但是，这并不意味着结果的重要性变弱，而是过程和程序被赋予了实质意义。尤其对于一些具有紧迫性、关乎切身利益的公共性问题，结果之于公众特别是利益相关者的重要性从来不曾弱化。在很多情况下，一定的规则或过程是达成特定结果的手段，在利益攸关的问题上，人们注重程序正义、呼吁规则公平，归根结底是源于对结果的重视。在一些不那么紧迫的问题上，或者利益关联程度偏弱或利益受损感知较弱的问题上，对于结果的在意则有时候会让位于对程序正义、规则公平的重视，毕竟后者更能体现这个时代对于民主、平等、正义等价值的追求。

鉴于此，在环境这一典型的公共事务领域，对公众参与情况的评估可以遵循"结果导向"和"过程导向"相结合的原则。其中，基于结果导向的评估，在通常意义上既可以从客观角度也可以从主观感知角度来测量。客观角度的测量主要涉及现实当中公众在环境领域的具体行为。按照广义的理解，公众参与环境治理的行为既包括私领域的环境行为，也包括公领域的参与行为。因此，在本书中，客观维度的公众参与情况将从私领域的公众环境行为和公领域的公众参与行为两个维度来展开分析。

在私领域，公众环境行为也常常被称为"亲环境行为"或"环境友好行为"。在该领域，公众参与情况的衡量既要考虑行为本身的情况比如发生频率，又要重视实际行为与行为意向的对比。虽然对环境行为的数据统计描述看似更具有客观性，但是，经过调查研究，我们认为，后者往往更能够真实地反映出公众环境行为的实际情况。因为，无论是对于公众环境行为意向的测量还是公众环境行为实践的测量都难免陷入这样一个困境——在接受调查的时候，不管采用何种形式，人们往往倾向于将自己不好、不友善、不受人欢迎的一面隐藏起来，并刻意给自己披上温和、友善、正义等符合主流价值倾向的外衣，这种偏好伪装的直接后果就是调查结果的失真。但这一问题不可避免，可行的弥补方式或矫正途径之一便是通过多个角度的测量来综合权衡。因此，我们通过对公众环境行为意向和环境行为实践的对比来呈现公众在环境私领域的参与效能水平。

在公领域，公众参与环境治理的行为也就是政治参与意义上的公众环境行为。在实践中，主要指的是公众通过一定的方式和渠道比如听证会、座谈会、意见征集稿、网络平台、热线电话、微信公众号、政务微博等直接或间接向环境行政主管部门或相关主体提出意见、建议、诉求等的行为。对这种类型的参与行为效能的衡量，在通常意义上，比较常用的标准是参与率的高低。不过，参与率说明的是公众参与的积极性程度，是一种客观层面的测量，而在主观层面的参与效能则应当充分考虑公众自身对于参与情况尤其效果的主观感知，这是最为直观的测量方式。为了充分了解在环境领域公众参与的效能水平，在本书中，我们还考虑到现实参与情况和预期效果之间的差距，因此，将公众预期状态下的公众参与对于政府环境治理水平和治理能力的促进效应作为另一个测量指标，用来与公众实际上的参与情况进行对比。

（二）参与阶梯：公众参与程度的考察

该问题领域的研究通常被认为开端于美国学者雪莉·R.阿恩斯坦。基于对美国城市规划中公民参与发展历程的总结及展望，她提出了"参与阶梯"理论，认为根据参与程度，公民参与（也有的翻译成公众参与或市民参与）可以分为三个层次、八个阶梯，具体层次、阶梯及其基本内涵如表 3-1 所示 [①]。

表 3-1 参与阶梯理论

层次	阶梯	内涵	本质
无参与 / 非参与（non-participation）	操控、操纵	通过宣传和教育让公众接受已有政策	当权者通过教育和规劝影响公众，本质上没有参与，处于"我说你听"状态（通过公共关系技术，使公众放弃权利）
	治疗、训导、教育	调教、矫正公众态度、价值观，使其接受既定政策	
象征性参与 / 表面参与（tokenism）	告知、提供信息	告知权利和责任、向公众提供政策信息（可能是恰当参与第一步，单向过程）	在告知和咨询阶段，公众有获取信息和表达意愿的权利，能听到和被听到但无协商权，是有限参与；在安抚阶段有建议权但无决定权
	咨询、征求意见	征询公众意见，但不保证其被采纳（调查、会议、听证）；发现人们的需要和表达其关切的尝试，但往往只是一个假装倾听的仪式	
	安抚、抚慰、调停	给予公众提出意见建议的机会，但意见建议是否有用则当别论	
公民参与 / 深度参与（citizen power）	合作、伙伴关系	政府与公众是伙伴关系，共同决策；通过协商和责任的联合承担重新分配权力	真正的决定权始于合作，体现为公众能否发起方案、协商并实施；授权和公民控制阶段参与者主导决策，具有对政策的控制权
	授权、权利代表	公众被授权，如通过雇佣、转包合同、购买或租赁等方式共同治理；赋予公众决策和问责的权力和权威	
	公民、市民、公众控制	公众具有完全的支配和否决权，能够独立决策和管理	

根据"参与阶梯理论"，在操纵、治疗和告知这三个阶梯中，"政府有选择性地单向沟通信息或者故意封闭信息，公众消极地接受来自政府提供的信息，没有得到回应的渠道和程序"；在征求意见和安抚阶段，"公众不仅接受信息，还可以有制度化的渠道和程序讨论这些信息"甚至提出质疑，并要求政府给予回应；从合作阶段开始，公众具有了协商的权利，成为更积极的参与者，能够要求政府就特定问题"提供信息并

---

①   Sherry R.Aronstein, "A Ladder of Citizen Participation", *Journal of the American Institute of Planners*, Vol.35, No.4, 1969.

予以解释，然后做出有决定性的判断”；顺着阶梯往上，授权和公民控制是更为纵深的参与，在授权阶段，“公众不仅可以决定评价公共服务的标准，还可以影响政策议程，改变服务提供的内容，换言之，公众是决定提供什么服务的共有责任人”；在公民控制阶段，“由于参与者拥有了决定性的控制权，所以公众不仅就披露的信息提出疑问，而且经过充分的讨论和审议”形成对特定问题的判断，“公众可以定义和实施可能的惩戒，可以通过话语权对政策改进提出建议、优化政策”①。

对于“参与阶梯”，安德鲁·弗洛伊·阿克兰进行了修正，剔除了实质上的非参与阶段（“操控”“治疗”等实际上意味着没有参与，对参与者没有益处，且双方皆清楚这些形式上的参与和实质参与之间的区别），并且，通过发起者、参与者、中立者即“第三方”的三维视角，将公民参与的层次根据参与程度由低到高依次划分为：研究／数据收集、信息供给、咨询、参与、合作／协作、委派／制定权威等六个阶梯。②在国内，也有一些学者基于“参与阶梯”理论对公众参与尤其是参与政策制定进行了研究，比如依据公民参与公共政策制定的程度及影响力，将公民参与形式分为信息交流、民主协商和共同决策③；依据公民被赋权的程度，以及公民参与对政策制定产生的实际影响，将公民参与划分为象征型参与、协商型参与和完全型参与，对应体现公民参与的低度、中度和高度三个层次等④。这些修正和拓展使得“参与阶梯理论”的内容更加丰富和多样化。

从“参与阶梯理论”的基本内容来看，这一理论直观地呈现了公众参与的不同梯次以及相应的参与程度，为认识公众参与相关内容提供了

---

① 王柳：《参与式绩效问责的运行机制及成效——基于杭州市政府绩效评估的研究》，《中共杭州市委党校学报》2017 年第 3 期。

② ［英］安德鲁·弗洛伊·阿克兰：《设计有效的公众参与》，转引自刘红岩《国内外社会参与程度与参与形式研究述评》，《中国行政管理》2012 年第 7 期。

③ 王建军、唐娟：《论公共政策制定中的公民参与》，《四川大学学报》（哲学社会科学）2006 年第 5 期。

④ 王洛忠、崔露心：《公民参与政策制定程度差异的影响因素与路径模式——基于 31 个案例的多值定性比较分析》，《南京大学学报》（哲学·人文科学·社会科学）2020 年第 6 期。

新的理论视角，也为衡量和评价公众参与水平提供了良好的参考。

当然，这种衡量和评价不仅需要立足于公众参与的现实状况，还应当比照相应的参照标准，这种参照标准在当前研究文献中较难找到可供直接借鉴的、客观的、标准化的蓝本，大多通过主观认知予以判断。但是，不同地域、不同行业、不同领域的公众参与状况的评价有各自不同的侧重，因此，如何寻找一个合理可行的参照标准是进一步分析探讨公众参与环境治理有效与否的前提。在各种关于绩效评价的指标设计中，首先要"明确组织的使命与目标——弄清方向"①，如果方向不明，压根就无法对结果进行有效评估。同理，对于公众参与环境治理效能的评价也应当以预期的目标为基本参照，而这个预期目标既可以是主观预期，也可以是制度供给所蕴含的期望公众在环境治理中所达到的参与程度。在本书中，我们综合两者来对公众参与环境治理的效能状况及其影响因素进行分析。

（三）参与式民主：公众参与范畴的考察

随着代议制民主在更大范围的实践，各种"民主疲劳综合征"不断迸发出来，使民主尤其代议制民主遭到来自各方的批评和质疑，在此背景下，一些学者试图复兴古典民主理论的参与理想，参与式民主研究因此逐渐成为民主理论研究的重要议题。其中，卡罗尔·佩特曼的《参与和民主理论》被视为参与民主理论的奠基之作。在他的观点中，"全国层次上代议制度的存在不是民主的充分条件，因为要实现所有人最大程度的参与，民主的社会化或'社会训练'必须在其他领域中进行，以使人们形成必要的个人态度和心理品质"②，也就是说，公众参与应当从传统的"政治"范畴延伸扩展至"非政治"领域，如与人们生活息息相关的校园、社区、工作场所等领域，在这些最为人们所熟悉也最感兴趣的领域，人们通过参与实践来学会如何参与。

另一些学者从不同角度拓展了参与式民主的研究内容。如阿肯·冯

---

① 施青军：《政府绩效评价：概念、方法与结果运用》，北京大学出版社 2016 年版，第 197 页。
② ［美］卡罗尔·佩特曼：《参与和民主理论》，陈尧译，上海人民出版社 2006 年版，第 39 页。

和埃里克·奥林·赖特以案例的形式探讨了赋权式参与，这种参与方式有别于专家指挥和控制以及集合投票等方式，它以实践为导向，更多体现为一种自下而上的参与。从议程来看，这种参与方式"主要体现在协商、行动、监察、集中协调和权力、民主学习和成果六个维度。简单点讲，赋权式参与就是赋予公民直接参与政策过程的权利和权力，通过多元合作、协商、学习等参与提高治理质量"①。

与之相类似，布瑞恩·万普勒对参与式预算进行了较为深入的研究，他试图在政府和议会之外构建一个公民参与的平台，以这一平台为基础，通过直接民主与代议民主的融合来对政府施压，从而使国家与社会的关系得以重构，公众的民主权利得到强化。这种参与式民主的核心内容"是政府授权公民，由公民讨论决定当年社区或地方的公共产品，即供给什么、在哪里供给、如何供给，将决策权交给公民"②。在此基础上，格雷厄姆·史密斯对巴西的参与式预算的相关问题进行了研究，在其中，"包容性、民众控制、深思熟虑的判断力、透明度、效率和可转让性六个要素，为评价旨在增加和深化公民参与政治决策进程的民主创新提供了一个强有力的分析框架"③。不过，格雷厄姆·史密斯认为，"虽然参与式预算是一种超越传统参与民主的新形式，但是依然面临五大挑战：很少的公民真正参与、公民能力有限、公民对决策的影响力很小、公民参与的负担太重、参与受规模的约束"④。而詹保罗·拜奥基和埃内斯托·加努扎等人则将参与式预算区分为交流维度和赋权维度⑤，从而进一步拓展了该主题研究的内容。

作为公民参与有效决策研究的代表人物，约翰·克莱顿·托马斯

①　Archon Fung, and Erik Olin Wright, *Deepening Democracy: Institutional Innovations in Empowered Participatory Governance*, London: Verso, 2003, pp.15-33.

②　Brian Wampler, *Participatory Budgeting in Brazil: Contestation, Cooperation and Accountability*, University Park: Pennsylvania State University Press, 2007, pp.30-35.

③　邓大才：《乡村建设行动中的农民参与：从阶梯到框架》，《探索》2021 年第 4 期。

④　Graham Smith, *Democratic Innovations: Designing Institutions for Citizen Participation*, New York, NY: Cambridge University Press, 2009, pp.10-27.

⑤　Gianpaolo Baiocchi, Ernesto Ganuza, "Participatory Budgeting as if Emancipation Mattered", *Politics&Society*, Vol.42, No.1, 2014.

以公民参与运动如何契合并适用于公共管理理论，以及如何促进公民有序、有效参与政策过程为核心，构建出了"公民参与的有效决策模型"。该模型包括两个核心变量——政策质量（主要指决策受到技术、规章和预算约束的程度大小）和政策的公民可接受性（主要指公民对决策的配合和支持程度）。公民参与是现代公共管理不可分割的有机构成，有效的公民参与最终能否实现，主要取决于公民参与的途径和手段是否设计精良和充分完备。在他看来，对于公共管理者而言，根据决策性质，可供选择的公民参与决策类型按照由低到高的参与程度包括五种类型："公共管理者自主式管理决策、改良式的自主管理决策、分散式的公众协商、整体式的公众协商、公共决策"。而与之相应，公民参与的具体途径可以分为四种典型类型："以获取信息为目标的公民参与""以增进政策接受性为目标的公民参与""以构建政府与公民间强有力的合作关系为目标的公民参与"以及"公民参与新的高级形式"①。

从研究的基本内容来看，不管是卡罗尔·佩特曼的观点，还是赋权式参与，抑或参与式预算、公民参与有效决策模型等，都对参与的范畴进行了分析，并且重点关注公民的决策权、公民参与政治决策进程以及公民对决策的影响力等问题。由此可见，参与式民主的核心范畴通常被框定在"决策"或"政策制定"环节，公众参与的范畴也往往被局限于参与政策制定，而对政策执行、反馈监督等其他政策环节关注不足。但是，在本质上，公众参与的内核是尊重、保障和救济公民的政治权利，是"通过影响政治权力或政治系统以满足自己的利益要求和实现自我的行为"②，因此，参与范畴应当作扩大解释。

在公众参与中，全面广泛"参与公共政策过程是公民政治参与的重要形式，是公共行政的公共精神与公民民主权力（笔者认为，此处是'权利'）的具体体现"③，其价值和意义显而易见，而公共政策过程又包

---

① ［美］约翰·克莱顿·托马斯：《公共决策中的公民参与》，孙柏瑛等译，中国人民大学出版社 2014 年版，第 4 页（译者前言）。

② 王维国编著：《公民有序政治参与的途径》，人民出版社 2007 年版，第 89 页。

③ 孙永怡：《我国公民参与公共政策过程的十大困境》，《中国行政管理》2006 年第 1 期。

括政策制定、政策执行、结果评估和监督反馈等多个环节。因此，从理想上而言，公众参与的范畴不应当局限于公共政策领域，更不适合限定在政策制定这一单个环节。

二　环境治理中的公众参与及其效能指标

公众参与已然成为现代公共治理的重要组成部分，而公共事务的治理方式也发生了重要变化。人们很难再接受这样的观念，即包括公共政策在内的公共事务是由那些掌握权力、名义上代表公共利益但实际上拒绝公众参与的少数管理者决定的。治理理念的蓬勃兴起不断激活公众参与的热情，新技术的萌生、发展和普及使这种参与热情得以转化为现实。在此过程中，公众该不该参与已经不再是理论界和实务界关注的重点，更为重要的问题是公众参与是否有效？如何评价公众参与的效能水平？怎样促进公众有效参与到公共事务治理当中来？

如前所述，通过主观自我评价的方式来对公众环境行为所进行的衡量可能与实际情况存在一定出入，因为在很多时候，人们都倾向于隐瞒自己的真实想法，也就是说"人们表达出来的思想和感情与其内心深处的真实想法可能完全不同"，以此来避免不必要的争论，"每逢此时，都面临一次选择，坦言观点还是隐匿思想，自我判断还是社会包容，保持个性还是维持形象。在权衡得失之后，总是有很多的理由让人选择不诚实，放弃说真话"。基于这种潜在意识和惯常的倾向，在面对他人的时候，包括问卷填答时，人们总是倾向于将积极、健康、友好、受人欢迎的一面展现于人前，而消极、恶劣、不受人欢迎的一面则往往被隐藏起来。因此，我们需要借助更多的测量指标或方式来对公众环境行为进行评价，以尽可能减少受访者偏好伪装对调查结果造成的不利影响。

综合上述关于公众参与的理论研究，笔者认为，公众参与环境事务领域的效能水平应当从主观和客观层面、私领域和公领域范畴来综合予以评价。也就是说，在公共事务治理中，公众参与是否有效，既应当考虑到公众自身对参与环境保护或环境治理的意向、效能感知（这里主要是侧重考察主观层面公众对于参与环境治理实际作用效果的感知，而不是公众认为自己是否有能力和信心参与环境治理），也应当考虑到客观层面的公众参与效能（根据前述分析，这种客观效能水平包括参与的程度和参与范畴等核心指标）；与此同时，既应当考虑到个体在私领域的实践活动，也应当考虑参与公领域事务的活动。

具体到环境治理中，对于公众参与效能，在本书中主要从私领域的环境友好行为和公领域的参与治理环境行为两个维度来进行综合分析探讨。前者主要涉及公众对于环境友好行为的意向以及具体的与环境有关的实践活动，包括资源回收再利用、垃圾分类、低碳生活等行为活动；后者主要涉及公众参与环境政治活动、环境监督、维护合法环境权益等公领域的环境治理活动，以及公众对于参与环境治理效果的感知、公众参与的程度/层次、公众参与的范畴等主客观维度的内容。主要的研究变量、指标内容及其赋值如表 3-2 所示。

表 3-2　　　　　　　环境治理中公众参与相关指标及其赋值

变量	具体指标	指标缩写	赋值
行为意向	我打算以后合理地处理生活中的废弃物	I1	从完全不认同到完全认同，依次计为 1—7 分
	我将努力减少对环境的污染破坏	I2	
	我打算以后尽可能阻止他人污染破坏环境	I3	
环境行为	我通常会合理处理生活中的废弃物	B1	从完全不认同到完全认同，依次计为 1—7 分
	日常生活中我比较注意环保	B2	
	看到他人污染环境我通常会加以规劝制止	B3	
参与行为	向政府反映过环境方面的意见和诉求	PB1	是 =1，否 =0
	参加过环境方面的座谈会或意见征集	PB2	
	参与过环境方面的决策	PB3	
效能预期	公众意见反馈能有效提升政府环境治理水平和能力	A	从完全不认同到完全认同，依次计为 1—7 分
参与效能	公众意见反馈没有对环境治理起到足够大的影响	E1	从完全不认同到完全认同，依次计为 1—7 分
	公众角色大多停留在被动接受环保知识宣传层面	E2	
	主要是污染后的诉求表达，对环境决策影响有限	E3	

根据研究设计，在私领域，对公众环境友好行为将从行为意向和行为实践两方面进行考察。行为意向上，主要通过"我打算以后合理地处理生活中的废弃物"（如对垃圾进行分类、废旧物品回收利用等）、"我将努力减少对环境的污染破坏"（如避免使用塑料袋或一次性筷子、选择公共交通出行、使用清洁能源等）、"我打算以后尽可能阻止他人污染破坏环境"（如规劝他人不要乱扔乱放有害环境之物）等指标进行测量。问卷采用七级量表形式，从完全不认同到完全认同，按程度依次计1—7分并从左到右排列。得分越低，意味着合理处理废弃物、减少环境污染破坏、阻止他人污染破坏环境等行为的意愿越低，得分越高则意味着上述环境友好行为的意愿越强。

在行为实践方面，主要从"我通常会合理处理生活中的废弃物"（如对垃圾进行分类、废旧物品回收利用等）、"日常生活中我比较注意环保"（如避免使用塑料袋或一次性筷子、选择公共交通出行、使用清洁能源等）、"看到他人污染环境我通常会加以规劝制止"这样三个指标来进行测量。问卷同样采用七级量表形式，从完全不认同到完全认同，按程度依次计1—7分并从左到右排列。得分越低，意味着对生活中废弃物的处理越不合理，随着得分的增加，对生活中废弃物的处理越来越合理。与之类似，得分越低，意味着在日常生活中越不注意环保、越不会去规劝制止他人污染环境的行为，而得分越高则意味着日常生活中越注意环保、越有可能会去规劝制止他人污染环境的行为。

对于公领域的参与环境治理情况，主要从参与行为、对参与的效能预期和实际参与效能方面来进行分析。对于参与行为，通过"向政府反映过环境方面的意见和诉求""参加过环境方面的座谈会或意见征集""参与过环境方面的决策"等指标，以二分类变量的形式进行测量。与之相关，关于公众参与环境治理的效能预期，此处以"公众意见反馈能有效提升政府环境治理水平和能力"（如监督环保政策执行、促进不合理政策的纠正）作为指标，以七级量表形式进行测量。得分越高意味着对公众参与环境治理的效能预期越高，得分越低则越不相信公众参与能有效促进环境治理水平和能力的提升。

关于环境治理中公众参与的实际效能，主要采用以下几个指标来进行测量："公众意见反馈没有对环境治理起到足够大的影响""公众角色大多停留在被动接受环保知识宣传层面""主要是污染后的诉求表达，对环境决策影响有限"。这些指标同样采用七级量表形式，从左至右依次为完全不认同到完全认同，按程度依次计 1—7 分。此处问题表达的意思方向与前面的公众环境友好行为相反，这是因为，在预调查中我们发现，受访者在这些问题上的思维更适合从反向加以提问，否则会增加理解难度甚至出现填答困难，影响其答题的速度和表达的准确性。如此一来，得分越高表明越认同题干给出的信息，即公众的意见反馈还没有对政府环境治理起到足够大的影响、公众在环境治理中的角色大多还停留在被动接受环保知识宣传层面、公众参与主要是污染后的诉求表达或抗议而影响环境决策十分有限；得分越低则越不认同题干给出的信息，意味着公众参与环境治理的效能水平越高，包括感知到对政府环境治理的影响越大、在环境治理中的参与层次越高、参与环境治理的范畴越广。

第二节　公众参与环境治理的现状：实际与预期的比较

一　调查样本的基本情况

对公众参与问题的研究必然需要以广大公众为对象，鉴于数量庞大，因此问卷调查是一个重要的获取资料数据的途径。本书在研究过程中采用问卷调查的形式来获取相关数据，同时，借助案例访谈等形式来深化对资料的挖掘和对问题的探讨。问卷设计之初，课题组成员围绕主要的研究问题进行了预调查，并在此基础上对问卷结构和题项设置进行了修改和调整。根据原定计划，我们将在不同的地区采用线下方式来发放问卷,此举便于根据实际情况来决定是否对典型个体进行深入的访谈。但由于新冠疫情的暴发,笔者不得不将调查改为以线上方式进行,因此,此次调查主要通过问卷星平台以随机方式来进行。

网络在线问卷调查方便快捷,但也存在难以避免的缺陷,其中一个显著的问题是,无法确保受访者认真严谨地作答。在填答过程中,不乏一些随意作答、乱填乱答、不完全作答、前后矛盾的现象,而且,由于缺少调查人员的现场指导和解说,不少作答者无法充分理解和把握题目信息。诸如此类的问题会在一定程度上影响问卷的有效率。因此,虽然此次调查总共发放问卷1559份,但考虑到可能存在上述各种问题,课题组成员经过多次填答测试,并结合前期预调查过程中每份问卷填答的时间情况,在最终汇总时将作答时间的最低值设置为200秒,最终获得有效问卷772份,有效率约50%。样本情况如表3-3所示。

表 3-3 样本基本情况(n=772)

	选项	频数	百分比(%)
身份	学生	133	17.2
	在工作的人	424	54.9
	家庭主妇/夫	92	11.9
	离退休人员	47	6.1
	其他	76	9.8
性别	男	321	41.6
	女	451	58.4
年龄	18岁以下	28	3.6
	18—25岁	187	24.2
	26—30岁	86	11.1
	31—40岁	190	24.6
	41—50岁	183	23.7
	51—60岁	73	9.5
	60岁以上	25	3.2

续表

	选项	频数	百分比（%）
婚姻状态	已婚	490	63.5
	未婚	282	36.5
是否有子女	是（包括孕期）	465	60.2
	否	307	39.8
受教育程度	初中及以下	106	13.7
	高中	124	16.1
	大专	150	19.4
	本科	308	39.9
	硕士及以上	84	10.9

根据对问卷结果的初步统计，受访人群具有如下基本特征：从身份角度来看，受访者绝大部分是在工作的人（占比54.9%），其次是学生（占比17.2%）和家庭主妇/夫（占比11.9%）；从性别来看，58.4%的受访者为女性，男性受访者占比略少于女性；从年龄来看，绝大部分受访者年龄分布在18—50岁；从婚育状态来看，63.5%的受访者已婚，显著多于未婚的人，而且60.2%的受访者都有子女（包括孕期），只有不到一半的人处于无子女状态；从受教育程度来看，受访者中占比最多的是本科学历（39.9%），然后依次为大专、高中、初中及以下、硕士及以上。从对受访对象的描述性统计来看，此次问卷调查涉及的人群涉及各个年龄阶段和不同学历层次，但总体上在工作的人、中青年、已婚、已育的居多，男女性别比例差异不是很悬殊，除了本科以外，其他学历层次的受访者分布也较为均衡。

二　实际参与效果：是否存在参与失灵？

结合前述关于公众参与环境治理的理论分析，广义上的公众参与不仅包括参与到具体的环境决策、向政府及相关主体表达诉求和建议、对政府环境管制进行监督等公领域（政治参与意义上）的参与性活动，还包括涉及环境的私领域行为。后者往往是公众受到特定环境政策的引导、规范和约束而作出的环境友好或不友好行为，本质上是这些环境政策实施过程中的支持性或反对性的活动，在其中，公众充当着直接或间接的执行者、监督者、反馈者等角色。因此，对于公众参与环境治理实际效果的衡量，既包括公领域的参与环境政策制定、执行或监督反馈等情况，也涉及公众在日常生活中的具体环境行为等情况。

从调查情况来看，在总体上，绝大部分受访者都表示愿意作出有益于环境保护和优化环境质量的行为，并且认为自己在日常生活中的实际行为对于环境是比较友好的，因此，从主观评价角度来看，环境私领域中的公众参与效果较好。但是，当具体到公领域的环境治理过程，尤其涉及公众参与环境政策过程、向政府表达关于环境问题的意见诉求和政策建议、对政府环境管制等进行监督反馈等方面的行为活动时，公众的参与效能显著偏低，与其对参与环境治理的效能预期形成鲜明对比。具体如表3-4所示。

在环境私领域，受访的公众在日常生活中大部分都倾向于作出对环境友好的行为（或者表示自己对环境比较友好，并且很愿意作出有益于保护环境和改善环境质量的行为），如通常会对垃圾进行分类、废水废物再利用、避免使用一次性筷子或塑料袋、尽可能采用公共交通方式出行、使用清洁能源、规劝制止他人污染环境等，只有极少数人认为自己对环境不友好。而且，通过统计数据可以发现，从完全不认同到完全认同，上述几类环境友好行为的频次都呈现出明显递增趋势。

有趣的是，虽然受访者的"行为意向"和"环境行为"数值都比较高，而且，在"行为意向"的回答上总体也呈现强度递增趋势，但是，在"完全认同"这一程度上，"行为意向"与"环境行为"实践存在比较显著的差异。58.2%的人完全认同"我打算以后合理地处理生活中的废弃物"，60.3%的人完全认同"我将努力减少对环境的污染破坏"，52.6%的人完全认同"我打算以后尽可能阻止他人污染破坏环境"。但是，一进入实际场景，"我通常会合理处理生活中的废弃物"的比例降低到43.3%，"日常生活中我比较注意环保"的比例降低到 44.9%，"看到他人污染环境我通常会加以规劝制止"的比例降低到 37.7%。这意味着，人们对环境友好行为的意向要明显强于其对环境友好行为的实践，也就是说，意向与行为之间存在比较明显的差距。

表 3-4　　　　环境治理中的公众行为意向、实践及效能（%）

变量	具体指标	从完全不认同到完全认同，按程度依次计 1—7 分						
		1	2	3	4	5	6	7
行为意向	I1	3.4	1.7	1.4	5.8	13.1	16.4	58.2
	I2	2.8	1.4	2.2	5.8	11.5	15.9	60.3
	I3	3.2	2.5	3.8	9.6	14.3	14.0	52.6
环境行为	B1	3.3	2.6	4.2	11.7	16.4	18.4	43.3
	B2	2.5	1.8	3.8	9.0	16.8	21.2	44.9
	B3	4.3	3.6	6.0	16.0	17.3	15.3	37.7
效能预期	A	3.4	1.4	2.7	5.9	11.3	18.7	56.6
参与效能	E1	2.9	2.0	3.6	8.8	13.6	19.5	49.5
	E2	2.9	1.0	2.9	7.7	12.1	20.3	53.2
	E3	3.2	1.6	2.9	6.8	11.9	20.8	52.7

注：I1、I2、I3 为分别表示私领域环境行为意向的指标；B1、B2、B3 为分别表示私领域环境行为实践的指标；A 表示公众参与公领域环境治理的效能预期；E1、E2、E3 为分别表示公领域参与效能的指标。详见表 3-2。

相比于日常生活中的环境友好行为而言，在环境公领域中，根据调查结果（见表 3-5），绝大部分受访者并未参与过相应的环境治理实践，其中，向政府反映过环境方面的意见和诉求的只有 23.2%，参加过环境方面的座谈会或意见征集的只有 30.9%，而参与过环境方面决策的则仅仅占到 19.0%。可见，在公领域，公众参与环境治理的行为活动并不频繁。结合前述关于公众环境友好行为的统计，可以发现，绝大部分的人认为自己愿意对环境友好，并且践行各种对环境友好的行为，但是，对于公领域的治理参与而言，比如主动表达意见诉求、建言献策或参与决策等环节，绝大部分人都是缺席的，只有一少部分人实现了或者试图去实现自己在环境治理中的参与权利。这在一定程度上体现出环境治理中公众在私领域和公领域的参与情况存在显著差异，公众在私领域的参与程度较高，倾向于作出有益于保护环境的行为，但是在公领域则比较消极甚至冷漠，"沉默的大多数"现象非常明显，这意味着存在较为明显的环境治理公众参与失灵问题。

表 3-5　　　　　　公众在环境公领域的参与行为情况（％）

具体指标	是	否
向政府反映过环境方面的意见和诉求	23.2	76.8
参加过环境方面的座谈会或意见征集	30.9	69.1
参与过环境方面的决策	19.0	81.0

为了进一步了解环境治理中的公众参与现实情况，验证上述结论的真实性和可靠性，应对环境治理公领域的公众参与效能作进一步分析。在环境治理参与效能预期方面，对于公众意见反馈能有效促进政府环境治理水平和能力的提升，比如可以有效监督环保政策的执行、促进不合理政策的纠正的观点，对此观点持肯定态度的受访者占比超过85%，只有不到10%的人否定公众意见反馈对政府环境治理水平和能力的促进作用，有5.9%的人对此持中立态度（见表3-4）。也就是说，人们非常清楚并且认可公众参与能够有效提升环境治理效能。

与之形成鲜明对比的是，从参与环境治理的效能维度来看，根据表3-4可以看出，公众感知到的参与效果、参与程度（层次）都非常低、参与范围狭窄（由于是逆向提问，认同度越高、分数越高，表明效能越低）。其中，绝大部分受访者认为公众的意见反馈没有对政府环境治理起到足够大的影响（得分5—7分，即持否定态度的受访者占比为82.6%），认为公众在环境治理中大多还停留在被动接受环保知识宣传的象征性参与层次（得分5—7分，即持否定态度的受访者占比85.6%），而参与的范畴基本上都集中在受到环境污染后进行诉求表达方面，对环境决策影响有限（得分 5—7 分，即持否定态度的受访者占比 85.4%）；只有极少数受访者认为公众的意见反馈对政府环境治理具有显著的影响，认为公众参与超出了充当环保宣传听众的象征性参与层次和利益受损后的维权型被动参与情形。

也就是说，在环境治理公领域中，人们认为公众参与能够有效促进环境治理效能的提升并对此持很高的预期，但是，实际采取行动积极参与到环境治理实践，向政府或政策过程表达意见诉求或作出监督反馈举动的人却很少。这种低频次的参与和较低的参与效能水平保持着相对一致的关系，即从公众的主观感知来看，在环境治理公领域，公众的参与效能感弱、参与层次低、参与范围狭窄。

综上所述，在日常生活中，公众对环境较为友好，大部分人都有环保意识，并能够践行环保行为。在公领域，涉及狭义的环境治理参与层面，绝大部分人都清楚地认识到公众参与对政府环境治理水平和能力的积极作用，但是，作出实际行动的人的占比则大为减少，只有很少一部分人通过反映意见诉求、意见征集或参与决策等方式参与到环境治理实践中来，理论认知与行为实践之间存在巨大反差。而且，从公领域来看，公众在环境治理中的参与效能明显不足，如意见建议没有获得政府的充分重视或及时反馈、参与程度多停留在被动接收信息的象征性阶段、参与活动大多是利益受损后采取的诉求表达和抗争性活动等。可见，对于与之息息相关的周围的事务，公众也许能够积极主动地参与进来，但与之心理距离较远的事务（在调查访谈中，一些受访者透露出的信息认为，公领域的参与比如参与环境决策，对于自己而言是很遥远的事情），则存在明显的公众参与失灵问题。

三　不同身份群体参与环境治理的效能水平

从前述问卷调查的总体情况来看，此次调查涉及面广，受访者在职业身份、年龄、性别、婚育状况以及受教育程度等个体属性与禀赋的相关维度都具有一定的差异性。根据以往的研究，这些差异对于公众的政治参与可能具有不同程度的影响，具体到环境领域，职业身份、性别、年龄、婚育状况、受教育程度等方面的因素曾经被证明对公众环境行为具有显著影响。而且，还有一些研究从单个群体角度对公众环境行为进行过分析，比如对家庭主妇的回收利用行为[①]，对中小城市妇女环境保护知晓程度、环境问题认知水平、环境保护意识现状以及环境消费等问题[②]，对大学生环保行为[③]，对儿童（六年级学生）的亲环境行为影响因素所进行的分析研究[④]，这些研究或是对一些理论和模型的适配性进行检验，或是对公众环境行为的影响因素进行探讨。

鉴于此，本部分从不同群体特征出发，对不同人群参与环境治理的基本情况进行分组分析，以探究身份、性别、年龄、婚育情况以及受教育程度的不同，是否会造成公众参与环境治理行为及其效能的显著差异。

从受访者的身份角度来看，根据表 3-6 基于身份差异的公众参与环境治理情况统计，不管是学生、在工作的人、家庭主妇/夫、离退休人员还是其他身份的受访者，在私领域的环境友好行为意向的均值都高于其实际环境行为，其中，在工作的人和离退休人员的"行为意向"与"环境行为"之间的差异尤为明显。

---

① María Del Carmen Aguilar-Luzoˊn, et al., "Comparative Study Between the Theory of Planned. Behavior and the Value-Belief-Norm Model Regarding the Environment, on Spanish Housewives' Recycling Behavior", *Journal of Applied Social Psychology*, Vol.42, No.11, 2012.

② 张世秋、胡敏、胡守丽、许士玉：《中国小城市妇女的环境意识与消费选择》，《中国软科学》2000 年第 5 期。

③ Florian G. Kaiser, Gundula Hübner, Franz X. Bogner, "Contrasting the Theory of Planned Behavior with the Value-Belief-Norm Model in Explaining Conservation Behavior", *Journal of Applied Social Psychology*, Vol.35, No.10, 2005.

④ Lingqiong Wu, "The Relationships between Environmental Sensitivity, Ecological Worldview, Personal Norms and Pro-environmental Behaviors in Chinese Children: Testing the Value-Belief-Norm Model with Environmental Sensitivity as an Emotional Basis", *PsyCh Journal*, Vol.8, No.3, September 2018.

表 3-6   基于身份差异的公众参与环境治理情况

变量及指标		均值（标准差）				
		学生	在工作的人	家庭主妇/夫	离退休人员	其他
行为意向	I1	5.86（1.385）	6.30（1.251）	5.60（1.927）	5.60（2.081）	5.81（1.774）
	I2	6.03（1.271）	6.33（1.236）	5.44（2.017）	5.68（1.904）	5.96（1.582）
	I3	5.51（1.543）	6.06（1.447）	5.48（1.923）	5.56（1.919）	5.61（1.831）
	加权	5.80（1.257）	6.23（1.178）	5.50（1.795）	5.61（1.675）	5.79（1.547）
环境行为	B1	5.46（1.464）	5.84（1.446）	5.39（1.896）	5.00（2.239）	5.46（1.868）
	B2	5.75（1.307）	5.94（1.385）	5.41（1.767）	5.54（1.880）	5.51（1.731）
	B3	5.10（1.692）	5.61（1.532）	4.97（1.972）	4.88（2.196）	5.04（2.013）
	加权	5.44（1.268）	5.80（1.302）	5.26（1.678）	5.14（1.875）	5.33（1.631）
效能预期	A	5.98（1.347）	6.23（1.294）	5.72（1.816）	5.40（2.131）	5.59（1.913）
参与效能	E1	5.82（1.417）	6.02（1.385）	5.49（1.861）	5.40（2.038）	5.47（1.766）
	E2	6.03（1.231）	6.12（1.322）	5.58（1.831）	5.60（1.986）	5.68（1.747）
	E3	5.98（1.329）	6.13（1.352）	5.62（1.791）	5.60（1.925）	5.46（1.873）
	加权	5.94（1.200）	6.09（1.230）	5.56（1.665）	5.53（1.705）	5.54（1.600）

注：I1、I2、I3 为分别表示私领域环境行为意向的指标；B1、B2、B3 为分别表示私领域环境行为实践的指标；A 表示公众参与公领域环境治理的效能预期；E1、E2、E3 为分别表示公领域参与效能的指标。详见表 3-2。

在公领域的环境参与行为中，不同身份的群体对于公众意见反馈对政府环境治理水平和能力的积极影响都持很高的认同程度和期待，认为通过意见诉求表达和信息反馈能够有效监督环保政策执行、促进不合理政策的纠正，其中，在工作的人对此认可度最高，其次是学生和家庭主妇/夫。实际上，在公领域的环境参与实践中，虽然不同身份的人参与环境治理实践的频数存在一定差异，但在总体上，不管是哪种身份的群体，其参与环境治理的效能都比较低（由于是逆向提问，认同度越高、分值越高，表明参与效能越低），其中，在工作的人参与环境治理的效能最低，学生次之，然后是家庭主妇/夫。也就是说，在公领域，在工作的人、学生和家庭主妇/夫对于参与环境治理的效果预期与实际上的参与效能之间存在非常明显的悬殊。

从性别角度来看，如表3-7所示，在环境私领域，男性与女性的"行为意向"得分比"环境行为"实践都要高，这说明不管是男性还是女性都有着更强的环境友好"行为意向"，而实际上的环境友好行为实践则要略低于其意向；虽然男性相比于女性而言，具有更强的环境友好"行为意向"和更多的"环境行为"实践，但是这种差异在性别上并不显著。这与惯常认为的女性更加爱护环境卫生的理念存在出入，当然，也不排除是男性比女性更乐观自信等原因所致。

表 3-7　　　　　　基于性别差异的公众参与环境治理情况

变量及指标		均值（标准差）	
		男	女
行为意向	I1	6.05（1.479）	6.06（1.485）
	I2	6.13（1.423）	6.09（1.453）
	I3	5.78（1.631）	5.84（1.578）
	加权	5.99（1.355）	6.00（1.358）
环境行为	B1	5.75（1.569）	5.55（1.619）
	B2	5.86（1.452）	5.74（1.502）
	B3	5.46（1.731）	5.25（1.702）
	加权	5.69（1.407）	5.51（1.419）
效能预期	A	6.01（1.483）	6.05（1.499）
参与效能	E1	5.79（1.564）	5.90（1.503）
	E2	5.94（1.456）	6.02（1.447）
	E3	5.95（1.501）	5.98（1.485）
	加权	5.89（1.363）	5.97（1.337）

注：I1、I2、I3为分别表示私领域环境行为意向的指标；B1、B2、B3为分别表示私领域环境行为实践的指标；A表示公众参与公领域环境治理的效能预期；E1、E2、E3为分别表示公领域参与效能的指标。详见表3-2。

在环境治理公领域，男性与女性对于公众参与环境治理效能的预期相对一致，都认为公众的意见诉求表达有利于促进政府环境治理水平和能力的提升，比如能够监督环保政策执行、促进不合理政策的纠正等。但是，在参与环境治理实践层面，男性参与环境治理的频率要稍微高于女性。不过，二者的参与效能水平都比较低（逆向提问，认同度越高、分值越高，表明参与效能越低），而且，尽管差异并不十分显著，但总体上男性参与环境治理的效能水平还是要稍微高于女性。这与环境私领域中不同性别群体的参与行为实践的结果具有相对一致性。

从年龄角度来看，如表 3-8 所示，在环境治理私领域，人们的友好环境"行为意向"和"环境行为"实践得分都比较高，说明不管处在怎样的年龄阶段，人们对环境友好的意图都是比较明显的，而且其日常行为也都比较注重保护环境。不过，除了 18 岁以下和 60 岁以上这两个极端值，其他年龄阶段的受访者的环境"行为意向"程度都强于其行为实践，也就是说，大部分人的友好环境行为意愿很高，但行为实践稍微逊色。随着年龄的变化，不同人群在环境"行为意向"和"环境行为"实践上的表现大致呈现如下基本特征：随着年龄的增加，人们的友好环境"行为意向"先是逐渐增强，并在 41—50 岁达到顶点，然后又逐渐减弱；与之类似，人们对环境友好的行为实践也是先逐渐增加，并在 41—50 岁达到顶点，然后又逐渐减少。也就是说，41—50 岁的人对于环境友好的意向最为强烈，环境行为实践也更为频繁而友好，而 60 岁以上的人则不仅友好环境行为意愿偏弱，总体的环境友好行为实践也偏少。

表 3-8　　　　　　基于年龄差异的公众参与环境治理情况

变量及指标		均值（标准差）						
		18 岁以下	18—25 岁	26—30 岁	31—40 岁	41—50 岁	51—60 岁	60 岁以上
行为意向	I1	5.86（1.752）	5.95（1.317）	6.10（1.518）	6.19（1.431）	6.33（1.296）	5.70（1.940）	5.24（2.223）
	I2	5.68（1.964）	6.13（1.172）	6.12（1.435）	6.18（1.453）	6.35（1.284）	5.72（1.761）	5.16（2.422）
	I3	5.46（2.080）	5..63（1.459）	5.94（1.550）	5.99（1.544）	6.04（1.554）	5.62（1.839）	5.21（2.292）
	加权	5.67（1.742）	5.90（1.164）	6.05（1.365）	6.12（1.339）	6.24（1.232）	5.68（1.685）	5.20（2.067）

续表

变量及指标		均值（标准差）						
		18 岁以下	18—25 岁	26—30 岁	31—40 岁	41—50 岁	51—60 岁	60 岁以上
环境行为	B1	5.68 （1.696）	5.44 （1.488）	5.71 （1.577）	5.74 （1.587）	5.89 （1.573）	5.54 （1.786）	5.08 （2.198）
	B2	5.80 （1.742）	5.72 （1.318）	5.86 （1.466）	5.81 （1.531）	5.98 （1.403）	5.55 （1.728）	5.32 （2.055）
	B3	5.32 （1.964）	5.09 （1.633）	5.45 （1.709）	5.53 （1.660）	5.57 （1.634）	5.09 （1.964）	5.26 （2.298）
	加权	5.60 （1.588）	5.42 （1.257）	5.67 （1.437）	5.69 （1.442）	5.82 （1.357）	5.39 （1.638）	5.22 （1.954）
效能预期	A	5.55 （1.887）	6.02 （1.367）	6.18 （1.375）	6.15 （1.434）	6.12 （1.437）	5.70 （1.919）	5.21 （2.002）
参与效能	E1	5.30 （1.887）	5.90 （1.325）	5.79 （1.633）	6.07 （1.403）	5.85 （1.555）	5.52 （1.758）	5.08 （2.259）
	E2	5.46 （1.916）	6.10 （1.185）	5.95 （1.504）	6.15 （1.380）	5.99 （1.472）	5.63 （1.663）	5.00 （2.242）
	E3	5.43 （1.867）	6.04 （1.261）	5.92 （1.601）	6.18 （1.298）	5.93 （1.592）	5.56 （1.853）	5.34 （2.031）
	加权	5.40 （1.695）	6.02 （1.119）	5.89 （1.458）	6.13 （1.228）	5.92 （1.389）	5.56 （1.601）	5.14 （1.935）

注：I1、I2、I3 为分别表示私领域环境行为意向的指标；B1、B2、B3 为分别表示私领域环境行为实践的指标；A 表示公众参与公领域环境治理的效能预期；E1、E2、E3 为分别表示公领域参与效能的指标。详见表 3-2。

在环境治理公领域，人们对于公众参与治理环境效能的预期也都比较高，不过，不同年龄的人对公众意见反馈之于政府环境治理水平和能力的作用效能的感知存在较为显著的差异。总体而言，随着年龄的增加，受访者的这种预期效能呈现出先增后减的趋势，而18—50岁的人对参与效能的预期普遍较高，相比于其他年龄阶段的人而言，他们更坚信公众意见反馈能有效促进环境治理状况的改善、监督环保政策有效贯彻落实、促进不合理政策的纠正等。但是，在参与环境治理实践层面，18岁以下的人和60岁以上的人参与环境治理的频率相对高一点，中间年龄的人参与频率反而更低。不过，不管是哪个年龄阶段的群体，其实际参与效能水平都比较低

（由于是逆向提问，认同度越高、分值越高，表明参与效能越低），其中，中间年龄的人尤其31—40岁的人的参与效能最低，相对而言具有较高参与效能的是18岁以下和60岁以上的人群。也就是说，在公领域，中间年龄层次的人对于公众参与环境治理的效果抱有较高的期望，但实际上这部分人群的参与率反而较低，而参与效能水平也显著偏低；处于年龄两端的人群尤其60岁以上的人，虽然对公众参与环境治理效能的预期最低，但是实际参与更频繁，而且参与效能反而高于其他年龄层次的群体。因此，在参与环境治理的效能预期与实际上的参与效能之间存在明显的差距。

从婚姻状况来看，如表3-9所示，在环境私领域，已婚人群的环境友好行为意向比未婚状态的人更为强烈，其行为实践对环境也更为友好；不过，总体上，不管是已婚还是未婚，对于环境友好行为的意向都要显著高于其行为实践。在环境治理公领域，已婚人群对于参与环境治理效能的预期显著高于未婚人群，而且根据实际参与频次统计，已婚人群参与环境治理实践的频率要偏高于未婚群体。不过，相对一致的是，二者在实际参与效能上都明显偏低。换言之，从受访者的基本情况来看，公众对于参与环境治理的期望很高，虽然这种期望程度因婚姻状况的不同而有所差异，但实际参与效能却都偏低。

表 3-9　　　　　　　基于婚育状况的公众参与环境治理情况

变量及指标		均值（标准差）			
		已婚	未婚	有子女（含孕期）	无子女
行为意向	I1	6.15（1.488）	5.93（1.464）	6.20（1.467）	5.89（1.482）
	I2	6.18（1.436）	6.01（1.438）	6.18（1.462）	6.02（1.408）
	I3	5.95（1.627）	5.64（1.551）	6.02（1.559）	5.59（1.619）
	加权	6.10（1.383）	5.86（1.309）	6.14（1.364）	5.83（1.332）
环境行为	B1	5.77（1.625）	5.46（1.546）	5.81（1.590）	5.44（1.588）
	B2	5.86（1.512）	5.69（1.433）	5.90（1.508）	5.67（1.440）
	B3	5.50（1.713）	5.14（1.703）	5.54（1.709）	5.14（1.703）
	加权	5.71（1.454）	5.43（1.347）	5.75（1.444）	5.42（1.363）

续表

变量及指标		均值（标准差）			
		已婚	未婚	有子女（含孕期）	无子女
效能预期	A	6.10（1.478）	5.93（1.506）	6.13（1.485）	5.92（1.493）
参与效能	E1	5.88（1.565）	5.80（1.484）	5.90（1.556）	5.78（1.501）
	E2	5.97（1.527）	6.01（1.343）	6.00（1.503）	5.96（1.390）
	E3	5.95（1.572）	5.98（1.378）	6.01（1.506）	5.91（1.475）
	加权	5.93（1.434）	5.93（1.226）	5.97（1.395）	5.89（1.294）

注：I1、I2、I3 为分别表示私领域环境行为意向的指标；B1、B2、B3 为分别表示私领域环境行为实践的指标；A 表示公众参与公领域环境治理的效能预期；E1、E2、E3 为分别表示公领域参与效能的指标。详见表 3-2。

从生育情况来看，如表 3-9 所示，在环境私领域，有子女的人（含孕期）的环境友好行为意向明显比无子女状态的人更强烈，落到具体实践层面，有子女的人的行为实践对环境也更为友好。但总体上，不管有无子女，人们对于环境友好行为的意向都要显著高于其行为实践。在环境治理公领域，有子女的群体对于参与环境治理效能的期望值显著高于无子女的人群，而且根据实际参与频次统计，有子女的受访者参与环境治理实践的频率也要高于无子女的人。与之形成明显对比的是，有子女的人群的实际参与效能水平却明显低于无子女的群体。也就是说，有子女的人往往更相信公众参与环境治理能够带来好的效果，比如提高政府环境治理水平、监督环保政策有效执行、促进不合理政策的修正等，但是，也正因为期望值高，经过参与实践，反而对参与结果的满意度降低，因而感知到的参与效能水平偏低。由此可见，就婚姻与生育情况这两个维度而言，受访者在环境领域的参与状况具有相对一致性。

从受教育程度来看，如表 3-10 所示，在私领域，人们的环境友好行为意向和行为实践得分都比较高，不过，行为意向强度普遍高于具体实践，也就是说人们往往在主观意愿上表示自己非常愿意对环境友好，但实际行动则会存在某种程度的"折扣"现象。一个显著的特征是，不管是在环境"行为意向"还是具体"环境行为"实践上，随着受访者受教育程度的增加，强度都呈现明显的先增后减趋势，通常直觉认为的"受教育水平越高，亲环境行为意愿更强，行为实践越是对环境友好"在此次调查结果中被部分否定了。实际情况是，高中、大专和本科文化水平的人具有更明显的友好环境行为意向，行为实践也确实更为友好。总体上，随着受教育程度的提升，受访者的友好环境行为意向逐渐增加，其行为友好程度也增加，但是在某个临界点之后，其践行环境友好行为的程度则逐渐降低，总体呈现先升后降的"倒 U"形趋势特征。

表 3-10　　　　基于受教育程度差异的公众参与环境治理情况

变量及指标		均值（标准差）				
		初中及以下	高中	大专	本科	硕士及以上
行为意向	I1	5.82（1.944）	6.08（1.561）	6.17（1.498）	6.12（1.259）	5.77（1.573）
	I2	5.79（1.931）	6.08（1.552）	6.14（1.509）	6.25（1.148）	5.83（1.535）
	I3	5.58（2.032）	5.95（1.584）	5.88（1.679）	5.90（1.407）	5.43（1.647）
	加权	5.73（1.812）	6.04（1.396）	6.06（1.416）	6.09（1.150）	5.68（1.340）
环境行为	B1	5.60（1.935）	5.76（1.687）	5.74（1.601）	5.62（1.464）	5.41（1.598）
	B2	5.62（1.930）	5.92（1.454）	5.83（1.544）	5.83（1.304）	5.57（1.499）
	B3	5.32（2.071）	5.60（1.634）	5.54（1.669）	5.31（1.612）	4.79（1.807）
	加权	5.51（1.813）	5.76（1.409）	5.71（1.440）	5.59（1.277）	5.25（1.392）
效能预期	A	5.80（1.855）	6.00（1.568）	6.06（1.479）	6.18（1.282）	5.60（1.687）
参与效能	E1	5.73（1.798）	5.71（1.711）	5.81（1.637）	6.00（1.297）	5.57（1.616）
	E2	5.68（1.829）	5.82（1.605）	6.01（1.446）	6.16（1.206）	5.76（1.627）
	E3	5.72（1.783）	5.84（1.560）	5.93（1.567）	6.13（1.249）	5.72（1.770）
	加权	5.71（1.672）	5.79（1.452）	5.91（1.425）	6.10（1.118）	5.69（1.477）

注：I1、I2、I3 为分别表示私领域环境行为意向的指标；B1、B2、B3 为分别表示私领域环境行为实践的指标；A 表示公众参与公领域环境治理的效能预期；E1、E2、E3 为分别表示公领域参与效能的指标。详见表 3-2。

在环境治理公领域，针对公众意见诉求表达是否能够增进政府环境治理水平和能力的效能预期问题，受访者总体持较高预期，但具有不同文化水平的人对于公众参与环境治理效能的预期呈现一定的差异性，其中，初中及以下和硕士及以上人群相对于其他人而言，其效能预期稍微低一些。从实际参与情况来看，初中及以下和硕士及以上的群体参与的频率更高，中间文化水平的人参与的频率反而更低一些。具体到参与环境治理的效能问题（逆向提问，认同度越高、分值越高，表明参与效能越低），初中及以下和硕士及以上的人的参与效能相对高一点。从总体情况来看，公众参与环境治理的效能以"本科"学历为临界值，呈现先逐渐降低然后又增加的"U"形趋势特征。

　　基于上述关于公众参与环境治理情况的考察，可以发现，在环境私领域，绝大部分人都有着很强的对环境友好的行为意向，也能够在实际生活中较好地践行环保行为，但总体上人们的环境友好行为意向高于其环境友好行为实践。也就是说，想要这样做的人，或者口头表示要这样做的人，不一定真的会这样去做；愿意这么干的人，不一定真这么干。在日常生活中，人们的环境友好行为实践相比于其意向而言，被普遍打了"折扣"。在环境公领域，公众对参与环境治理的效能普遍有着较高的预期，但是，参与政策过程、向政府表达关于环境问题的意见诉求和建议等方面的实际活动普遍较少。而且，基于调查的基本情况，从对参与效果的感知、参与程度的高低和参与范畴的广泛程度等指标来看，公众参与环境治理的效能水平普遍较低。正如此前有学者指出的，目前公众参与环境治理主要侧重于投诉上访等后端治理，在建言献策等前端治理上，公众参与的积极性明显不足[1]；同时，由于缺乏专业知识和参政话语权，多数公众无法有效地参与环境治理决策的辩论过程，他们的意见和建议也常常被忽视[2]。这意味着，在环境治理领域的公众参与问题上，出现了理论上高度重视，政策上极力倡导，但实践层面却难以有效推进的尴尬局面。那么，为什么公众在日常生活中普遍倾向于对环境较为友好，但在公领域，不仅实际参与到环境治理中的频率较低，而且存在对参与环境治理的效能预期与实际参与效能之间的强烈反差？是什

---

[1]　郭进、徐盈之：《公众参与环境治理的逻辑、路径与效应》，《资源科学》2020 年第 7 期。

[2]　Fischer A., Young J.C., "Understanding Mental Constructs of Biodiversity: Implications for Biodiversity Management and Conservation", *Biological Conservation*, Vol.136, No.2, 2007.

么因素导致公众在环境治理中被寄予厚望，但实际效果难以彰显，甚至陷入颇为严重的参与失灵困境？

第三节　公众的策略及其结果的生成机理

在转型发展过程中，公众参与治理包括参与环境治理的方式呈现多样化特征，并在不同的活动中生动地体现出来。其中，在一些重大环境事件或是与公众利益直接攸关的环境问题上，许多人将"闹大"这一反常规的方式视作参与或抗争性维权的重要途径。根据"闹大"思维，"闹"与"决"之间存在对应关系，因此，仿照他人或前期取得成功的经验做法成为他们在面对问题比如因环境污染和破坏所导致的矛盾纠纷时的优选策略。那么，在环境事件中公众的行动策略是否与在其他类型矛盾纠纷中的行动一致？复制借鉴其他类型事件行动中的经验做法是否能够使"成功"的结果再现呢？以下借鉴"因果关系漏斗"模型作为分析框架，选取发生在同一群体的三个不同事件作为案例（其中一个是城市轨道交通运营所导致的噪声污染事件），通过分析事件结果的生成机理来探知公众在环境事件中的行为与其他不同类型事件中的行为是否存在差异，以及"闹大"式行动是否与成功的结果之间存在严格的一一对应关系。

一　经验复制能否使"成功"的结果再现？

在经济社会转型发展过程中，社会结构日益变迁、利益格局不断分化重组，衍生出各式各样的矛盾纠纷甚至冲突对抗，也产生出一个具有时代特征的现象：公众一旦有矛盾冲突解决不了就找政府，一旦有诉求得不到满足就想尽办法将其公开化、群体化甚至激烈化，以引起各方尤其是上级政府和新闻媒体的关注，从而形成对相应政府部门的压力，督促其对该问题予以重视并致力解决。这种规律性的现象广泛出现在环境污染、征地拆迁、医患纠纷、劳资冲突、业主维权、邻避冲突、城市执法等领域，成为民众非正式渠道诉求表达的"套路式"和"常态化"选择，并被形象地称为"闹大""闹决"或"搞大"。

　　社会矛盾纠纷的化解既可以通过政治机制来实现，也可以通过市场或社会自治机制来实现，无论哪种方式都存在各种常规途径可供选择，为何"闹大"这样一种反常规的方式却被许多人奉为金科玉律？对此，有研究分析认为：公民、政府及其官员的理性选择共同构成了"闹大"的生产逻辑①，治理体系的碎片化（包括公民的原子化、公民与政府之间关系的断裂以及政府治理的碎片化等）为"闹大"现象的萌生提供了土壤②，相对剥夺感、利益表达与救济梗阻、发展性地方主义等因素是"闹大"（"出大事"）逻辑形成的心理因素、制度根源和社会因素③，而"闹大"在利益表达、资源动员和议程设置方面的功能性作用使这种"不按常理出牌"的利益表达方式"深得民心"④，此外，传统主义的价值观则进一步促进了民众对"闹"的认同⑤。这些研究从杂乱纷繁的"闹大"现象中抽象出一般性的内容，为理解民众"闹大"心理及其行为提供了颇为翔实的文献。

　　"闹大"现象的频繁出镜意味着"大闹大解决，小闹小解决，不闹不解决"的思维在民众心目中的逻辑合理性。在现实生活中，小到公民个人形式的缠访闹访，大到成千上万人聚集的群体性事件，似乎都在以各种形式对社会矛盾纠纷进行"闹大"式的演练，而一些矛盾纠纷的化

①　韩志明：《行动的选择与制度的逻辑——对"闹大"现象的理论分析》，《中国行政管理》2010年第5期。
②　韩志明：《公民抗争行动与治理体系的碎片化——对于闹大现象的描述与解释》，《人文杂志》2012年第3期。
③　杨建国：《论民众抗争的"出大事"逻辑：情境、机理与治理》，《理论与改革》2018年第6期。
④　韩志明：《利益表达、资源动员与议程设置——对于"闹大"现象的描述性分析》，《公共管理学报》2012年第2期。
⑤　余泓波：《为何会有民众认为"闹"能解决问题？——基于2015年全国抽样调查资料的政治心理分析》，《社会科学战线》2020年第8期。

解也一定程度上为这一路径提供了合理化的注脚。但"闹大"是否一定能得偿所愿？有人对促进"闹大"成功的因素和条件进行了归纳总结，指出组织能力、策略应用和政治机会结构等因素会对集体抗争行动结果产生显著影响①，而制度空间、上级政府支持、高主体整合程度和表演性策略是推动"闹大"成功的重要条件②。基于此，现实中存在许多学习和仿照他人或前期"成功"经验的做法，在部分公众心目中，似乎"依样画葫芦"便能够照旧获得成功。那么，做法上的模仿是否真能使成功的结果再次出现呢？

在各种对于"闹大"现象的研究中，案例研究方法被广泛采用，它们要么从单案例角度对"闹大"的生成逻辑及其行动策略进行抽象概括，要么基于多案例视角对"闹大"式抗争行动结果及其影响因素进行比较分析，二者隐含着相似的情景预设，即事件发生在不同群体当中，而群体的差异性则是民众抗争行动的重要解释变量。比如，有学者注意到，中产阶层虽然权利意识较强但"政治后卫"属性鲜明，他们在行动上的保守、妥协和理性特征使得在"闹大"成为民众抗争的常见策略的同时，"别闹大"逐渐成为社会抗争景观中一种新的选择③。也就是说，社会分化导致的群体差异使得民众的抗争行动出现了裂变，进而影响到抗争事件的结果，在其中，中产阶层的行为偏好趋于保守、更加理性。那么，这一结论是否具有普遍性？如果排除群体差异这一因素，结果又会如何？社会矛盾纠纷不会因为曾经发生在某一群体而使该群体免疫于日后的纠纷，同一群体可能多次陷入不同类型的矛盾纷争之中。如果不同的事件发生在同一群体（或各方面特质基本一致的群体），这些群体的行动方案和策略选择往往会存在一致性，这种一致性或者说行动上的复制是否能使"成功"的结果复现呢？

---

① 俞志元：《集体性抗争行动结果的影响因素——一项基于三个集体性抗争行动的比较研究》，《社会学研究》2012年第3期。

② 韩志明、李春生：《什么样的"闹大"成功了？——基于40个案例的定性比较分析》，《甘肃行政学院学报》2020年第1期。

③ 王奎明、韩志明：《"别闹大"：中产阶层的策略选择——基于"养老院事件"的抗争逻辑分析》，《公共管理学报》2020年第2期。

　　为了探究上述问题，笔者对发生在同一群体中的三个不同事件进行了追踪式观察。第一个是学校事件，业主们的多番努力成功推进了学校建设进度，并如愿使其冠以预定校名；第二个是轨道噪声扰民事件，业主们要求途经小区路段的轨道加盖隔音罩，该事件持续时间最长，但目前结果尚未明朗；第三个是养老机构入驻小区事件，对于小区开设养老服务机构，业主们异常激愤，抗议行动声势浩大，但收效甚微。三个案例的独特之处在于，都发生在同一区域的同一群体身上，因而存在许多同质性因素，比如主体的资源禀赋、组织动员能力、策略应用等，但三者的结果却迥然不同。可以认为，在已知的影响因素和重要条件之外可能还存在一些特殊要件，使得具有多方面共性特征的群体事件出现了截然不同的结果；或者，那些被证明能够推动"闹大"事件获得成功的因素相互之间发生了不同的"化学反应"，使得结果出现了背离。那么，这些因素和条件在抗争事件发展过程中是如何相互作用并生成最终的差异化结果的呢？

　　本部分涉及的案例素材主要来自以下渠道：一是对事件的参与式观察，时间为2017—2022年，包括对线下行动的观察以及在业主微信群、QQ群中的信息收集；二是对案例中的意见领袖、组织者及其他核心成员等人员的访谈；三是对业主们在政务平台的投诉、网络发帖、相关媒体报道、政府回复等情况的信息检索。

二　理论模型与案例简介

（一）"因果关系漏斗"模型及其适用性

　　"闹大"心理的社会化流行是特定时代的产物，同时也折射出转型发展过程中公共治理的一些共通性问题和规律性内容，并为与之相关的群体性事件、抗争政治、社会冲突以及公众维权等议题研究提供了独特视角和生动案例。在已有的研究中，学者们对"闹大"现象及与之相关的集体行动或社会运动的诉求、原因以及策略等进行了系列探讨，抽象出了关于"闹大"行动的生成逻辑、演进机制的一般性内容，并归纳出

"闹大"式诉求表达结果的影响因素和促进"闹大"成功的路径组合。不过，已有研究对行动主体异质性的前提预设，为通过同质群体的抗争行动来研究该议题预留了空间，同时，对于促进"闹大"事件获得成功的条件的归纳，也为进一步分析探讨抗争事件结果的生成机理奠定了基础。

在有关集体行动和社会运动的研究领域，尼尔·J.斯梅尔塞的"价值累加理论"、查尔斯·梯利的社会运动理论、曼瑟尔·奥尔森的集体行动理论等从不同角度对集体行动的主要内容进行了系统研究，虽然观点各异，但都揭示出一个共同的道理，即集体行动或社会运动"是由多种社会因素共同决定的，并且这些社会因素之间存在较为固定的逻辑联系"[1]。据此而言，对于集体抗争行动的分析实际上就是对多种社会因素之间逻辑联系的分析，而对抗争事件结果的分析实则是对这些社会因素与行动结果之间因果逻辑关系的探讨。在各种探讨因果逻辑的理论中，"因果关系漏斗"模型将主体行为选择和各种结构性要素结合在同一模型中，具有良好的整合性；而且，多样化和多方面的因素能够被容纳进入"因果漏斗"，因此具有开放性特征；更为重要的是，这些不同的要素不是以简单的线性或并列方式呈现，而是遵循一定的逻辑，以因果链条的形式促成对结果的汇合效应。[2]这种整合性、开放性特征以及对诸要素与结果之间关系的逻辑建构，为分析"闹大"式抗争行动结果提供了可供借鉴的理论基础。根据该模型，基本的分析框架如下。

1.漏斗形状

根据"因果关系漏斗"模型，最终的行为结果是由一系列社会因素共同作用而成，这些因素在已有研究中有的得到证明并被经常提及，有的则未得到充分重视，或是被人为忽略。"因果漏斗"的整合性和开放性特征使得这些多样化的因素能够被纳入同一框架予以分析，并且，从"漏斗"形状来看，虽然这些因素在它们所对应的节点上往往都十分重

---

[1] 赵鼎新：《社会与政治运动讲义》，社会科学文献出版社2006年版，第20页。
[2] [挪]斯坦因·U.拉尔森主编：《政治学理论与方法》，任晓等译，上海人民出版社2006年版，第101—113页。

要，"但当我们着手处理因变数时，我们的兴趣焦点变窄了"，最终的结果或"重要影响的数目比重要原因要少得多"[1]。

结合已有研究，民众抗争行动结果受到组织动员能力、资源禀赋、行动策略、政治机会结构、外界支持如上级政府介入和新闻媒体关注等多种因素的影响，这些不同因素共同作用于事件的发生、发展及演化过程。但是，在已经被证明具有重要影响和促进作用的因素之外，还可能存在其他一些影响抗争行动结果成败的未知因素。因此，理论上，为了确保分析的全面性和准确性，应当将尽可能多的因素（这些因素有的已经被证明会对结果产生重要影响，有的则是基于经验认识或调查而被判断为具有重要影响）囊括进来。可以想象，根据"因果关系漏斗"模型特征，在抗争事件的发生、发展及演化过程中，这些因素总体内容丰富纷繁，如果将这些多样化因素视为解释变量，将最终的结果视为被解释变量，那么解释变量的条目远多于被解释变量的条目。也就是说，抗争事件的结果并非由单一因素决定，而是诸多因素共同作用下的结果，具有一种类似于"漏斗"形状的汇合效应。这一形状特征使得借助"因果关系漏斗"模型来进行分析具有良好的适切性。

2. 漏斗之轴心

在"因果关系漏斗"中，诸因素以因果顺序渐次作用于最终的结果。虽然诸多因素都在不同程度上对结果产生影响，但有些距离要做出解释的结果相对遥远，另一些则相对较近。这意味着，如果将多方面的因素纳入"因果关系漏斗"之中，那么，诸因素就会有外源因素与重要因素的"远近亲疏"之别。通常情况下，越远离漏斗狭窄的一端，外源因素的重要性就越明显（它们距离结果较远，往往不是结果的直接诱因，以至于在实际研究中有时会被忽略），越趋近漏斗狭窄的一端，重要因素的作用越显著。

而且，从理论逻辑和经验观察来看，有一些因素虽然是结果的重要

---

[1] Angus Campbell, Philip E.Converse, Warren E.Miller, and Donald E.Stokes, *The American Voter*, Chicago: The University Of Chicago Press, 1960, p.24.

解释变量，但同时又受到活跃于此行动空间中的其他力量的影响，比如有学者指出集体行动是由环境条件、结构性压力、普遍情绪或共同信念、诱发因素、行动动员和社会控制机制六项条件导致和促进的①，但是，行动本身又是最终结果的更为直接的影响因素。这意味着，整个事件的发展、演进及结果的生成，是各因素不断"构造"和"被构造"的过程，特定时间节点的事件状况是作为先前多种因素的结果而发生的，同时，又与其他因素一起对其后的结果负责，即诸因素"以因果链的会合之序接踵而至，从漏斗口到漏斗之颈"②。如此一来，因果链条上任意因素的变化都可能导致结果的背离。

3. 漏斗中的关键性节点

结合因果逻辑中的潜在变量及其在"因果漏斗"中的关系内容，如果将影响事件结果的诸因素看作"具有与众不同的力量和方向的独立矢量。这些变量的'方向'是它们偏爱某些政府产出（效果）的倾向。这些变量的'力量'是它们喜好其所被引导的结果的相对强度"③。也就是说，事件结果受到诸因素的影响，但更确切地说，是受到这些因素或变量的作用方向和作用强度的共同影响。

由于传统认知的惯性作用和"为权利而斗争"的时代话语体系的引导，"闹大"式抗争被民众广为认同，学习并仿照他人"闹大"的经验做法成为人们在遭遇矛盾纠纷时的策略优选。不过，现实情况表明，即便全盘"复制"甚至予以优化改进，大多数"闹大"式抗争行动最终都不了了之。显然，在这些抗争事件中，一些重要的环节出现了意料之外的变化或者发挥了意想不到的作用。按照前述"因果关系漏斗"中的矢量说，可以想象，在各种"闹大"式抗争事件中，最终的结果不仅取决于各种影响因素是否在场，还取决于这些因素在场时的作用方向和作用

①   Semelser N.J., *Theory of Collective Behavior*, New York: Free Press, 1962, p.29.

②   Angus Campbell, Philip E.Converse, Warren E.Miller, and Donald E.Stokes, *The American Voter*, Chicago: The University Of Chicago Press, 1960, p.24.

③   James Mahoney and Richard Snyder, "Rethinking Agency and Structure in the Study of Regime Change", *Studies in Comparative International Development*, Vol.34, No.2, 1999.

强度。这意味着，即便影响因素在场，方向和强度上的变化或差异仍会使这些因素对于结果的影响大相径庭，甚至，一些关键性的因素还会形成筛选机制，部分消除甚至反制前置因素对于其后结果的影响。

（二）案例简介：同一群体的三个不同事件

本部分选取的三个案例发生在同一区域——C市（直辖市）S区轨道一号线 SJP 路段地铁站点周围相邻的五个小区（分别命名为 X、Y、R、Z、J 小区）。这些小区是几大开发商组团开发的次新小区，交房时间略有差异，但区位毗邻，面临的问题在很多方面具有一致性。

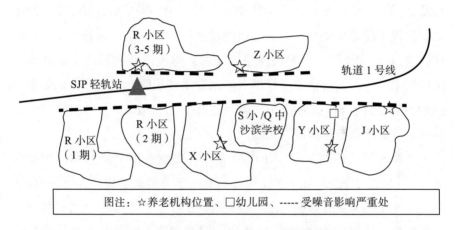

图注：☆养老机构位置、□幼儿园、-----受噪音影响严重处

图 3-1　案例所涉小区的地理位置

1. 学校事件：成功得以解决

将楼盘与学校捆绑，以“学区房”（或“学位房”）为噱头进行售卖是房地产市场的一种特殊却极为有效的营销方式。在预售房屋时，大量购房者因“学区”而择房，但所谓的“学区房”此时往往处于“规划”状态，频频见诸报端的学校维权事件表明，房地产开发中的学区“规划”能否落地充满了不确定性。

学校抗争事件起因于 2016 年的楼盘开发宣传。起初，开发商宣称该片区将修建 S 小分校和 Q 中分校，并在官媒及搜狐焦点等网络平台发布的房屋信息及楼盘展板和宣传单中重点突出“紧挨 Q 中 /S 小分校”“附近学校：S 小分校、Q 中分校”等信息。6 月底，S 区教委与开发商达成《联合建校协议》，并发函称，将在该片区建立 S 小分校（S 小是全市排名前十的重点小学）和 Q 中分校（Q 中是市级示范中学），并引入 S 小和 Q 中本部的师资力量进行教学和管理。学校预计 2017 年开工建设，2018 年秋季建成使用，学区划定为 X、Y、R、Z、J 五个小区范围。[①]8 月底，举行了学校入驻签约仪式，区教委相关领导、开发商、S 小以及 Q 中领导悉数莅临现场，媒体见证并记录了这一签约活动。[②] 此后，五个小区陆续开盘。这一年正值楼市回暖，C 市迎来了一大波上涨行情，而名校的加持更使得这几个楼盘异常火爆，几乎开盘即售罄，并且，单价至少高出周边楼盘 1/5。2017 年开始，有业主陆续接房，发现学校毫无动静，与买房时的承诺明显不符，于是开始关注学校建设事宜。2019 年，大量房屋完成交付，学校已经超过约定的建成时间但仍未动工，大批业主子女的入学问题迫在眉睫，于是业主们创建了微信"学校维权群"，并纷纷就此问题在 C 市"互联网＋督查"、网络问政、市长信箱等平台留言反映。

一波未平，一波又起。2019 年 4 月，有业主得到消息称，学校更名为"S 实验学校"，两所学校变为一所九年一贯制学校。"学校一直不开工，现在还要更名，明明之前说的是两所学校，现如今居然缩水成了一所学校，换谁也无法接受""名字的问题摆明了就是私立和公立的问题""改名以后就跟 S 小和 Q 中没有关系了，如果不是 S 小和 Q 中的分校，不是这两所学校的教育教学资源入驻，哪个愿意花那么多钱买这里的房子？"（来自访谈笔录，编号：X3，2019-06-07）学校未动工、入学在即、学校更名等系列因素交织使得业主们变得十分焦虑。与此同时，业主阵营出现了分裂，一部分人认为当务之急是将学校建起来，因此，主要致力于推进学校修建进程；另一部分人则认为学校冠名更重要，因

---

① 该函由业主提供，全名为《S 区教育委员会关于联合建设沙滨学校有关教育政策的函》，发布于 2016 年 6 月 27 日，在《重庆某楼盘消失的学校，最终逼得业主维权！》一文中也有出现，2019 年 4 月 22 日，https://mp.weixin.qq.com/s/MStI5dI2vC9cQ0994e71Iw.

② 《S 小、Q 中签约入驻 C 市滨江文化生活区 助推区域提档升级》，2016 年 9 月 1 日，华龙网（https://www.163.com/news/article/BVSFHG2P00014AEE.html）。

为校名涉及学校性质及师资等教育教学资源的配置,因此,主要致力于挽回原定的学校名称。在此形势下,原本的"学校维权群"裂变为"学校建设群"和"学校冠名群"。此后,依托两个微信群,业主们开展了系列行动,包括接连不断地在网络平台投诉,集结到区教委、市教委、区信访局等部门反映情况,向各类自媒体曝光,甚至到开发商售楼部举牌抗议。

经过一系列紧锣密鼓的"大阵仗"行动,同年 5 月底,区教委被迫召集业主召开"协商会",在会上,教委相关负责人就建校规划、两所学校的冠名、教育教学资源的配置等问题与业主进行沟通协商,经过激烈的争论,最后达成协议:仍按原计划修建学校,且承诺命名为"S 小沙滨学校""Q 中沙滨学校",由区教委负责引进 S 小、Q 中的文化、课程、管理和部分师资 ①;并在"网络问政平台"回复业主,称施工团队将于 2019 年 9 月进场,预计于 2020 年建成并投入使用 ②。虽然时间延后,但两所学校主体部分已建成并于 2020 年秋季开始招生,因此,学校事件总体上得到圆满解决。

2. 轨道噪声扰民事件:悬而未决

据不完全统计,2020 年生态环境、公安、住房和城乡建设等相关部门受理环境噪声投诉举报约 201.8 万件,生态环境部门"全国生态环境信访投诉举报管理平台"共接到公众举报 44.1 万余件,其中噪声扰民问题占全部举报的 41.2%,排各类环境污染要素的第 2 位。③ 根据世卫组织和欧盟合作发布的报告,噪声污染是继空气污染之后影响人类健康的第二大污染因素。④ 可见,作为现代化生产和生活方式的负面产物,

---

① 楼市小辣椒微信公众号.《维权成功!融创学区房问题得以圆满解决!》,2019 年 5 月 30 日(https://mp.weixin.qq.com/s/EIjRwPc5wRT7lw-ZNJjLTA)。

② C 市网络问政平台.《位于 S 区 SJP 的 S 小沙滨学校和 Q 中沙滨学校的正式名称》,2019 年 10 月 26 日(http://cqwz.cqnews.net/ask/askDetail?id=314518)。

③ 《2021 中国环境噪声污染防治报告》,2021 年 6 月 17 日,生态环境部(https://www.mee.gov.cn/hjzl/sthjzk/hjzywr/202106/t20210617_839391.shtml)。

④ 《世卫组织最新报告称噪声污染仅次空气污染》,2011 年 4 月 10 日,《新京报》(http://news.sohu.com/20110410/n280202504.shtml)。

噪声污染不容忽视。

噪声问题在 SJP 片区由来已久。轨道一号线（于 2011 年开通）在该路段是地面运行，途经该区域的运行时段为 6:30—23:30，发车间隔 3—5 分钟，且双向运行，夜间 12 点到凌晨 1 点左右会有检修车辆通过，因此轨道噪声密度大、持续时间非常长。此前，周边主要是工业厂房，居民住宅较为分散，因此噪声污染被"弱化"。2015 年开始，该区域逐渐被组团开发成为商业住宅，其中，X、Y、R、Z、J 五个小区沿轨道而建，部分小区住宅以地铁站为中心呈环绕式分布，成片集中开发使得轨道噪声的辐射人群大幅增加。在房屋销售时，业主通过沙盘选房，起初虽然有网友在楼盘信息介绍下面留下"两边主干道，头顶轻轨，不是很安静"的只言片语，但都淹没在热火朝天的询价、学区房介绍、区位优势、增值空间、发展前景等信息中。随着几个小区陆续接房，业主们逐渐意识到噪声污染的严重性，在业主群里开始有人抱怨"离轻轨近，太吵了"，并陆续向物管反映该问题，也有人通过环保热线、网络问政平台、市长信箱等渠道进行投诉，但在当时并未引起广泛关注。

随着业主陆续装修入住，轨道噪声污染的严重性渐渐得到重视，"自从搬过来后，全家老小不到 12 点根本无法入睡，早上 6 点刚过地铁就开始运行，午觉简直不敢想"（来自访谈笔录，编号：G1，2019-01-15），诸如此类的吐槽和对噪声污染导致的健康隐患的担忧在业主中蔓延开来。噪声问题受到的关注度急剧上升，越来越多人开始焦虑，"掏空全家置换新房，却换来个'噪声房'，肠子都悔青了""花了一两百万，背负 30 年贷款，这么吵，住又不能住，卖又卖不脱，人都要崩溃了"，类似的声音几乎每天都在业主群涌现。在此过程中，有人提议"团结起来想办法解决"①。于是，五个小区的业主决定一起行动，并建立了专门用于联络的"轨道噪声群"（以下简称"Z1 群"）和"众筹测噪声群"（主

---

① 类似的提议最早出现在 2017 年上半年，当时有一业主交付房款后发现房屋距离轻轨非常近，噪声污染严重，想要更换房源，但开发商以买方违约为由不予办理，鉴于退房成本过高，该业主在业主群陈述了小区噪声严重这一事实，并呼吁大家联合起来督促开发商和相关部门予以解决。

要用于筹措活动经费，以下简称"Z2 群"）①。之后，大家商议出包括要求给房屋安装隔音玻璃、在地铁与住宅之间种植高大树木、给地铁安装全封闭隔音罩等方案，并通过到售楼中心要说法、到区政府上访、向相关部门投诉、在网络问政平台以及市长信箱留言、拨打中央督导组热线、在网络论坛发帖等方式表达诉求。但结果大同小异，得到的基本上都是"轨道修建在先，楼盘开发在后，理应由开发商采取降噪措施"②之类的答复。

　　对此，很多业主感觉投诉无门，有人悲愤地表示，"闹得凶的有肉吃，不闹的啥都没有""事情要闹大了，上面才会派人下来查，才解决问题"（Z2 群聊天记录，2019-06-28）。甚至有业主提出，"实在不行，我们在窗户外面挂衣服被子，任其'掉落'轨道，一旦出事故立马就有人关注了"，但该想法很快被其他人否定，"现在高空抛物已经入刑法了，我们还是要合理合法表达诉求"。对此，群主以公告形式呼吁大家"合法合规地维护自己的正当权益"（Z1 群聊天记录，2019-09-28）。无奈之下，有业主提出走法律渠道，通过诉讼方式来维护权益，此想法得到相当大一部分业主的支持。为了收集证据，业主群以众筹方式筹集资金两万余元，请第三方机构对这几个小区的噪声进行检测并获得环境噪声报告。③之后，业主代表联系并咨询了 4 家律师事务所，根据报价与诉讼策略确定了 3 个方案，由业主投票确定最终方案。但由于需要分摊律师费，响应者骤减至寥寥数人，该方案最终被搁置下来，几个群也因此进入沉寂状态。

　　2019 年下半年，事情迎来了转机。业主们此前向中央督导组的投诉获得回复：相关职能部门正在研究制订噪声深度治理可行性方案（业主韩某提供，2019-10-28）。这一消息极大鼓舞了人心，经过漫长的等

---

①　由于群人数限制，每户只一人进群。群内商议后再将信息传达至各个小区的大业主群中。

②　《轨道一号线石井坡路段噪声已经严重扰民》，2020 年 6 月 5 日，人民网领导留言板（http://liuyan.people.com.cn/threads/content?tid=7655360）。

③　此前有人提出走法律渠道，但被其他业主以"耗时太长、成本太高"为由否定了。之所以请第三方机构检测，是因为此前有政府部门回复称业主自己测量的结果不准确，该路段噪声并未超标。

待和不间断的投诉，同年 12 月底，国家信访局工作人员来到现场调查。此后，因为新冠疫情，针对轨道噪声的维权行动一度停滞。该问题热度的再次高涨是在 2020 年 5 月，彼时相关部门成立专项工作小组，对轨道噪声问题进行了走访。之后不久，区住建委会同交通局、生态环保局、规资局、街道、轨道公司与开发商，先后两次召集业主开展"轨道噪声扰民问题现场对接协调会"①。在协调会上，相关部门对业主的部分提问作出回应，但始终坚持"轨道修建在先、楼盘开发在后"这一说法，因此未获得实质性进展。2021 年 2 月，有业主收到政府部门发放的《一号线 SJP 站相邻区间增设全封闭声屏障社会调查表》，这再度引发了对噪声问题的关注，部分业主重拾信心，再次通过各种渠道进行投诉，但回访和回复的结果与此前并无二致。此后，围绕轨道噪声的抗争行动时断时续，截至目前仍无定论。

3. 养老机构入驻小区事件：不了了之

随着人口老龄化的加剧，养老及相关服务成为不容忽视的民生大事，因此，各地积极探索并推进城市社区养老工作。这无疑有助于满足老年人家庭的现实需求，但社区养老机构建设频频遭遇"邻避效应"——对于该类机构的建设，人们乐见其成，但就是"不能开在自家门口"。SJP 片区恰巧就面临这一棘手问题。

2021 年 5 月，Y 小区有居民发现大门附近频繁出现 120 救护车，紧邻小区入口的二楼商铺楼道出口处（与幼儿园相距 100 米左右）时常有担架出入，心生疑窦，于是以视频形式将该问题传至业主群。很快，有业主查探到，该商铺挂牌"半日闲茶楼"，实则是"以茶楼为招牌，利用养老服务执照，开办实际为招收各地医院医治不好的病人的临终关怀中心"②。此消息一出，业主群立马炸开了锅，其他几个小区

---

① 部分业主收到了物管发送的关于协商会时间和地点的信息，但绝大部分业主从业主群获悉这一消息。

② 《融创滨江壹号小区商铺内办临终关怀机构》，2021 年 6 月 1 日，人民网领导留言板（http://liuyan.people.com.cn/threads/content?tid=10241573）。

的业主迅速查探了一番，结果发现自家小区也都存在类似问题。①愤懑之下，有业主当即在微博发布名为"'安乐堂'开在幼儿园旁边"的消息，并"艾特"了 C 市日报、晨报、新闻头条等媒体；还有人在抖音发布了这一消息并被转发。在极短的时间内，几个小区的业主就联络起来，并在微信平台组建了"抵制弃老维权群"（以下简称"L 群"），约定去街道反映该问题。与此同时，业主联系了物管，并以电话形式与开发商总部进行沟通，得到回复"这个事情将使品牌形象大打折扣，领导已经在处理了"，对此，业主们商定，"如果不解决，就去他们的新楼盘闹，帮他们宣传一下"（L 群聊天记录，2021-05-26）。同时，一部分人自发巡逻小区底商，拍照留证，另一部分人则整理开设养老机构需要具备的资质、配套设施、正规程序等材料，快速梳理思路，以便做到有理有据。

在沟通中，街道称这些机构"合法合规"，此说法将业主们推向了上级政府，"已经去社区和街道闹过了，结果叫大家包容，只有去区政府""这些机构原本就是街道支持的，物管肯定也是知情的，不要指望他们了""大家先在小区集合，一起去区政府，让政府给我们做主"（L 群聊天记录，2021-05-26）。业主们迅速商讨出初步方案：第一，选代表；第二，梳理诉求内容，用于投诉以及与政府相关部门的交涉；第三，发动业主向开发商总部、市场监管部门、消防部门、民政局、卫生主管部门、市政府网站、市长热线、城市管理在线、国家信访局等相关部门和平台投诉（L 群聊天记录，2021-05-26）。同时，联系当地媒体，打算搞一波热搜。不过，当天下午去区政府的业主表示，"领导都没见到，被请进信访接待室干坐了一下午"（L 群聊天记录，2021-05-26）。见此情形，几个业主群纷纷接龙，商定晚上到小区楼下"散步"，夜间活动从晚上七点一直持续到凌晨。活动持续了接近一周，附

---

① 经查实，Y 小区的"半日闲茶楼"执照登记为"重庆和睦万家养老服务有限公司"，另外几个小区也分别开设了名为"RX 养老服务有限公司""XJ 养老服务有限公司"以及"JSP 社区养老服务站"等的养老机构。在营业执照的经营范围中，这些机构可以从事临终关怀服务。

近派出所、街道相关工作人员每次都坚持到现场做工作，但机构负责人一直未曾出面。

在后续投诉中，相关部门始终以"合法合规"答复业主，以致问题又回到了原点。有业主认为"还是该去社区，给社区施加压力，让他们知道我们不同意在小区开临终关怀机构"，"我们去物业，要求物业派人跟我们一起去街道"（L 群聊天记录，2021-05-27）。鉴于物业的不作为，业主们纷纷向物业管家发送"告知书"，宣告"机构不搬走，将不再缴纳物管费"，还有人提议"集资请个律师，把黑心商家、所有连带的相关责任人都起诉了"（L 群聊天记录，2021-05-27）。该提议虽然得到很多人的响应，但始终停留在口头层面，未能付诸行动。如此反复了一段时间，事情未获明显进展，业主们意识到，"既然人家能开，肯定各方面是'正常的'！我们现在要联络各方可以帮助我们的资源，做好持久战和孤军奋战的准备"（L 群聊天记录，2021-06-07）。确如其言，之后事情逐渐平息，有业主在群里抱怨，"搞了几个月了，人家现在开得好好的，比我们还有'活力'"（Z1 群聊天记录，2021-07-23）。

三　同途殊归：基于不同事件结果的生成机理

通过上述案例可以发现，发生在同一群体的抗争维权事件，哪怕都采取了相似的"闹大"行动，结果却迥然不同。为什么学区房事件获得了成功，但是由同一群体发起的轨道噪声维权和养老机构抗争行动却陷入困境？曾取得成功的"闹大"式做法被同一群体反复应用，为何却无法复现"成功"的结果？是什么原因导致了这种同途殊归现象？我们将结合"因果关系漏斗"模型的主要内容来进行分析。表 3-11 概括了这三个案例的一些基本特征。

表 3-11 三个案例的基本特征

	动员情况	主要的行动策略	涉及的相关部门	政策导向
学校事件	强度高、群体热情持续	电话投诉、群体上访、到售楼处举牌静坐、向媒体曝光、网络问政等	区教委、开发商、S小、Q中	禁止学校招生与楼盘建设、销售挂钩①
轨道噪声事件	强度中、但群体热情不连贯	电话投诉、群体上访、贴"吵"字海报、到售楼处聚集、向媒体曝光、网络问政、法律途径(×)等	开发商、街道、轨道公司、区规资局、区交通局、区住建委、区生态环境局等	交通运输噪声污染防治②
养老机构事件	强度高、群情激愤	电话投诉、群体上访、拉横幅(×)、夜间聚集、向媒体曝光、网络问政、法律途径(×)等	养老机构、街道、社区、物业、区民政、市场监管、城建、卫健和消防等部门	社区居家养老服务全覆盖③

注:笔者根据调查访谈资料汇总,其中(×)表示行动未成行。

（一）单一因素无法决定成败,事件结果由系列因素汇合促成

研究表明,行为主体的资源禀赋、组织动员能力和动员程度是影响抗争维权结果的重要因素。根据上述案例,在学区房事件中,由于小孩读书问题迫在眉睫,业主们情绪激动,尤其有子女的业主家庭纷纷加入微信维权群,积极响应号召,持续关注事件进展并投入实际行动。但显

---

① 2019 年 10 月 30 日,C 市教委印发了《关于做好 2019 年 C 市义务教育招生入学工作的通知》,明确提出"严禁任何民办学校招生与楼盘建设、销售挂钩",http://m.xueleniu.com/nd.jsp?id=59;2020 年 5 月 19 日,C 市教育委员会、C 市住房和城乡建设委员会、C 市市场监督管理局三部门发布《关于贯彻落实入学资格不得与商品房销售挂钩规定的通知》,进一步明确了"入学资格不得与商品房销售挂钩"的规定,http://jw.cq.gov.cn/zwgk_209/fdzdgknr/zcwj/xzgfxwj/202012/t20201231_8725714.html。

② 《中华人民共和国环境噪声污染防治法(2018 修正)》明确规定"建设经过已有的噪声敏感建筑物集中区域的高速公路和城市高架、轻轨道路,有可能造成环境噪声污染的,应当设置声屏障或者采取其他有效的控制环境噪声污染的措施"(第三十六条)、"在已有的城市交通干线的两侧建设噪声敏感建筑物的,建设单位应当按照国家规定间隔一定距离,并采取减轻、避免交通噪声影响的措施"(第三十七条)。

③ 为深入贯彻习近平总书记关于"居家为基础、社区为依托、机构为补充、医养相结合"养老服务体系建设的重要指示精神,2019 年 11 月 1 日,C 市人民政府出台了《C 市社区居家养老服务全覆盖实施方案》,明确指出:按照"街道、乡镇建养老服务中心,社区建养老服务站,村建互助养老点"要求,推进城乡社区居家养老服务设施建设。

然不能就此认定，资源禀赋、组织动员能力和动员强度（可以通过被动员起来的群体热情来衡量）是抗争行动结果的决定性因素，因为，三个事件发生在同一群体中，因此行动主体具有同样的资源禀赋和组织动员能力，更重要的是，养老机构入驻事件中，业主们的被动员程度更高、群体热情更为激烈，但结果却与学校事件截然不同。

根据"闹大"思维，行动策略对于事件结果的影响举足轻重。由于三个案例发生在同一群体，且时间上存在重合之处，因此，业主们时常在不同事件中切换角色，并采取了几乎一致的"闹大"行动，如批量式向政府进行电话或网络投诉、集结业主到相关部门上访、到售楼中心或小区聚集、通过媒体进行网络曝光等，尤其在养老机构的抗争事件中，除了将常规行动加以"复制"，还出现了大规模人群聚集、堵门、损毁床位和桌椅等非常规甚至暴力策略，造成的压力和严峻态势远胜学校和轨道噪声事件。但是，三个案例只有学校维权行动获得了预期成效，轨道噪声抗争行动虽然持续时间最长，但结果仍然是未知数，养老机构事件则进入到业主"偃旗息鼓"而机构"更加精神"的尴尬状态。

从"闹大"式抗争的逻辑来看，上级政府支持是"闹大"式抗争维权取得成功的必要条件，在"对上负责"的制度情境下，上级政府和领导的重视尤其是支持态度既迎合了民众的"上级政府依赖情结"，也有利于使问题获得进入政策议程的机会。有人将上级政府的态度归纳为"支持""保持沉默""反对"和"自相矛盾"①等类型，其中，领导批示、承诺督促、安抚性回应常常被视作上级政府的"支持"态度，直接反对则视作"不支持"。但现实中，上述行为并不能全然归于"支持"或"不支持"，因为及时回应民众诉求是服务型政府建设的必然要求。而且，面对可能激发社会矛盾或涉及大规模人群的问题，任何政府部门通常都不可能轻易作出明确的肯定或否定答复，更多是诸如"你咨询的问题已经转交某部门进行调查核实""我们将依法依规办理"等程序式回

① Yanwei Li, Joop Koppenjan, and Stefan Verweij, "Governing Environmental Conflicts in China: Under What Conditions Do Local Governments Compromise?", *Public Administration*, Vol.94, No.3, 2016.

应。因此，更贴切的说法是上级政府"介入"。在案例中，学校维权行动得到区教委和市级网络问政平台回复①，轨道噪声事件获得中央环保督察组、国家信访局、市人大、市国资委以及区交通局等部门的关注，养老机构抗争行动中，业主曾向市信访办和市长信箱等渠道反映情况，后由区信访办和区民政局给予回复。可见，三者都"惊动"了上级政府部门，不过，真正介入进来的只有轨道噪声扰民事件，且该事件截至目前仍无定论。可见，该因素与结果是否"成功"并不存在严格的一一对应关系。

对于社会矛盾纠纷的解决，能否开启议程之窗、进入政府议事日程往往被视作关键性环节。从事件发展及演进过程来看，上级政府的介入、政府的回应与议程之窗的开启往往具有某种程度的重合性，因为民众的问政对象有时是本级政府部门，有时直接面向上级政府甚至中央部门。比如，在学校维权行动中，业主主要向区教委以及市级网络问政平台投诉，主要的答复来自区教委。之后，在业主相约前往市政府请愿途中，"区教委那边就打电话让回来，说是开会给予解决"（补充访谈记录，编号 X4，2021-06-10）。在轨道噪声抗争行动中，问政对象突破层级限制，上升到市级和中央层面（大批业主通过市长信箱、市长热线、人民网领导留言板、国家信访局、中央督察组等渠道和平台进行投诉），并得到相应的回复，例如"已转交有关部门"，将"责成尽快办理"，甚至派了工作人员到现场走访调查，承诺"督促整改"。在养老机构入驻事件中，问政对象涉及街道办事处、区级政府部门以及市级网络问政平台等不同层级主体，但最终被移交至区民政局，有的甚至被转至"SJP街道办事处民政办处理"（业主姚某提供的信访《告知书》，2021-06-18）。上述情况表明，学校和轨道噪声问题显然都获得了相关部门重视，被纳入政府的议事日程，但该因素与学校事件取得成功之间的关联性并

①　该市级网络问政平台 C 市纪委、市委宣传部、市监察局、市纠风办、市广电集团联合主办的网络问政专业网站，不过，该平台并不直接处理民众意见投诉，而是将其分派转交至相关部门，如学校事件的投诉就是先分派到社区和街道，再提交区教委，由区教委报结，再由这一市级政务平台回访复核。

未在轨道噪声事件和养老机构入驻事件中重现。

案例观察发现，协商会谈有助于促成争议焦点的凝练和明晰化，甚至形成针对性解决方案的初步思路，但方案是否能落地则存在不确定性，这当中还存在各种内外因素的制约。因为议程之窗的开启并不必然产生预期的效果，它对事件结果的影响同时也受到其他因素的制约。按照逻辑顺序往前推进，协商会谈的结果与各内外因素一起以会合之力共同作用于事件的最终结果。在轨道噪声抗争事件中，虽然协商会确定"先找第三方评估，出具报告看加装隔音罩是否可行"（第一次地铁噪声扰民协调会，2020-07-17），但后续有官方回复称该路段"安装全封闭声屏障暂不可行"①；在养老机构的抗争事件中，街道和民政局的态度从始至终都颇为"暧昧"，据业主表述，"临终关怀这种事归民政管，民政局现在这个领导是从咱们街道调上去的，所以新政策得从这里先试点""现在推进社区养老是大势所趋，动作越快，政绩就越好、升得越快，谁还管我们是不是愿意"（临终机构社区协调会，2021-07-05）。由此来看，对于前者，技术难题和成本问题是关键性制约，对于后者，政策环境和政策导向决定了政府部门的态度立场。如果将政府部门的态度立场看作内部因素，那么方案可行性则是外在因素。一般而言，在政府部门的立场与民众利益诉求一致的情况下，问题更容易解决，反之则极有可能被拖延、选择性应对甚至完全搁置；当方案通过可行性评估时，解决问题往往指日可待，反之则成为搁置问题乃至终止议程的"正当理由"。也就是说，协商会谈对于抗争事件结果的促进作用，在政策导向和现实条件的双重约束下被大幅度消解。

综上所述，从学校维权事件来看，似乎"闹大"式逻辑再一次得到证成。但是，另外两个案例却表明，即便是同一群体，同样都采取"闹大"策略，甚至"闹得更大"，但成功的结果却没有再现。由此说明，不管是资源禀赋和组织动员能力等主体社会结构特征，还是行动策略选

---

① 《SJP 轨道噪声何时能有答复》，2021 年 8 月 17 日，人民网领导留言板（http://liuyan.people.com. cn/threads/content?tid=10977306）。

择与应用，抑或上级政府的介入、议程之窗的开启等，任何单一因素都不足以决定抗争事件的成败，最终的结果是由这些多样化因素共同作用，并以"漏斗"形态汇聚促成。

（二）诸因素呈因果链排列，任何变化都可能导致"多米诺效应"

上述案例表明，即便是发生在同一群体、存在多方面共性特征的抗争事件，其结果却未必相似。有理由认为，在事件的发展及演化过程中，各因素之间发生了不同的"化学反应"，甚至一些曾经被忽略的因素在其中发挥了重要影响，从而促成了最终的差异化结果。

根据事件的发展和演进逻辑，各因素并非同时直接作用于最终结果，而是存在一定的"远近亲疏"甚至递进关系。在其中，较为直接的影响因素是议程之窗的开启，但议程之窗的实质性开启却是一个极具竞争性的过程。社会问题纷繁复杂，由于时间、资源、信息、价值偏好等主客观因素的限制，只有一小部分问题能够引起政府部门及其官员的注意从而进入政府议程。在这一竞争性过程中，"闹大"式行动通过制造一些焦点事件、灾害性预兆、危机状况等来吸引政府及其官员的注意力，以紧张、激烈甚至混乱的方式形成对政府当局的压力；并且，"闹大"式行动往往会利用以网络为核心载体的各类媒体能够"提供强大的情感构建和利益凝聚工具，快速吸引政府注意，大大降低个体性问题公共化的成本"[1]的优势，来扩大抗争维权行动的社会效应和舆论声势；同时，"闹大"策略对问题的"升格"使其被"构建为国家本身真正重视的社会秩序问题"[2]，从而引起上级政府甚至中央部门的重视，形成以中央制衡地方、上级督办下级的格局。也就是说，行动策略、媒体关注和上级政府介入对议程之窗的开启具有直接影响。

从事件发展来看，案例所反映的问题确实引起了新闻媒体和社会舆论的关注，也得到政府相关部门甚至上级政府的重视，但这种关注和重视及其程度存在本质差异：学校事件中，业主们投诉、到访政府部门的

---

[1]　Bimber, B., Flanagin, A.J., and Stohl, C., "Reconceptualizing Collective Action in the Contemporary Media Environment", *Communication Theory*, Vol.15, No.4, November 2005.

[2]　徐祖澜：《公民"闹大"维权的中国式求解》，《法制与社会发展》2013 年第 4 期。

频次、涉及的政府层级等皆低于另外两个案例，甚至去市政府门口"散步"尚未成行就获得了协商解决的机会，最终结果虽然有所迟滞但总体达到预期，而另外两个事件中，虽然相关政府部门也都表现出高度的重视，并组织了协调会，但效果却不尽如人意。据观察，部分原因在于：第一，涉及面广泛程度不一，学校维权事件虽然涉及几个开发商，但有信息存证，表明区教委是直接的、不可推卸的官方责任主体；轨道噪声问题涉及轨道交通、城建、环保、规资等多个部门，彼此责任不明，且各主体责任被"摊薄"，以致出现"九龙治水水不治"的情况。第二，群体热情的激烈程度和持续情况不同，学校问题事关下一代的教育大计，业主们尤其适龄儿童的家长在行动中情绪激动，这种群体热情一直持续到事件终结；轨道噪声抗争虽然持续时间长，但群体热情大多停留在口头层面，虽然也有业主采取了一些激进策略，但持续性和连贯性都较弱；养老机构事件中，业主们表现得极为愤怒，但这种激烈情绪仅维持一个多月便偃旗息鼓了。换言之，反复投诉、持续问政、不断曝光和集体上访等行动施压的确能使问题获得关注，但是，涉及面广泛程度和群体热情的差异使不同事件获得上级政府以及媒体舆论的关注程度显著不同，随之而来地，对于责任主体的督促和施压力度也因此存在显著区别。

在逻辑上，"闹大"式行动既是议程之窗的重要触发因素，同时也是前置因素的作用结果。有学者认为，"在社会抗争的发生中，社会关系网络是组织动员的一个重要载体，基于社会网络，抗争的组织动员能力被塑造出来"[1]，"体制结构及其权力配置因素，对于集体行动的发生与发展具有很大的影响"[2]，一般而言，体制结构越是封闭，民众表达诉求的渠道越少，得到的回应越消极，发生"闹大"行动的可能性越大，反之亦然。按照此理，学校维权、轨道噪声抗争和养老机构事件发生在同

---

[1] 郑谦：《相对剥夺感塑造与资源动员耦合下的社会抗争分析——以江苏省扬州市 H 镇的社会冲突为例》，《公共管理学报》2015 年第 1 期。

[2] Peter K.Eisinger, "The Conditions of Protest Behavior in American Cities", *American Political Science Review*, Vol.67, No.1, 1973.

一群体，有着同样的社会阶层结构、社会关系网络以及组织动员能力，而且，同一时期、同一区域，政治机会结构的开放性和民众诉求表达渠道相对一致，因此，三个案例中业主被组织动员起来参与实际行动的情况也应当基本一致，但实际情况却大相径庭。还有研究表明，变迁、结构和话语是抗争维权从待发状态变成实际行动的三要素[①]，"阶层间的断裂、政治机会结构的相对开放性、抗争议题的特殊性"是影响抗争策略选择的核心因素[②]。如果将前后观点结合来看，显然社会阶层变迁和政治机会结构的重要性让位于议题的特殊性、抗争诉求的特征以及与之相应的话语类型等因素。在所涉案例中，学校维权能够组织起来并持续行动，关键原因在于这是一种要求兑付"预定公共物品"的行为，且有确凿证据证明相关单位在其中的主体责任；轨道噪声事件涉及多方主体，责任不明确，且"轨道修建在先，楼盘开发在后"的客观事实为相关部门推卸责任提供了依据；养老机构抗争行动场面激烈，但社区养老大势所趋，以致"'闹'了也没人看，人家根本不在意"。用业主们的话来说，行动能否持续，关键在于"问题本身的性质，有些问题基本上从一开始结果就注定了"（L群聊天记录，2021-05-31）。

如前所述，在观察中，我们注意到一个重要现象，虽然三个案例发生在同一群体中，但被动员起来真正参与实际行动的人数规模及参与者的投入程度存在明显差异。在学校事件中，抗争行动集中爆发的那段时间，大量业主参与进来，不管是去售楼中心静坐还是去区教委集体反映情况，都表现出超乎寻常的热情；轨道噪声事件虽然前后也有大量业主参与进来，但总体上比较零散，中途还不断有人退出，激烈程度和连贯性都偏弱；养老机构抗争行动前期参与者众多，且群情愤慨，但来去匆匆。多方调查访谈发现，利益关联度是导致该现象的核心要素：学校事件中业主们积极行动的根本动力在于其"家长"身份，如果学校不能"兑现"，不但房屋市值受损，更严重的是，小孩不能按时入学带来的

---

① 赵鼎新：《社会与政治运动讲义（第二版）》，社会科学文献出版社2012年版，第23页。

② 王奎明、韩志明：《"别闹大"：中产阶层的策略选择——基于"养老院事件"的抗争逻辑分析》，《公共管理学报》2020年第2期。

后果难以想象且不可逆转；噪声污染面广，但受影响最大的是靠近轨道的几排房屋，从中介处了解得知，这些面向轨道、受噪声干扰大的房屋售价普遍低于同小区其他房源，而那些房源的市值则几乎不受影响，并且，有些住户对噪声并不敏感，因此业主的容忍度不一；对于养老机构入驻，业主们觉得救护车及殡葬车辆频繁出入，心理上实难接受，而且担心房屋贬值，但他们发现，"闹得再大也不管用"，而机构入驻对房屋市值的影响短时间内难有定论，因此行动热情很快就泯灭了，甚至有一些人认为这是好事，便于就近养老，能够解决年轻人的后顾之忧。由此来看，学校事件、轨道噪声污染和养老机构入驻对于业主而言，利益关联强度和对利益损害的容忍程度存在显著差异，这是促成差异化行动的根本原因所在。

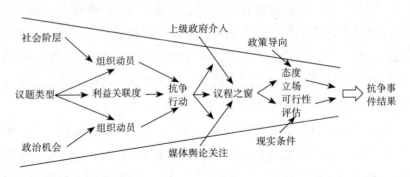

图 3-2 事件结果生成的"因果关系漏斗"模型

综上而言，按照事件的发生、发展及演进逻辑，议题特征和利益关联强度等因素对抗争维权行动具有显著的影响，它们以群体热情为媒介作用于抗争者的行动实践。抗争行动又与上级政府的介入、媒体舆论的关注等一同作用于政府当局，促进议程之窗的开启，为问题的解决提供机会和平台。如前所述，议程之窗的开启则与政策导向和现实条件等内外因素一并作用于抗争事件的最终结果。由此来看，在抗争事件的发生、发展及演进过程中，一些要素既是前置因素的结果，也是后续作用的诱因，它们以因果链条形式存在并渐次作用于最终的结果。正因为如此，其中任何一个关键性要素的变化，都可能会形成"多米诺效应"，导致哪怕存在诸多共同特征的"闹大"行动也难以获得一致的结果。

（三）一些关键节点既是情绪宣泄口，也对前因后果形成过滤和反制

在动员过程中，业主们表现出强烈的以"闹大"来"求解"的冲动，他们的实际行动不断在法律与政策的边缘试探，既希望通过"闹大"来向政府施压，又试图将抗争行动控制在现行体制许可的范围内，从而避免抗争维权带来的政治风险。比如，案例当中虽然出现了集体上访、群体性聚集、到售楼中心静坐、张贴海报、向媒体曝光等行动，但各项行动总体有序。鉴于迟迟未获得肯定答复和实质进展，"轨道噪声群"中曾不止一次有人提议"向轨道扔东西""向境外媒体披露"，在养老机构的维权群中有人提出"赶走里面住的人""天天去机构里面捣乱"等办法，但很快就被其他成员以"我们要依法抗争，不要站在社会的对立面""这是内部矛盾，不能让外人掺和进来指手画脚""我们遭受的伤害不能再转移到这些无辜老人身上"等理由劝阻了。由此可见，动员过程中的方案筹划和策略选择，既是争取行动支持的过程，也是宣泄不满并进行情绪管理的过程。

据观察，三个案例都存在一些明显的共同点，在组织动员过程中众人纷纷表态支持，然而，一旦落到实际行动，则人员规模大打折扣。三个事件中业主们各自创建了不同的维权群，单个维权群人数几乎都达到了 500 人的上限（有的事件中甚至不止一个群），但从现场情况来看，每次到场的人数都远低于预期，多则三五十人，少则两三人，只有养老机构事件中小区夜间"聚会"人数一反常态。而且，在各个维权群内，众人的情绪很容易被点燃，常常表现得怒不可遏，然而，一旦涉及行动——尤其是那些具有一定政治风险的行动——的报名活动，就时常涌现出"这几天正好在出差""家里有事情，这次就不参加了，争取下次到场""家有小孩脱不开身"等言辞。这种强烈的反差意味着群体热情存在虚假性甚至流失现象，进而对部分成员形成"劝返"作用。总体来看，越是需要直面政府部门的行动策略越容易"劝返"参与者，而且，行动策略越激进，实际出场的人越少，即特定的行动方案会对前置因素的影响及其后续作用形成过滤甚至反制之效果。

协商会谈作为开启议程之窗的重要表征，它为各方主体对话协商提供平台，使人们看到解决问题的契机，但有时候也会带来反制性结果。在学校维权事件中，协调会的召开是关键性的节点，各方通过协商讨论达成协议，仍按原计划冠名学校，作为让步，业主们同意将工期延后。在轨道噪声抗争事件中，业主们锲而不舍的投诉、问政最终引起了各方的重视，先后两次召开协调会，住建委、交通局、生态环境局、规资局、街道、开发商等分别派代表到场，与业主现场对接协调。但这些部门要么三缄其口，要么就是以各种借口推诿搪塞，如针对业主要求安装全封闭隔音罩的强烈呼声，轨道公司称"安装隔音罩只能降低3—5分贝的噪声，意义不大"；住建委认为"安装隔音罩不一定符合条件，而且，轨道修建在先、楼盘开发在后，应当由开发商来承担相应的责任"。整个协调过程中，各方始终争执不休，无奈之下，住建委表态，"先找第三方评估，出具报告看加装隔音罩是否可行"；生态环境局承诺"督促办理"，但言下之意是不保证是否奏效。（第一次地铁噪声扰民协调会，2020-07-17）此后，虽然时有消息透露，"正在进行评估""正在研究可行性方案"，但截至目前，程序尚在进行，结果仍然未知。在养老机构入驻事件中，业主们异常激愤，先是在R小区物业中心与小区项目负责人就相关事宜进行交涉，此后，区民政局在信访办接待业主代表，但据与会代表反馈，"就来了几个人，一个民政局的领导，人家原来是咱们街道的领导，现在调到民政局了，其他都是办事人员，根本做不了主""他们说了，这些机构是合乎政策的，即使程序上有点瑕疵，补办上就可以了，至于里面的卫生、消防、设备之类如果不合规，后面会督促整改"（区民政局接待上访业主，2021-05-28）。从上述协商会谈情况来看，在学校事件中，区教委作为直接责任主体现场承诺解决，并给出明确方案；噪声维权涉及多个部门，但各部门相互存在明显推诿之嫌；在养老机构事件中，相关部门一致认为这些机构"合法合规"。这些不同的态度立场从正反两个不同方向形成对民众情绪以及后续行动的调节作用甚至反制性影响。

　　对于政府部门的回应尤其是类似于协商会谈等举措，人们感觉自己的呼声被"听"到了，因此常常抱以很高的期待，但是，与之相伴的往往是较为漫长的"等待期"。漫长的等待过程会消磨人的耐心，一部分人选择再次通过各种方式咨询、督促事情的进展，另一部分人则因为"看不到希望"而退回到沉默的人群中，从而使得行动者群体规模进一步被削减。就此而言，在抗争事件中，时间是一个不容忽视的要素。有研究认为，"闹大效应"背后隐含了"除非有关部门'立即解决'，否则，将会进一步把事情闹得更大，其结果可能是矛盾升级和局面失控"的逻辑，"因此，与'闹大效应'密切相关的是时间上的'立即解决'压力"①。但是，从案例情况来看，似乎"立即解决"的压力随着时间的推移反而被弱化，漫长的等待使人们滋生出消极的情绪，并在人群中扩散开来，浇灭了相当一部分人的热情。在此过程中，虽然仍有人不断呼吁甚至再次采取行动，但大多数人甚至包括一些核心成员的行动热情都不复当初。直到出现特殊事件或新的契机业主们才会重燃热情，比如，C市其他存在相似问题的两个区域（均为"轨道先修、楼盘后修"）成功安装隔音罩的消息，一度引发业主们对噪声问题的再次关注；得知中央环保督察组来到C市，业主们看到希望，沉寂已久的"轨道噪声群"再次"鼎沸"起来；新的法律政策的出台也会重新点燃人们的激情，如《噪声污染防治法》通过后，有业主再次倡议"大家共同维权"。新一轮的行动热情维持一段时间之后，问题再次引起"重视"并得到回应，并再次进入"等待期"。如此循环往复，各方注意力逐渐转移，先前问题的重要性和紧迫性也因此逐渐被冲淡。

　　综上可见，在抗争事件中，一些关键性的要素和重要的节点会产生多种影响，比如"闹大"式的行动方案和策略选择虽然会引起政府部门和媒体舆论的关注，并促进议程之窗的开启，但也会客观上促进对民众的情绪管理，甚至劝返相当一部分参与者；协商会谈虽然使人们看到解

---

① 　陈贵梧：《"无组织的有序"：社会化媒体何以影响议程的设置？——以滴滴顺风车安全事件为例》，《电子政务》2021年第9期。

决问题的契机，但各部门在此过程中的态度立场会形成对民众情绪以及后续行动的调节甚至反制性影响；抗争过程中的"等待期"有可能使问题被闹得更大，但同样也可能会削减行动者规模和群体热情。由此导致，即便存在诸多相似之处，即便影响抗争事件结果的诸因素皆在场，最终却可能是同途殊归。这些在场因素的作用方向和作用强度的差异使得看似一致的"闹大"式行动，其内在过程却发生了不同的"化学反应"，从而使得即便是由同一群体发起的抗争行动，采取了已经取得成功的经验做法，但"成功"的结果却难以复现。

四　结论和进一步的讨论

有学者对影响抗争行动结果的因素以及什么样的"闹大"更容易获得成功等问题进行了分析，归纳出解释"闹大"式抗争得以成功的重要因素和条件。那么，不同类型事件中公众的行动策略是否一致？这种成功的做法是否能够复制，复制借鉴成功经验的做法是否能够使成功的结果再现呢？此处借鉴"因果关系漏斗"模型作为分析框架，并且选取发生在同一群体的三个不同事件（学校事件、轨道噪声扰民事件、养老机构入驻事件）作为案例——以此来控制行为主体差异对于结果的干扰，通过分析抗争事件结果的生成机理来探知同样的行动是否一定能生成同样的结果，即"闹大"式行动是否与成功的结果之间存在严格的——对应关系。

结果发现，公众的行为存在惯性，在轨道噪声污染事件中，公众采取的系列行动与学校事件和养老机构入驻事件中的行动异曲同工。但是，即便是发生在同一群体、采用相似行动策略、存在诸多共同特征的事件结果却各不相同，有的成功了，有的陷入困境。究其原因，一方面，事件的最终结果受到系列因素的影响，这些因素以"漏斗"形状作用于事件的发生、发展及演化过程，在其中，资源禀赋、组织动员、上级政府介入、媒体舆论关注以及行动策略等任何单一因素都无法决定最终的成败；另一方面，事件结果较为直接的影响因素是议程之窗的开启，这本身受到上级政府介入、媒体舆论关注以及抗争行动策略等因素的影响，而抗争行动又受到抗争议题特殊性、利益关联强度以及民众对损害的容忍度等因素的影响，也就是说，诸因素以因果链条的形式存在并作用于最终的结果，在此链条上，任何重要因素或环节的变化都可能导致"多米诺效应"；再者，在抗争事件发生、发展及演化过程中，一些关键性的要素和重要节点比如行动方案筹划、策略选择及其落地、协商会谈等不仅是宣泄不满和进行情绪管理的过程，还会对前置因素及其后续作用形成筛选过滤甚至反制之效，而事件过程中的时间因素则可能削减行动者规模和行动热情。由此导致，即便仿照成功的经验做法，但结果却可能同途殊归，因为诸因素在作用方向和强度上的差异，使得看似一致的集体行动过程发生了不同的"化学反应"，从而使得成功的结果难以复现。

此外，在观察研究中，笔者还发现：

第一，在各种抗争事件中，民众更愿意寻求政治性支持，而非法律支持。有些事件中，民众利益的侵害者是市场主体或社会组织，但无一例外，最终他们都倾向于向政府部门寻求帮助，期待后者充当正义的裁判者和他们权利的守护者。而当政府部门本身就是涉事责任方时，民众在初期往往抱以信任态度来提出诉求，即便遭遇"冷处理"，也不会轻易质疑上级或中央政府的权威，而是普遍表现出很强的"上级政府依赖"情结，希望通过上级督办和底层抗争的双重路径促使问题得到解决。与此同时，虽然民众的法治意识已然提高，在抗争行动中也有人不断尝试诉诸法律途径，但是总体的行动热情不足。

第二，民众尽管十分依赖和信赖"闹大"的作用，但仍能保持理智，避免"闹得太大"。在传统理念中，"闹大"式维权往往跟激烈、混乱甚至暴力违法等存在某种重合性。但案例分析表明，虽然抗争主体试图不断动员、增加行动者规模，通过人多势众的行动策略来增加关注度，将个体的、小范围的问题"营造"成为社会性的问题，以此产生倒逼效果。但与此同时，他们通常能够保持理智，抗争形式和方案策略往往都经过深思熟虑。在案例中，几乎每一次的集体行动都事先在业主群里经历了"提议—可行性探讨/效果预期—接龙响应"的前期动员,暴力性方式和极端手段在这一过程中就被大多数成员否决。换言之,虽然在抗争行动中存在普遍的"闹大"心理,但实际上这种心理在动员过程中不断被重塑,人们在企图通过"闹大"来"造势"的同时也在不断进行着情感和情绪管理,由此使得"闹大"式抗争行动实际上大多在"有效"和"合法"之间拿捏尺度。

第三,在三个"闹大"式案例中,参加实际行动的人数规模远小于口头支持者规模,且二者皆与整体人群规模形成强烈反差。另一个更为特别的现象是,当需要直面政府部门时,到场的群众存在非常明显的老年化、女性化特征,三个案例无一例外,甚至在学校维权事件中还出现了老人牵着小孩、妇女怀抱婴儿的场景;而当行动发生在"自己的地盘"且不需要直面政府部门时,情况则明显不同,比如在养老机构入驻事件中,为期一周左右的"守夜"活动的参与人数远超另外两个事件,甚至平时不怎么"在场"的青壮年也纷纷涌现出来充当抗议主力军。

现代化进程的快速推进,在激发出社会发展和进步活力的同时,也导致了社会问题和利益矛盾的新特征,"与过去自发而相对分散的社会矛盾相比,当前社会矛盾的群体性特征显著增强"①。在言路堵塞、渠道不畅及治理能力迟滞等问题情形以及传统理念、现代权利意识等多重因素作用下,民众将"闹大"作为抗争维权的重要路径。各种"闹大"行动的频繁出现则既是对"闹"的思维的实践演练,也不断为后续抗争维权提供路径"指引"。

但综上研究,虽然环境事件(轨道噪声扰民事件)有其特殊性,总体上的规律却与其他类型事件有着明显的相似性,即事件结果由诸多因素汇合促成而非单一因素决定,而且,在那些已经被证明具有重要影响的因素之外,还可能存在其他一些值得关注的问题,比如,民众更愿意寻求政治性支持而不是法律支持,情感宣泄和情绪管理对"闹大"式行动的影响形成过滤和反制,老人和妇女在抗争行动中充当了主力军的

---

① 王浦劬、龚宏龄:《行政信访的公共政策功能分析》,《政治学研究》2012年第2期。

角色等。由此可见，因素的多样性、各因素之间关系的复杂性，使看似一致的"闹大"行动却不一定得到相似的结果，做法可以复制借鉴，但"成功"的结果却很难因此得以复现。也就是说，不管是在环境问题上，还是其他类型的矛盾纠纷中，"闹大"并非表达诉求、维护权益的优选策略。上述研究也表明，对社会矛盾冲突的治理须避免"头痛医头脚痛医脚"的思维，从抗争维权结果的生成机理来看，社会矛盾纠纷的有效化解必须从针对单一因素或环节的权宜之策向整体性和系统性治理转变。

第四章　缘何失灵？影响公众参与
环境治理的主要因素

　　如果某个人能够实现自我管理，就要求个人对自己负责任和有效地参与的能力，以及控制自己的生活和环境的能力，必须充满信心。这些性格与"奴役"或"消极"性格是没有关系的。有理由表明，这种信心的获得，至少部分地，是属于那些参与社会的理论家认为可以通过参与过程逐渐积累起来的心理益处。人们也可以将这些品质看作著名的"民主性格"的一部分。通过对政治行为和政治态度进行实证调查基础上提出的一项最重要的关系，是关于参与活动和人们所知的政治效能感或政治能力感之间的关系。

——卡罗尔·佩特曼，2006①

　　根据对调查所得问卷的数据统计，可以发现，在私领域，人们对环境友好行为的意向要明显强于其对环境友好行为的实践，也就是说，公众的环境行为意愿与行为实践之间存在明显的差距。从受访人群来看，绝大部分人往往有着非常强烈的友好环境行为意愿，但是落到行为实践中则存在明显的"折扣"问题。

---

① 　[美]卡罗尔·佩特曼：《参与和民主理论》，陈尧译，上海人民出版社2006年版，第44—45页。

在环境治理公领域，绝大部分公众认为其意见诉求和信息反馈等参与行为能够对政府环境治理水平和治理能力（如监督环保政策执行、促进不合理政策的纠正等）产生积极促进作用（持肯定态度的占比超过85%），但是，这种对参与效能的较高预期并没有使公众实际上的参与行为更加频繁。调查数据表明，只有不到 1/3 的受访者表示自己向政府反映过环境方面的意见和诉求（23.2%）、参加过环境方面的座谈会或意见征集（30.9%）、参与过环境方面的决策（19.0%）。而且，从实际参与效能来看，绝大部分受访者都认为公众的意见反馈没有对政府环境治理起到足够大的影响（持否定态度的占比82.6%），认为公众在环境治理中大多还停留在被动接受环保知识宣传层面（持否定态度的占比85.6%），而参与的范畴基本上都集中在受到环境污染的困扰后进行诉求表达或抗议（持否定态度的占比85.4%），只有极少数受访者认为公众的意见反馈对政府环境治理具有显著的影响，认为公众参与超出了充当环保宣传听众的象征性参与层次和利益受损后的维权型被动参与情形。因此，环境治理公领域的公众参与总体上呈现参与效能感弱、参与层次低、参与范围狭窄的低效特点。

由此可见，总体上，公众的环境友好行为意向与其行为实践之间、对参与作用的认知与参与行为实践之间、公众参与环境治理的现实情况与预期效果之间皆存在颇为明显的差距甚至反差现象。可以说，在环境领域，尤其环境治理公领域存在明显的公众参与失灵问题。那么，究竟是什么原因导致了公众友好对待环境、保护环境的行为实践与行为意向之间的"折扣"？哪些因素阻碍了公众参与环境治理的行为实践？又是什么原因导致了公众参与失灵，使得公众参与环境治理的效能出现现实与预期之间的强烈"反差"现象呢？

第一节 私领域公众环境行为的影响因素

对参与行为是否有效的判断必须建立在对参与状况的考察基础上，因此，公众参与效能的影响因素也最终要立足到公众参与行为的影响因素上来。基于前述分析，公众参与环境治理涉及两个不同的领域——私领域的环境友好行为与公领域的环境治理参与行为。从调查情况以及前述数据分析来看，在环境治理的这两个不同领域，公众的行为表现互有差异，因此，对于公众参与行为及其效能影响因素的分析也需要从私领域和公领域分别展开。

一 公众环境行为预测的主要理论模型

在私领域的公众环境行为研究中，基于社会学和社会心理学的研究最为典型。在社会心理学中，有几个理论常常被应用于解释人的行为的形成机制及其影响因素——理性行为理论（Theory of Reasoned Action，TRA）、计划行为理论（Theory of Planned Behavior，TPB）、规范激活模型（Norm Activation Model，NAM）和价值—信念—规范理论（Value-Belief-Norm Theory，VBN）。这些缘起于社会心理学的理论和框架后来被广泛运用到政治学、管理学、社会学等学科领域的相关研究中，是解释公众环境行为及其影响因素的重要理论框架。

这些理论框架在一些基本的内容上存在相似之处，比如将主观态度作为预测个体行为的重要因素。这种传统可以追溯到马丁·费什贝恩的多属性态度理论，该理论认为行为态度是行为意向的决定因素，而预测行为后果和后果评估能够决定行为态度[1]。但是，有学者发现，态

---

① 段文婷、江光荣:《计划行为理论述评》,《心理科学进展》2008 年第 2 期。

度并不足以凭借一己之力准确预测个体行为，还有其他因素也对个体行为产生影响。对此，马丁·费什贝恩和伊塞克·艾奇森引入主观规范变量，提出了理性行为理论①，该理论认为行为意向是决定实际行为的直接因素，它受行为态度和主观规范的双重影响（见图 4-1）。虽然理性行为理论在预测个体行为方面更具有科学性，预测结果也更加准确和可靠，但是，行为主体处在社会环境当中，无法保持完全理性，而个体行为不仅受到行为主体意志的支配，通常也会受到外部环境影响以及会被自身能力所限制，因此，它在解释个体行为方面仍然存在一定的局限性。

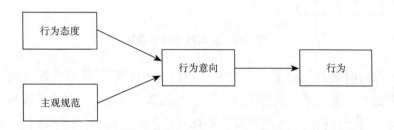

图 4-1　理性行为理论模型

　　针对理性行为理论在解释个体行为方面存在的局限性，伊塞克·艾奇森将感知到的行为控制纳入到理性行为理论模型当中，并在此基础上提出了计划行为理论②。在后续研究中，他系统地阐述了该理论，认为行为态度、主观规范和感知行为控制能够对行为意向产生显著影响，而行为意向和感知行为控制二者又可以直接被用来预测行为（见图 4-2）。③该理论在实际应用中不断被发展完善，在预测人的个体行为方面具有广泛的适用性以及强大的解释力，因此受到学者们的广泛青睐，被大量应

---

①　Fishbein M., and Ajzen I., "Belief, Attitude, Intention and Behaviour: An Introduction to Theory and Research.Addison-Wesley, Reading MA", *Philosophy & Rhetoric*, Vol.41, No.4, 1977.

②　Icek Ajzen, *From Intentions to Actions: A Theory of Planned Behavior*, In J.Kuhl & J.Beckman（Eds.）, *Action-control: From cognition to behavior*, Heidelberg: Springer, 1985, pp.11-39.

③　Icek Ajzen, "The Theory of Planned Behavior", *Organizational Behavior and Human Decision Processes*, Vol.50, No.2, 1991.

用到各种场景下的行为预测研究中，尤其在教育、消费活动、交通出行、环保行为、休闲旅游、环境治理等领域，该理论被频繁使用以探索人们在相关领域的行为意向和行为实践的影响因素。

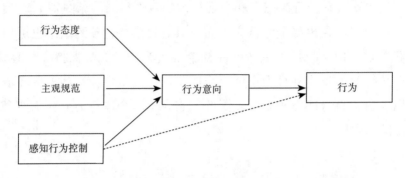

图 4-2　计划行为理论模型

在同时期甚至更早一些时候，沙洛姆·H.施瓦兹以后果意识、责任归属、个体规范为核心变量，提出规范激活理论①，用于评估利他和亲社会行为及意向。该理论认为个体规范是理论核心，对个体行为（及意向）产生直接影响；同时，个体规范与个体行为（及意向）之间的关系又受到后果意识和责任归属的调节，只有意识到不实施目标行为会带来不良后果，并且他应该对不良后果负责任时，个体规范才会被激活，从而实施与个体规范一致的行为（或产生与个体规范相一致的行为意向）②。这些变量及其相互之间的影响关系可以称为规范激活理论的调节模型，这也是该理论模型的最初形态（见图 4-3 上半部分）。后来，朱迪思·I.M. 德·格鲁特和琳达·斯特格在实际应用过程中对原始模型的变量关系进行了修正，由此形成了规范激活理论的另一种形态——中介模型（见图 4-3 下半部分）。在中介模型当中，后果意识影响责任归属，责任归属影响个体规范，个体规范直接影响个体的意向与行为。也就是

---

①　Shalom H Schwartz, "Normative Explanations of Helping Behavior: A Critique, Proposal, and Empirical Test", *Journal of Experimental Social Psychology*, Vol.9, No.4, 1973.

②　Shalom H.Schwartz, *Normative Influences on Altruism*, in Berkowitz L.（Eds.）, *Advances in Experimental Social Psychology*, Academic Press: New York, NY, USA, 1977, pp.221-279.

说，后果意识是责任归属的前置因素，二者通过个体规范间接作用于个体的意向与行为，责任归属在后果意识和个体规范之间起中介作用，个体规范在责任归属和个人的意向和行为之间也起中介作用，由此形成后果意识—责任归属—个体规范—意向与行为的链式中介模型①。

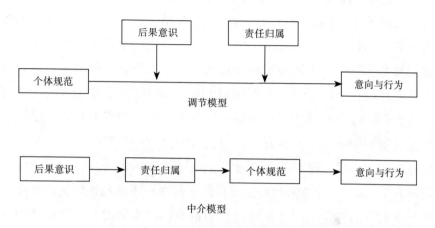

图 4-3　规范激活理论的调节模型和中介模型

在规范激活理论中介模型的基础上，保罗·C.斯特恩等人将价值观和生态世界观纳入模型，对原有理论内容进行扩展，提出了价值—信念—规范理论②。也就是说，该理论模型增加了两个前置性的变量——价值观和生态世界观，价值观是人们生活中的指导原则并影响多种环境行为的一般目标，而生态世界观是指关于人与自然相互作用的原初信念。该理论以因果链条的形式将几个变量连接起来，分别是个人价值观、生态世界观、后果意识、责任归属、个体规范和行为意向（见图4-4）。在价值—信念—规范模型的变量关系链中，价值观影响着生态世界观，生态世界观影响后果意识，后果意识会引发责任归属，后者进而激活个体规范，个体规范则是行为意向或环境行为的直接预测因素。

---

① Judith I M De Groot, Linda Steg, "Morality and Prosocial Behavior: The Role of Awareness, Responsibility, and Norms in the Norm Activation Model", *The Journal of Social Psychology*, Vol.149, No.4, 2009.

② Stern P.C., et al., "A Value-Belief-Norm Theory of Support for Social Movements: The Case of Environmentalism", *Human Ecology Review*, Vol.6, No.2, 1999.

图 4-4　价值—信念—规范理论

　　通过对上述理论模型的梳理，可以发现：在私领域中，公众的环境行为在理论上可能受到行为态度、主观规范、行为意向、感知行为控制、后果意识、责任归属、个体规范、价值观、生态世界观等系列因素的影响，不过，不同理论模型在侧重点、各变量之间的关系以及对于公众环境行为的影响机理等问题上互有差异。如果说理性行为理论和计划行为理论是基于理性决策的方法，都将行为意向作为环境行为的直接预测因素（不同的是，前者认为行为意向受到行为态度和主观规范的影响，后者受到行为态度、主观规范和感知行为控制三者的共同影响），那么，规范激活理论和价值—信念—规范理论则突出社会对于个体规范的作用，把个体规范作为最直接的预测因素，后两者的不同之处在于影响个体规范的因素以及影响机理的差异。与此同时，另一个值得注意的问题是，理性行为理论和计划行为理论关注的是"环境行为"，但规范激活理论和价值—信念—规范理论在实际应用中则不太区分意向和行为，而是将两者视为同一个变量，在规范激活理论中，被解释变量为意向与行为，在价值—信念—规范理论模型中的被解释变量除了行为意向，往往还涉及私领域行为、政策支持、环保主义行动等诸多方面。

二　主要的影响因素：基于 TPB 与 VBN 的比较

　　理性行为理论没有考虑外界环境的约束和限制，所以在解释公众环境行为的时候存在一定局限，而计划行为理论将感知行为控制比如资源、时间、金钱等因素纳入到对行为的预测中来，因此具有更强的解释力；价值—信念—规范理论是在规范激活理论基础上的进一步扩充和发展，可以用于探究人类环境行为的影响因素以及各因素之间的相互关系。因此，以下将主要以这两个理论为基础来对公众环境行为进行探讨，之所以同时用计划行为理论和价值—信念—规范理论模型来检验环境治理中的公众行为意愿以及行为实践，一是为了更全面准确地分析公众在环境治理中的行为受哪些因素的影响，二是为了进一步分析探讨这两个理论在公众环境行为领域的解释力（这在一些国内外的文献中虽然已经有对比研究，但尚未形成一致结论）。当然，在实际的分析当中，不排除对其他理论模型的涉及。

（一）基于 TPB 理论的分析

根据前述对于相关理论模型的梳理，本部分研究采用的问卷内容将涉及理性行为理论和计划行为理论的基本要素，二者是一种前后补充继承的关系，因此，在主要变量及指标内容上也存在一些相同之处，核心的差异在于伊塞克·艾奇森在理性行为理论基础上增加了"感知行为控制"这一变量。在环境领域，这些变量与公众环境行为之间的基本关系假定如表 4-1 所示。

表 4-1　　　　　　理性行为理论和计划行为理论的基本假定

理论模型	主要变量	基本假定
理性行为理论（TRA）	行为态度、主观规范（自变量）；行为意向（中介变量）；环境行为（因变量）	（1）行为意向是决定行为的直接因素； （2）行为意向受行为态度和主观规范的影响
计划行为理论（TPB）	行为态度、主观规范、感知行为控制（自变量）；行为意向（中介变量）；环境行为（因变量）	（1）行为态度、主观规范和感知行为控制会对行为意向产生显著影响；（H1） （2）行为意向和感知行为控制二者可以直接预测环境行为（H2）

此处对于公众环境行为影响因素的分析采用计划行为理论的基本假设，其中 H1 包括三条路径：H1（a），公众对于环境行为的态度影响其行为意向；H1（b），与环境相关的主观规范影响公众的环境行为意向；H1（c），公众感知行为控制对其行为意向具有显著影响。H2 包括两条路径假设，行为意向 [H2（a）] 和感知行为控制 [H2（b）] 是公众环境

行为的直接预测因素。另外，在本部分的研究中，我们认为，个体的环境行为也许并不完全被其行为意愿和感知行为控制所影响，该理论涉及的其他因素比如行为态度和主观规范也可能会对具体的环境行为产生直接而显著的影响，因此，分别将二者对公众环境行为的直接影响假设为H3（a）、H3（b）。具体路径假设见图4-5。

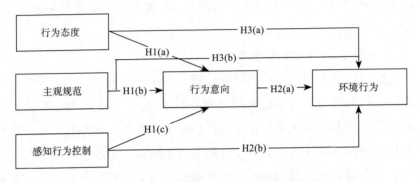

图4-5　公众环境行为影响因素的路径假设

根据学者们的既有研究，尤其是马丁·费什贝恩和伊塞克·艾奇森等人的阐述，上述两个模型涉及的变量基本成型并且得到了相应的检验，但在不同的研究中具体指标内容的设置和表述存在一些差别。比如，有学者利用计划行为理论和保护动机理论（Protection Motivation Theory, PMT）来研究非点源污染控制与管理中农民的环境行为，并对相应的变量及问题进行了描述；也有学者在利用计划行为理论和价值—信念—规范理论对私领域的环境行为进行分析时，引入自我认同和行为习惯对原有模型假设进行调整修正，且对模型涉及的变量所具体对应的指标及其具体内容作出了相应调整。关于计划行为理论的部分变量详见表4-2。

表 4-2　　　　环境行为及相关变量测量表（基于 TPB 理论）

变量	问题描述（1）[①]	问题描述（2）[②]
行为（实践）	分类危险废物如废电池、农药袋等；把垃圾扔进垃圾桶或放在固定的地方；合理处理人畜排泄物；合理处理或使用厨余废物；出售或回收使用废物；减少农药和化肥的使用；合理处理农作物秸秆	我把玻璃、罐头、塑料或报纸等分类回收；出于环保原因，我避免购买某些产品；出于环保原因，我减少了开车；出于环保原因，我在家减少能源或燃料使用；出于环保原因，我选择节约或重复使用水
意向	愿意合理处理生活过程中产生的废物；愿意采取措施减少生产过程中的水污染；愿意牺牲某些利益来减少水污染；愿意阻止他人恶化水质	我打算从事保护环境的行为；我计划在接下来的几个月里停止浪费自然资源；在接下来的几个月里，我会尽量减少我的碳足迹
（环境）行为态度	我想为减少水污染做点什么；亲环境行为会为我们提供一个良好的环境；我支持环保行为；如果我对水质做了不好的行为，会有严重后果	我认为亲环境行为是有用的；环境行为对于减少我的生态足迹非常重要；采用环保行为是解决我周围环境问题的好方法；我认为采用对环境负责的方式节约能源是明智的行为
主观规范	家庭成员很大程度上影响了我的环保行为；政府政策很大程度上影响着我的环保行为；邻居的意见很大程度上影响着我的环保行为	大多数对我很重要的人认为我应该保护环境；大多数对我很重要的人都希望我对环境友好；我尊敬和钦佩的大多数人都有环保行为；我感到保护环境的社会压力；我敬佩的大多数人都保护环境；我重视其意见的大多数人认为减少浪费是重要的；人们期望我对环境友好
感知行为控制		我发现对环境友好很容易；我发现很难保存资源和循环利用（R）；我相信我能保护环境；对环境友好不是我能控制的（R）；我足智多谋，总能找到与环境友好相处的方法；我有保护环境的知识和技能；我认为我有能力采取环保行为

　　注：左侧的表格还有一部分涉及 PMT model 的变量及对应的题项，由于本书不对其进行分析，因此表格内容未予呈现。从作者提供的量表来看，遗漏了关于感知行为控制的描述。关于"行为"，左侧表格中笔者采用的是"Behavior"，右侧表格中用的是"Personal Practices"。

---

① 　Y.Wang, et al., "Analysis of the Environmental Behavior of Farmers for Non-point Source Pollution Control and Management: An Integration of the Theory of Planned Behavior and the Protection Motivation Theory", *Journal of Environmental Management*, Vol.237, 1 May 2019.

② 　Anastasia Gkargkavouzi, George Halkos, Steriani Matsiori, "Environmental Behavior in a Private-sphere Context: Integrating Theories of Planned Behavior and Value Belief Norm, Self-identity and Habit", *Resources, Conservation and Recycling*, Vol.148, September 2019.

基于伊塞克·艾奇森等人对理性行为理论和计划行为理论较为充分的阐述，本部分的问卷在主要框架上借鉴他们的现有成果。但是，由于其中部分指标设置相互之间存在一定的重复性，还有一些指标所涉及的问题与本研究主题关联度过弱，因此，在问卷设计时进行了筛选与调整，同时，对一些指标内容在原来的基础上进行了补充、修改或替换，最终选择的变量及对应的指标内容具体如表 4-3 所示。对各变量的测量均采用 Likert 7 级量表，按照认同程度计分，1—7 分别表示"完全不认同"到"完全认同"。

表 4-3　公众环境行为及相关变量测量表（基于 TPB 理论的基本假设）

变量	具体指标	赋值
行为态度	我认为保护环境对大家都有好处	从完全不认同到完全认同，依次计为 1—7 分
	我认为环保行为对减少生态环境破坏非常重要	
	我认为以对环境负责的方式节约能源是明智的	
主观规范	周围的人大多数都希望我对环境友好	从完全不认同到完全认同，依次计为 1—7 分
	我感受到国家对生态环境保护的高度重视	
	我感受到舆论媒体对环境保护的积极倡导（×）	
	如果我对环境做了不好的行为，会受到他人诟病	
	如果我对环境做了不好的行为，会受到处罚或制裁（×）	
感知行为控制	我的环保知识和技能不太充分	从完全不认同到完全认同，依次计为 1—7 分
	投入额外的时间、精力、金钱保护环境对我来说有点困难	
	我没有信心我个人的环保行为能否对环境保护起到效果	
	周围的人不注意保护环境，这让我很无奈（×）	
行为意向	我打算以后合理地处理生活中的废弃物	从完全不认同到完全认同，依次计为 1—7 分
	我将努力减少对环境的污染破坏	
	我打算以后尽可能阻止他人污染破坏环境	
环境行为	我通常会合理处理生活中的废弃物	从完全不认同到完全认同，依次计为 1—7 分
	日常生活中我比较注意环保	
	看到他人污染环境我通常会加以规劝制止	

如前述提及的，由于新冠疫情的影响，此次问卷发放采取线上方式进行。总共发放问卷 1559 份，最终获得有效问卷 772 份，有效率约为 50%（经过问卷填答时长测试，考虑到填答的有效性和连续性，将问卷填答时间下限设置为 200 秒，小于该时间的不予采用）。从问卷总体情况来看，受访者呈现如下基本特征：从身份来看，以在工作的人居多（54.9%），其次是学生（17.2%）和家庭主妇/夫（11.9%）；从性别来看，女性受访者居多（58.4%），男性受访者略少于女性；就年龄而言，绝大部分受访者为青壮年，年龄分布在 18—50 岁；从婚育状态来看，63.5% 的受访者已婚，多于未婚的人，而且受访者当中有子女的（60.2%）多于无子女的；从受教育程度来看，占比最多的是本科学历（39.9%），然后依次为大专、高中，而初中及以下、硕士及以上的占比处于两端。由此可见，此次调查所得样本的分布层次多样、范围广泛，总体较为合理。

根据理性行为理论和计划行为理论的基本假定，公众环境行为受到其行为意向的直接影响，而行为意向又受到一系列内外因素包括行为态度、主观规范以及感知行为控制的约束和限制，因此，行为意向可以被视为中介变量。同时，这些核心构念或变量并不都可以通过直接观测来测量，而需要通过操作化为几个对应的指标题项来实现测量。在常用的统计软件中，SPSS 虽然可以处理一些带有中介变量的模型，但是自变量和因变量的数量受到限制，而且倘若因变量需通过对若干指标的测量得来，通常就只能采用均值或加权的方式来进行统计分析，而 Amos 软件则可以同时对多个变量及其对应的指标进行测量。因此，以下借助 Amos 结构方程模型来进行分析，以尽可能完整地呈现不同变量的测量要素，并对各变量与相应的观测指标之间的拟合程度进行检验。

为确保模型的有效性，在检验计划行为理论的适用性之前，需先对各个维度的测量模型进行有效性评估。在本部分研究中涉及的行为态度、主观规范、感知行为控制、行为意向和环境行为是潜变量，分别对应若干个测量题项，根据 Amos 的基本规则，每个指标均被预设了只能表征其中一个潜变量。根据常见的标准，结构方程模型拟合度检验通常的观测参数包括卡方、自由度、x^2/df（卡方／自由度）、GFI、AGFI、RMSEA、SRMR、CFI、TLI 以及 P 值等。其中，卡方和自由度容易受到样本量的影响，样本量较大时，这两个参数的绝对值就失去实际参考价值；同样，P 值也会受到样本量的影响，一般只要样本数量足够大，P 值就会变得显著（理论上，在此处，P 值最好是不显著），因此，P 值也并不总是一个理想的拟合度指标，不适合作为最后的评判标准（在国内外一些高水平期刊文献中大多数文章已经基本上不再汇报 P 值）。

通常情况下，在结构方程模型的分析检验中，当参数满足特定条件时（$x^2/\mathrm{df}<3$、GFI>0.9、AGFI>0.9、RMSEA<0.08、SRMR<0.08、CFI>0.9、TLI>0.9[①]），模型的拟合度比较理想。在本部分的研究中，对于前述所列问卷内容，考虑到主题研究的相关性问题，各个维度对应的指标经过删减和修改之后基本上只剩下三个因子，属于讯息恰好辨识的情况。剩余指标的因子载荷等信息如表 4-4 所示。各个维度指标所对应的因子载荷都在 0.7 以上，说明指标选择较好。

表 4-4 各维度因子载荷及描述性统计

变量	具体指标	指标（缩写）	Estimate 因子载荷	平均值	标准差
行为态度	我认为保护环境对大家都有好处	AB1	0.731	6.38	1.180
	我认为环保行为对减少生态环境破坏非常重要	AB2	0.821		
	我认为以对环境负责的方式节约能源是明智的	AB3	0.814		
主观规范	周围的人大多数都希望我对环境友好	SN1	0.745	5.71	1.362
	我感受到国家对生态环境保护的高度重视	SN2	0.733		
	如果我对环境做了不好的行为，会受到他人诟病	SN3	0.711		

---

① Jackson D.L., Gillaspy J.A.Jr, Purc-Stephenson R., "Reporting Practices in Confirmatory Factor Analysis: An Overview and Some Recommendations", *Psychological Methods*, Vol.14, No.1, March 2009.

续表

变量	具体指标	指标（缩写）	Esti-mate 因子载荷	平均值	标准差
感知行为控制	我的环保知识和技能不太充分	PC1	0.594	4.47	1.658
	投入额外的时间、精力、金钱保护环境对我来说有点困难	PC2	0.837		
	我没有信心我个人的环保行为能否对环境保护起到效果	PC3	0.707		
行为意向	我打算以后合理地处理生活中的废弃物	I1	0.780	5.87	1.322
	我将努力减少对环境的污染破坏	I2	0.799		
	我打算以后尽可能阻止他人污染破坏环境	I3	0.748		
环境行为	我通常会合理处理生活中的废弃物	B1	0.743	5.33	1.354
	日常生活中我比较注意环保	B2	0.767		
	看到他人污染环境我通常会加以规劝制止	B3	0.729		

　　为确保所用问卷内容的内部一致性和测量结果的准确性，在对上述行为态度、主观规范、感知行为控制、行为意向和环境行为维度测量模型的拟合度进行了评估之后，还需要对各个维度进行信度和效度检验。一般而言，在统计学中信度采用 Cronbach α 系数来进行检验，这是数据分析之前的必要检验步骤。理论上，该系数越大，表明该变量各指标之间的相关性也就越大，内部一致程度也越高。当 Cronbach α 信度系数高于 0.8 时表明量表具有较好的内在一致性，如果系数在0.7 与 0.8 之间说明量表的信度水平尚且不错，低于 0.6 时则意味着量表的内在信度不太能够被接受 ①。经检验，本部分所涉及的这几个变量维度的 Cronbach α 值都较好（具体见表 4-5）。可见，上述变量所对应的指标信度良好，各个维度的指标内部一致性、稳定性和可靠性较好。

---

① Nunnally, J.C., *Psychometric Theory*, New York, NY: McGraw-Hill, 1978, p.126.

表 4-5　　　　　　　主要变量的相关系数及 Cronbach α 值

变量	行为态度	主观规范	感知行为控制	行为意向	环境行为	Cronbach α
行为态度	0.790					0.831
主观规范	0.616**	0.730				0.773
感知行为控制	0.066	0.095**	0.720			0.752
行为意向	0.690**	0.718**	0.055	0.776		0.816
环境行为	0.447**	0.564**	0.124**	0.648**	0.746	0.787

注：对角线粗体字为 AVE 之开根号值；下三角为皮尔逊相关系数；** 为在 0.01 水平（双侧）上显著。

根据各变量之间的相关系数，可以发现本部分研究涉及的公众在私领域的环境行为态度、主观规范、感知行为控制、行为意向与环境行为之间的相关性基本都通过了显著性检验，并且都为正值。这说明，这几个变量相互之间具有显著的正向关联性，从而初步验证了此前的理论假设，即公众环境行为与行为意向以及个体的行为态度、主观规范、感知行为控制等因素具有关联性。不过，截至目前，我们仍然无法确定公众的环境行为具体是受哪个或者哪些因素的影响，这些因素又是正向还是反向促进公众的环境行为实践，以及行为意向是否是直接的预测因素。进一步的分析有待通过结构方程模型来检验。

至于问卷的效度，指的是问卷能够观测到被观测对象真实水平的程度（即能否测出想要测量的信息），它可以从区别效度和收敛效度分别予以考察。其中，区别效度的价值在于检验观测到的数值之间是否能够加以区分，也就是说上述几个维度（行为态度、主观规范、感知行为控制、行为意向与环境行为）虽然具有关联性，但是，它们必须是能够明确加以区分的不同要素。有学者认为，当某一维度平均方差抽取量 AVE 的开平方值大于与其余维度之间的相关系数时，各维度间具有区别效度①；也有研究表示，"如果每个因子与其他因子的相关系数均低于

① Fornell, C.and Larcker, D.F., "Evaluating Structural Equation Models with Unobservable Variables and Measurement Error", *Journal of Marketing Research*, Vol.24, No.2, 1981.

其 Cronbach α 值，则认为有较好的区别效度"①。根据表 4-5 可知，各维度 AVE 的开平方值大于与其余维度之间相关系数（各个维度变量之间的相关系数也都小于与之相对应的 Cronbach α 值），这表明上述维度的变量相互之间具有良好的区别效度。

收敛效度旨在评估各维度内部指标之间的一致性，通常借助组成信度 CR 和平均方差抽取量 AVE 等指标来予以检验。其中，组成信度是评价一组潜在构念指标的一致性程度，即所有测量指标分享该因素构念的程度，平均方差抽取量表示相较于测量误差变异量的大小，潜在变量构念所能解释指标变量变异量的程度，当各维度满足 CR 值大于 0.6、AVE 值大于 0.5 时，一般认为模型的收敛效度较高②。从系列指标来看（见表 4-6），本部分研究涉及的维度——行为态度（CR=0.832, AVE=0.624）、主观规范（CR=0.774, AVE=0.533）、感知行为控制（CR=0.760, AVE=0.518）、行为意向（CR=0.819, AVE=0.602）和环境行为（CR=0.790, AVE=0.557）的组合信度 CR 和平均方差抽取量 AVE 皆符合理论要求，说明各维度内部的收敛效果较好。

表 4-6　　　　　　　主要变量的参数检验、信度和效度

变量及指标（缩写）		参数显著性估计				收敛效度			
		Unstd.	S.E.	T-value	P	Std.	SMC	CR	AVE
行为态度	AB1	1.000				0.731	0.534	0.832	0.624
	AB2	1.085	0.052	20.985	***	0.821	0.674		
	AB3	1.118	0.053	21.192	***	0.814	0.663		
主观规范	SN1	1.000				0.745	0.555	0.774	0.533
	SN2	1.013	0.054	18.835	***	0.733	0.537		
	SN3	1.049	0.058	18.011	***	0.711	0.506		

① Crocker, L., and Algina, J., *Introduction to Classical and Modern Test Theory*, New York: Holt, Rinehart and Winston, 1986, pp.222-233.
② 吴明隆：《结构方程模型：AMOS 的操作与应用（第 2 版）》，重庆大学出版社 2010 年版，第 54—55 页。

续表

变量及		参数显著性估计				收敛效度			
指标（缩写）		Unstd.	S.E.	T–value	P	Std.	SMC	CR	AVE
感知行为控制	PC1	1.000				0.594	0.353	0.760	0.518
	PC2	1.529	0.117	13.094	***	0.837	0.701		
	PC3	1.375	0.100	13.769	***	0.707	0.500		
行为意向	I1	1.000				0.780	0.608	0.819	0.602
	I2	1.014	0.043	23.452	***	0.799	0.638		
	I3	1.059	0.049	21.457	***	0.748	0.560		
环境行为	B1	1.000				0.743	0.552	0.790	0.557
	B2	0.937	0.049	19.176	***	0.767	0.588		
	B3	1.034	0.058	17.970	***	0.729	0.531		

注：指标（缩写）所对应的具体内容见前述表 4-4。另外，Unstd. 为非标准化系数；S.E. 为标准误；T-value 为 T 值；Std. 为标准化系数；SMC 为平方多重相关性；CR 为组合信度；AVE 为平均方差抽取量。

根据前述理论框架，基本的假设为：公众的环境行为受到其行为意向和感知行为控制的直接影响，而行为意向又受行为态度、主观规范和感知行为控制的约束。另外，补充的假设为，行为态度和主观规范也可能直接影响公众的环境行为。具体分析过程中，利用 Amos24.0 软件通过结构方程模型对上述理论假设进行验证。首先需要进行模型拟合度检验，此处对于公众环境行为影响因素的结构方程模型拟合度的检验采用与前面各个维度测量模型一致的拟合度指标。对于模型的拟合度检验，一般而言，当 x^2/df 在 0—3 时表示模型适配度较好，在 5 以下表示可以接受；相似度指标（GFI、AGFI、TLI、CFI）大于 0.9 且越接近 1 时，表明数据与模型的适配度越好；差异性指标（RMSEA、SRMR）小于 0.08 时，模型具有较好的拟合优度[1]。

---

[1] Jackson D.L., Gillaspy J.A.Jr, Purc-Stephenson R., "Reporting Practices in Confirmatory Factor Analysis: An Overview and Some Recommendations", *Psychological Methods*, Vol.14, No.1, March 2009.

从数据检验的结果来看，总体而言，假设模型的拟合度较好，其中，$x^2/df=3.799$，GFI=0.950，AGFI=0.925，RMSEA=0.060，SRMR=0.0492，CFI=0.958，TLI=0.945，各项指标值都符合建议标准，x^2/df 的值也在可接受范围内，具体参数结果如表 4-7 所示。因此，基于调查所得数据的分析检验，样本模型具有较好的拟合优度，以计划行为理论为基础的关于公众环境行为影响因素的总体框架在理论上是成立的。此外，该模型的 R^2 为 0.706，这意味着自变量行为态度、主观规范与感知行为控制以及中介变量行为意向能解释因变量公众环境行为的70.6%，也说明该模型在预测公众环境行为方面具有较好的解释效力。

表 4-7 公众环境行为影响因素的模型拟合度指标：基于 TPB 理论

指标	判断标准	假设模型拟合度
x^2/df	<3（或者 3—5）	3.799
GFI	>0.9	0.950
AGFI	>0.9	0.925
RMSEA	<0.08	0.060
SRMR	<0.08	0.0492
CFI	>0.9	0.958
TLI（NNFI）	>0.9	0.945

注：x^2/df 为卡方与自由度之比；GFI 为拟合优度指数；AGFI 为调整的拟合优度指数；RMSEA 为近似误差均方根；SRMR 为标准化残差均方根；CFI 为比较拟合指数；TLI 为相对拟合指数。

从该模型的路径系数以及相关的指标来看，如表 4-8 所示，在日常生活中，公众的环境行为态度对其行为意向具有显著影响（P<0.001），而且系数为正（β=0.367），即个体对于环境保护行为的态度越是正面、积极、理性，其采取环境友好行为的意向越明显，由此验证了 H1（a）的内容；主观规范对于公众环境行为意向的影响通过了显著性检验（P<0.001），而且系数为正（β=0.620），说明主观规范认同度越高，个体的环境友好行为意向越显著，由此验证了 H1（b）的内容；感知行

为控制对公众环境行为意向的作用没有通过显著性检验（P 值 =0.240），这一条假设路径不成立，说明从此次调查结果来看，感知行为控制并不会直接影响公众实施保护环境的行为意向，因此否定了 H1（c）的内容。

个体的环境行为意向对其实际环境行为的影响通过了显著性检验（P<0.001），而且系数为正（β=1.167），说明对环境友好的行为意向越强烈，在现实中，越有可能采取保护环境的行为，由此验证了 H2（a）的内容；公众的感知行为控制对其环境行为具有显著影响（P<0.001），而且系数为正（β=0.119），说明感知行为控制并不会阻碍其保护环境的行为实践，反而具有促进作用，因此验证了 H2（b）的内容。

表 4-8   公众环境行为影响因素：基于 TPB 的路径检验

路径假设	非标准化系数	标准化系数	S.E.	C.R.	检验结果
H1（a）：行为态度→行为意向	0.425***	0.367***	0.070	6.078	支持 H1（a）
H1（b）：主观规范→行为意向	0.618***	0.620***	0.064	9.628	支持 H1（b）
H1（c）：感知行为控制→行为意向	−0.036	−0.034	0.030	−1.175	否定 H1（c）
H2（a）：行为意向→环境行为	1.214***	1.167***	0.221	5.486	支持 H2（a）
H2（b）：感知行为控制→环境行为	0.130**	0.119**	0.044	2.953	支持 H2（b）
H3（a）：行为态度→环境行为	−0.511***	−0.423***	0.127	−4.010	支持 H3（a）
H3（b）：主观规范→环境行为	−0.017	−0.016	0.167	−0.102	否定 H3（b）

注：S.E. 为标准误；C.R. 为 Z 值；*** 表示 P<0.001；** 表示 P<0.01。

此外，从路径系数及显著性水平来看，行为态度对公众环境行为的影响通过了显著性检验（β=0.423），由此验证了 H3（a）的内容。不过，行为态度作用于行为意向，再作用于环境行为的间接效应系数大于0，直接效应小于0，间接效应遮掩了直接效应，使得总效应为正，属于显著的遮掩效应。而主观规范对环境行为的直接效应（P=0.919>0.05）未通过显著性检验，说明主观规范并不会显著制约或促进公众的环境友好行为，由此否定了假设 H3（b）的内容。

也就是说，虽然行为意向在以往的研究中（如在理性行为理论中）被视为公众环境行为的直接预测因素，但是实际上，在行为意向之外，其他因素比如感知行为控制（在计划行为理论中）和行为态度也会对公众的实际环境行为产生直接影响。从影响公众环境行为的因素的路径系数来看，行为意向的系数最大（$\beta = 1.167$），而行为态度与感知行为控制的系数较小。说明在这几个变量中，行为意向对环境行为具有最主要的解释力，即公众的行为意向是对其环境行为最显著的影响因素，环境友好行为的实施意向会最大限度地影响其行为实践。

为进一步检验公众环境行为所涉各个维度影响因素之间的关系，我们利用 Amos 软件进行了中介效应检验，其中，Bootstrap 抽样数设定为 5000 次，置信区间的置信度水平设置为 95%（为了再次检验感知行为控制是否在更宽泛的置信区间对环境行为意向有显著影响，进而通过行为意向影响环境行为，将置信区间的置信度水平设置为 90%，但是结果依然没有通过显著性检验）。大卫·P.麦金农等人经实验得出非参数 Bootstrap 方法中偏差校正的方法最优 [1]，因此，此处仅报告修正偏态的置信区间。中介效应的具体检验结果如表 4-9 所示：在环境私领域，公众的环境行为态度→行为意向→环境行为的间接效应为 0.428（标准化效应值），偏差校正的 CI 为 [0.174，0.907]；主观规范→行为意向→环境行为的间接效应为 0.723（标准化效应值），偏差校正的 CI 为 [0.414，1.837]。上述两条间接效应路径的置信区间都不包含 0，说明两条路径都通过了显著性检验，即行为态度和主观规范通过行为意向对公众环境行为产生显著影响，积极友好的行为态度和亲近环境的主观规范都会使得公众在现实生活中更愿意实施环境友好行为。也就

---

[1] Mackinnon D.P., Lockwood C.M., Williams J., "Confidence Limits for the Indirect Effect: Distribution of the Product and Resampling Methods", *Multivariate Behavioral Research*, Vol.39, No.1, January 2004.

是说，公众的环境友好行为意向在行为态度和主观规范影响实际环境行为的路径中起着中介作用。感知行为控制→行为意向→环境行为这条路径的间接效应值为 −0.039，偏差校正的 CI 为 [−0.138，0.023]，该置信区间包含 0，说明感知行为控制并不通过行为意向对环境行为产生显著影响，即公众的行为意向在感知行为控制对其环境行为的作用中不具有中介作用。

表 4-9 中介效应估计及检验结果：基于 TPB 理论

路径假设	非标准化效应值	标准化效应值	Boot SE（标准化）	Boot LLCI（标准化）	Boot ULCI（标准化）
行为态度→行为意向→环境行为	0.516	0.428	0.200	0.174	0.907
主观规范→行为意向→环境行为	0.750	0.723	0.482	0.414	1.837
感知行为控制→行为意向→环境行为	−0.043	−0.039	0.047	−0.138	0.023

根据上述中介效应估计及检验结果可计算得出，在环境私领域，行为态度对环境行为的间接效应占总间接效应的 37.19%，主观规范对环境行为的间接效应占总间接效应的 62.81%。也就是说，行为意向在行为态度与环境行为的关系之间具有中介作用，中介作用的效应占比为 37.19%，同时，行为意向在主观规范与环境行为的关系中也具有中介效应，中介效应的占比为 62.81%。结合前述分析可知，行为意向在行为态度对环境行为的影响中是部分中介，在主观规范影响环境行为的过程中是完全中介；而且，与计划行为理论的原本假设不同的是，感知行为控制并不通过行为意向来间接影响公众的实际环境行为，它仅对公众环境行为具有直接影响。

（二）基于 VBN 理论的分析

根据规范激活理论的调节模型，个体规范对人们的行为产生直接影响，而个体规范的作用又受到后果意识和责任归属的调节。根据该理论的中介模型，人的后果意识影响责任归属，责任归属影响个体规范，而个体规范又对意向和行为产生直接影响，因此，责任归属和个体规范都充当着中介变量。该理论将后果意识、责任归属、个体规范作为核心变量来对个体的意向与行为进行评估和预测。保罗·C.斯特恩对规范激活理论的中介模型向前予以扩展，将价值观和生态世界观纳入进来，提出了价值—信念—规范理论。主要变量及基本假设如表 4-10 所示。

表 4-10　　规范激活理论和价值—信念—规范理论的基本假设

理论模型	主要变量	基本假设
规范激活理论（NAM）	个体规范、后果意识、责任归属；意向与行为	调节模型：（1）个体规范对人的意向与行为产生影响；（2）个体规范的作用受到后果意识和责任归属的调节 中介模型：（1）后果意识影响责任归属；（2）责任归属影响个体规范；（3）个体规范对人的意向与行为产生直接影响
价值—信念—规范理论（VBN）	价值观、生态世界观；后果意识、责任归属、个体规范；意向或行为	价值观→生态世界观→后果意识→责任归属→个体规范→意向或行为

　　一些学者包括保罗·C.斯特恩本人将上述理论模型应用到对个体环境行为的预测当中，理论假设涉及的核心变量逐渐被赋予了实际意义，并形成了相应的观测指标，虽然不同学者对于具体指标的设计和描述存在差异（主要是由研究的主题和侧重点差异导致），但在总体上，主要的观测指标都在上述几个核心变量下设置。前文提到，有学者在利用计划行为理论和价值—信念—规范理论对私领域的环境行为进行分析时，引入自我认同和行为习惯对原有理论模型进行修正，而且模型涉及的变量所对应的指标内容被作出相应调整，其中，有关价值—信念—规范理论的变量及其具体指标等要素具体见表 4-11。

表 4-11　　　环境行为及相关变量测量表（基于 VBN 理论）①

变量	指标描述
（行为）意向	我打算从事保护环境的行为
	我计划在接下来的几个月里停止浪费自然资源
	在接下来的几个月里，我会尽量减少我的碳足迹
（个人）实践	我把玻璃、罐头、塑料或报纸等分类回收
	出于环保原因，我避免购买某些产品
	出于环保原因，我减少了开车
	出于环保原因，我会在家减少能源或燃料使用
	出于环保原因，我选择节约或重复使用水
后果意识	保护环境有益于我们大家
	在接下来的十年里，成千上万的动植物物种将会灭绝
	他们所说的气候变化是一种夸张（R）
	环保对我的健康有益
	我们在这里造成的环境破坏影响着全世界的人们
	对我和我的孩子来说，环境保护意味着一个更美好的世界
个体规范	我觉得在道德上有义务参与环保行为，不管别人在做什么
	我觉得以环保的方式行事是正确的
	如果我实行环境保护行为，我会自我感觉良好
责任归属	每一个社会成员都应该承担环境责任
	政府当局对环境负有责任
	我不担心环境问题（R）
生态世界观	植物和动物和人类一样有生存的权利
	人类正在严重地破坏环境
	大自然的平衡非常微妙，很容易被打破
	尽管拥有特殊的技能，人类仍然要服从自然法则
	地球上有丰富的资源，我们只需要学会如何开发它们（R）

① Anastasia Gkargkavouzi, George Halkos, Steriani Matsiori, "Environmental Behavior in a Private-sphere Context: Integrating Theories of Planned Behavior and Value Belief Norm, Self-identity and Habit", *Resources, Conservation and Recycling*, Vol.148, September 2019.

续表

变量	指标描述
生物圈价值	防止污染
	尊重地球
	与自然和谐相处
	保护环境
自我认同	我认为自己是一个非常关心环境问题的人
	如果我的生活方式被认为是环保的，我会觉得很尴尬（R）
习惯	环境行为是我经常做的事情
	我下意识地表现得很环保
	环保行为是我不假思索就会做的事情
	环保行为是我日常生活的一部分
	环保是我的一贯作风

注：笔者的问卷中原本包括 TPB 模型的基本要素（见表 4-2），此处不予呈现。

基于规范激活理论和价值—信念—规范理论尤其后者的基本内容，本部分在探讨公众环境行为影响因素时遵循以下路径假设：在环境私领域，公众的价值观影响其生态世界观，生态世界观影响后果意识，后果意识会引发相应的责任归属，后者进而激活个人道德规范①，而个人道德规范则能够直接影响公众的环境行为。此处在借鉴学者们的既有成果基础上设计该部分问卷内容，由于部分指标的内容存在一定重复性，且有一些指标与本主题研究关联度较弱，因此，在预调查之后，对问卷内容进行了调整、修改和补充，并剔除了部分不合理的或者冗余的观测指标，最终变量及对应的指标内容如表 4-12 所示。

---

① 在计划行为理论、规范激活理论和价值—信念—规范理论中都涉及对规范维度的测量，但具体表述稍有差异，在计划行为理论中常见表述为"主观规范"，在规范激活理论中常为"个体规范"，价值—信念—规范理论沿用"个体规范"的表述，有时也以"个人规范""道德规范"的形式出现。不过，从具体内容及英文表达来看，"道德规范"更为贴切，因此在后续分析中采用"道德规范"一说。

表 4-12　公众环境行为及相关变量测量表（基于 VBN 理论的基本假设）

变量	具体指标	赋值
环境行为	我通常会合理处理生活中的废弃物	从完全不认同到完全认同，依次计为 1—7 分
	日常生活中我比较注意环保	
	看到他人污染环境我通常会加以规劝制止	
后果意识	若不加制止，我们将在不久的将来经历一场重大的生态灾难	从完全不认同到完全认同，依次计为 1—7 分
	局部污染破坏会对整体生态环境产生严重的不良后果	
	污染破坏会威胁子孙后代的生存发展	
道德规范	我觉得自己有道德义务参与保护环境（不管别人怎么做）	从完全不认同到完全认同，依次计为 1—7 分
	我有责任去劝阻和制止他人破坏环境（×）	
	如果对环境做了不好的行为，我会有罪恶感	
	如果我对环境不友好，别人可能也会这样，到时候环境污染就会加重	
责任归属	每个社会成员都应对生态环境负责	从完全不认同到完全认同，依次计为 1—7 分
	政府部门应该对生态环境负责	
	污染破坏者应该对生态环境负责	
	环保非政府组织应承担起保护环境的职责（×）	
	受环境污染影响的人应为环境发声	
生态世界观	地球上的空间和资源是有限的	从完全不认同到完全认同，依次计为 1—7 分
	人类正在严重地破坏生态环境	
	动植物和人类一样有生存的权利	
	大自然的平衡是很脆弱的，很容易被打乱	
	尽管人类有特殊技能，但仍受制于自然法则（×）	
生物圈价值观	人与自然和谐统一（×）	从完全不认同到完全认同，依次计为 1—7 分
	防止环境污染	
	尊重地球	
社会/利他主义价值观	世界和平	从完全不认同到完全认同，依次计为 1—7 分
	人人平等（×）	
	社会公正	
	友善助人（×）	

续表

变量	具体指标	赋值
自我中心的价值观	成为某个领域的专业权威（×）	从完全不认同到完全认同，依次计为1—7分
	拥有权力（×）	
	具有较高的社会地位（×）	
	身体健康（×）	
	拥有财富（×）	

注：关于价值观，有的文献中只分析了 Biospheric Values，不过也有研究认为价值观涉及三个不同的维度（Biospheric Values、Social/Altruistic Values、Egocentric Values），因此，本书在问卷设计时将三个不同维度的价值观同时纳入，具体来源可参考 *Comparative Study Between the Theory of Planned Behavior and the Value-Belief-Norm Model Regarding the Environment, on Spanish Housewives' Recycling Behavior* 等文献。"×"表示在数据检验时被剔除的指标。

　　为确保分析结果的准确性，在分析基于价值—信念—规范模型的公众环境行为影响因素之前，需要先对主要变量（潜变量）的观测模型进行拟合度评估。但由于部分维度的测量指标只有三个，属于讯息恰好辨识的情况，部分拟合度指标难以呈现，因此，在此处通过各维度的因子载荷来进行检验（通过对潜变量的观测模型的检验，笔者对价值观包含的三个维度的内容进行了一定的处理：由于生物圈价值观、社会/利他主义价值观的部分指标存在比较严重的重合性，而自我中心的价值观在实际检验时如果同时加入模型中，会造成相互抵消的结果，因此，在后续分析中我们剔除自我中心的价值观，并将生物圈价值观、社会/利他主义价值观的指标加以筛选和合并，得到了最终的价值观维度）。各个维度对应的具体观测指标的因子载荷等基本信息如表4-13所示。

表 4-13　　　　　　　　各维度因子载荷及描述性统计

变量	具体指标	指标（缩写）	Estimate 因子载荷	平均值	标准差
价值观	防止环境污染	V1	0.786	6.30	1.197
	尊重地球	V2	0.797		
	世界和平	V3	0.814		
	社会公正	V4	0.784		
生态世界观	地球上的空间和资源是有限的	EW1	0.789	6.23	1.192
	人类正在严重地破坏生态环境	EW2	0.704		
	动植物和人类一样有生存的权利	EW3	0.751		
	大自然的平衡是很脆弱的，很容易被打乱	EW4	0.701		
后果意识	若不加制止，我们将在不久的将来经历一场重大的生态灾难	AC1	0.715	6.15	1.271
	局部污染破坏会对整体生态环境产生严重的不良后果	AC2	0.777		
	污染破坏会威胁子孙后代的生存发展	AC3	0.824		
责任归属	每个社会成员都应对生态环境负责	AR1	0.792	6.30	1.233
	政府部门应该对生态环境负责	AR2	0.805		
	污染破坏者应该对生态环境负责	AR3	0.800		
	受环境污染影响的人应为环境发声	AR4	0.778		
道德规范	我觉得自己有道德义务参与环境保护（不管别人怎么做）	MN1	0.820	6.13	1.264
	如果对环境做了不好的行为，我会有罪恶感	MN2	0.760		
	如果我对环境不友好，别人可能也会这样，到时候环境污染就会加重	MN3	0.794		
环境行为	我通常会合理处理生活中的废弃物	B1	0.751	5.33	1.354
	日常生活中我比较注意环保	B2	0.793		
	看到他人污染环境我通常会加以规劝制止	B3	0.691		

　　为确保问卷内容的内部一致性和测量结果的准确性，在对上述各个维度的变量测量模型拟合度进行了评估之后，同样还需要进行信度和

效度检验。在信度上，通常采用 Cronbach α 系数来进行判断。经检验，价值观、生态世界观、后果意识、责任归属、道德规范及环境行为各自的 Cronbach α 系数值都超过了 0.7（具体见表 4-14）。这表明，此处涉及的主要变量所对应的各项指标信度良好，各个维度所对应的指标内部一致性、稳定性和可靠性都比较好。

表 4-14　　　　　主要变量的相关系数及 Cronbach α 值

变量	价值观	生态世界观	后果意识	责任归属	道德规范	环境行为	Cronbach α
价值观	0.796						0.873
生态世界观	0.782**	0.738					0.830
后果意识	0.757**	0.796**	0.773				0.833
责任归属	0.780**	0.781**	0.764**	0.792			0.832
道德规范	0.753**	0.775**	0.767**	0.794**	0.794		0.882
环境行为	0.508**	0.468**	0.490**	0.522**	0.431**	0.746	0.787

注：对角线粗体字为 AVE 开根号值；下三角为皮尔逊相关系数；** 表示在 0.01 水平（双侧）显著相关。

　　根据各个变量之间的相关系数，可以发现公众在私领域的价值观、生态世界观、后果意识、责任归属、道德规范及环境行为的相关系数都通过了显著性检验，且系数为正，这表明上述几个变量之间具有显著的正向关联性，从而初步验证了此前的理论假设，即公众环境行为与后果意识、个体规范或道德规范、责任归属、生态世界观、价值观等因素具有关联性。不过，变量之间的相关性分析只能给我们提供变量之间彼此相关的最基本的信息，却无法获悉这些变量之间究竟是如何相互关联的，也无法提供变量之间的作用机理和路径的更为具体的信息。因此，接下来将借助结构方程模型来对各个变量之间的相互作用关系进行进一步的分析，从而明确哪些因素影响着公众的环境行为，以及这些因素之间是如何相互作用或制约的。

　　问卷的效度包括区别效度和收敛效度，如前所述，根据克拉斯·福耐尔和大卫·F.拉克尔的建议，当某一维度平均方差抽取量 AVE 的开平方值大于与其余维度之间的相关系数时，各维度间具有区别效度 ①（区别效度也可以通过因子之间相关系数与其对应的 Cronbach α 值的比较来进行判断，即相关系数小于对应的 Cronbach α 值则意味着具有良好的区别效度 ②）。从表 4-14 可知，各维度 AVE 的开平方值大部分大于与其余维度之间相关系数（各个维度变量之间的相关系数基本上都小于与之相对应的 Cronbach α 值），这表明上述维度的变量之间具有较好的区别效度。实际上，当区别效度欠佳时，可能意味着，解释变量具有共同的时间趋势，或者解释变量之间存在某种近似的线性关系。有研究认为，"如果模型仅用于预测，则只要拟合程度好，可不处理多重共线性问题，存在多重共线性的模型用于预测时，往往不影响预测结果" ③，因此，如果出现这种情况，可以暂不采取措施以保证模型结果的真实性。

收敛效度通常可以借助标准化的因子载荷 Std、题目信度 SMC、组成信度 CR 和平均方差抽取量 AVE 等指标来予以检验。如表 4-15 所示，从这些指标来看，此处涉及的价值观、生态世界观、后果意识、责任归属、道德规范和环境行为等变量的组成信度 CR 皆大于 0.7，平均方差抽取量 AVE 皆大于 0.5，符合一般认为的模型收敛效度要求（当各维度满足 CR 值大于 0.6、AVE 值大于 0.5 时，一般认为模型的收敛效度较高 ④），说明各维度变量内部的收敛效果较好。

---

① Fornell, C.and Larcker, D.F., "Evaluating Structural Equation Models with Unobservable Variables and Measurement Error", *Journal of Marketing Research*, Vol.24, No.2, 1981.

② Crocker, L., and Algina, J., *Introduction to Classical and Modern Test Theory*, New York: Holt, Rinehart and Winston, 1986, pp.222-233.

③ 潘省初编著：《计量经济学中级教程》，清华大学出版社 2009 年版，第 50 页。

④ 吴明隆：《结构方程模型：AMOS 的操作与应用（第 2 版）》，重庆大学出版社 2010 年版，第 54—55 页。

表 4-15　　　　　　　主要变量的参数检验、信度和效度

变量及指标（缩写）		参数显著性估计				收敛效度			
		Unstd.	S.E.	T-value	P	Std.	SMC	CR	AVE
价值观	V1	1.000				0.786	0.618	0.873	0.633
	V2	1.038	0.044	23.846	***	0.797	0.635		
	V3	1.118	0.045	24.625	***	0.814	0.663		
	V4	1.060	0.045	23.464	***	0.784	0.615		
生态世界观	EW1	1.000				0.789	0.623	0.826	0.544
	EW2	0.950	0.045	21.073	***	0.704	0.496		
	EW3	0.966	0.042	22.748	***	0.751	0.564		
	EW4	0.903	0.043	20.894	***	0.701	0.491		
后果意识	AC1	1.000				0.715	0.511	0.816	0.598
	AC2	1.030	0.049	21.167	***	0.777	0.604		
	AC3	1.149	0.051	22.473	***	0.824	0.679		
责任归属	AR1	1.000				0.792	0.627	0.872	0.630
	AR2	1.099	0.044	25.070	***	0.805	0.648		
	AR3	1.051	0.042	24.923	***	0.800	0.640		
	AR4	1.040	0.043	23.955	***	0.778	0.605		
道德规范	MN1	1.000				0.820	0.672	0.834	0.627
	MN2	0.960	0.040	23.715	***	0.760	0.578		
	MN3	0.979	0.039	25.068	***	0.794	0.630		
环境行为	B1	1.000				0.751	0.564	0.790	0.557
	B2	0.958	0.054	17.836	***	0.793	0.629		
	B3	0.970	0.057	17.064	***	0.691	0.477		

注：指标（缩写）所对应的具体内容见表 4-13。Unstd. 为非标准化系数；S.E. 为标准误；T-value 为 T 值；Std. 为标准化系数；SMC 为平方多重相关性；CR 为组合信度；AVE 为平均方差抽取量。

根据价值—信念—规范理论模型的基本假设，公众的环境行为受到个人道德规范的影响，个人的道德规范受到责任归属的影响，而责任归属受制于后果意识，后果意识则受到生态世界观的影响，生态世界观最终又受到个体所具有的价值观的影响（涉及生物圈价值观、社会 / 利他

主义价值观、自我中心的价值观）。

为确保模型有效进而使得研究结论更为科学合理，需要对上述变量之间关系的结构方程模型进行拟合度检验，具体的参数指标与前述一致。利用 Amos24.0 软件对基于价值—信念—规范理论的公众环境行为影响因素的模型拟合度进行检验，具体参数结果如表 4-16 所示，x^2/df=3.504，GFI=0.926，AGFI=0.907，RMSEA=0.057，SRMR=0.0325，CFI=0.958，TLI=0.952，各项指标值都符合建议标准，x^2/df 的值也在可接受范围内。总体而言，各项拟合度指标基本上都符合建议值的要求，该模型的拟合度比较好，因此，该模型在公众环境行为影响因素的探讨中理论上是成立的，可以进入下一步的假设检验。此外，由 R^2（R^2=0.395）可知，价值观、生态世界观、后果意识、责任归属、道德规范等变量通过链式中介作用能解释公众环境行为的 39.5%，说明该模型具有一定的解释效力。

表 4-16　公众环境行为影响因素的模型拟合度指标：基于 VBN 理论

指标	判断标准	模型拟合度
x^2/df	<3（或者 3—5）	3.504
GFI	>0.9	0.926
AGFI	>0.9	0.907
RMSEA	<0.08	0.057
SRMR	<0.08	0.0325
CFI	>0.9	0.958
TLI（NNFI）	>0.9	0.952

注：x^2/df 为卡方与自由度之比；GFI 为拟合优度指数；AGFI 为调整的拟合优度指数；RMSEA 为近似误差均方根；SRMR 为标准化残差均方根；CFI 为比较拟合指数；TLI 为相对拟合指数。

从模型的路径系数以及相关的指标来看，如表 4-17 所示，在环境私领域，公众的价值观对其生态世界观具有显著正向影响（P<0.001，β=0.937），即个体价值观越积极友好，其生态世界观也会更加倾向

于有益于环境；生态世界观对后果意识产生显著正向影响（P<0.001，β=0.990），即生态世界观越亲近环境，个体越能认识到环境破坏的严重后果；后果意识也显著影响责任归属（P<0.001，β=0.961），个体的后果意识越清晰，其对于环境保护的责任意识越强烈；责任归属显著影响个体的道德规范（P<0.001，β=0.958），保护环境的责任归属越强，越能激发个体对自身环境行为的规范和约束；个体道德规范对环境行为具有显著正向影响（P<0.001，β=0.629），即良好的道德规范有利于个体采取友好的环境行为。综上可见，从此次调查所得的数据资料来看，基于 VBN 理论的公众环境行为影响因素的路径假设都成立。

表 4-17　　　　公众环境行为影响因素：基于 VBN 的路径检验

路径假设	非标准化系数	标准化系数	S.E.	C.R.	检验结果
价值观→生态世界观	0.997	0.937***	0.044	19.460	支持
生态世界观→后果意识	0.937	0.990***	0.055	18.854	支持
后果意识→责任归属	0.977	0.961***	0.049	20.545	支持
责任归属→道德规范	1.039	0.958***	0.042	23.636	支持
道德规范→环境行为	0.654	0.629***	0.046	13.840	支持

注：S.E. 为标准误；C.R. 为 Z 值；*** 表示 P<0.001。

为进一步检验公众环境行为所涉各个维度影响因素之间的关系，利用 Amos 软件进行中介效应分析，其中，Bootstrap 抽样数设定为 5000 次，置信区间的置信度水平设置为 95%。中介效应的具体检验结果见表 4-18：在环境私领域，价值观→生态世界观→后果意识→责任归属→道德规范→环境行为的链式中介效应值为 0.536，偏差校正的 CI 为 [0.460，0.618]，置信区间不包含 0。这表明，价值—信念—规范理论的路径假设在预测公众环境行为中是成立的，上述因素以因果链条的形式影响着公众的环境行为实践。

表 4-18　　　　　　中介效应估计及检验结果：基于 VBN 理论

路径假设	非标准化效应值	标准化效应值	Boot SE（标准化）	Boot LLCI（标准化）	Boot ULCI（标准化）
价值观→生态世界观→后果意识→责任归属→道德规范→环境行为	0.621	0.536	0.040	0.460	0.618

　　综合上述，可以发现，在私领域，公众环境行为的预测因素非常多样化，两个主要的理论模型——计划行为理论和价值—信念—规范理论在该问题上都具有较好的适用性，能够对公众的各种环境行为进行较好的预测，也能够比较充分地解释公众环境行为受到哪些因素的影响。比较而言，以计划行为理论为基础的模型（经过检验，感知行为控制并不通过行为意向来间接作用于公众环境行为，而是直接作用于其环境行为，因此只是部分验证了以计划行为理论为基础的假设）的解释力（模型 $R^2=0.706$）相比于价值—信念—规范模型的解释力（$R^2=0.395$）更胜一筹，而且解释框架更为简洁明了。不过，从要素包容性以及各要素之间关系的角度来看，价值—信念—规范理论模型的内容更为丰富。

三　社会情境：一个容易被忽略的要素

　　从基于计划行为理论和价值—信念—规范理论的分析来看，公众环境行为的影响因素呈现多样化特征。但值得一提的是，在上述理论模型中，包括理性行为理论、计划行为理论和规范激活理论、价值—信念—规范理论关注的重点都聚焦在主观层面如行为态度、道德规范、主观规范、价值观、责任归属、后果意识等，对客观外在因素的考虑颇为不足。即便计划行为理论纳入了感知行为控制这一变量，并认为"行为控制"涉及知识水平、能力、资源禀赋甚至组织化程度等客观要素，但这里的"行为控制"往往以受访者"感知"到的形式呈现出来的，是客观要素在人的主观意识中的反映，因此，严格来讲并不能充分反映出客观外在因素对于公众环境行为的影响。

也就是说，在私领域的环境行为研究中，几个典型的理论模型都侧重主观层面的因素分析，而缺少对客观层面的约束条件的探讨。但不可否认的是，客观的社会情境尤其制度环境为个体行为提供指引、行为空间和参与机会，因而在公众环境行为的预测中极有可能存在十分重要的意义。人是社会的动物，人们思考问题的方式以及思考的问题本身往往能反映出所处社会背景的一些基本情况，而人们的行为实践往往又直接受到特定情境的激励和约束。在公众有关环境的活动中，社会背景和情境因素的重要性不言而喻。有学者就曾将年龄、社会等级、居住地、政治倾向和性别等因素作为解释变量，验证了个人社会背景与其环境关注度的相关性，以及对其环保行为的影响。[①] 因此，在理论上，主观层面的行为影响因素与客观制度环境之间存在千丝万缕的联系，进而影响到环境治理中的公众行为。不过，在环境私领域，究竟是主观因素比如价值观影响制度要素，还是制度要素影响价值观，二者谁是最终的解释归属，谁是中间变量？对于公众环境行为的影响，二者谁具有更大的解释力呢？这对于理解公众环境行为而言，显然也是值得进一步分析研究的问题。

第二节　公领域公众参与环境治理的影响因素

一　公领域的行为：TPB 与 VBN 依旧适用吗？

根据已有的研究，以计划行为理论为核心以及基于价值—信念—规范理论的模型假设都对公众在私领域的环境行为具有较好的预测作用，

---

① 　Van Liere, K.D., and Dunlap, R.E., "The Social Bases of Environment Concern: A Review of Hypotheses, Explanations and Empirical Evidence", *Public Opinion Quarterly*, Vol.44, No.2, 1980.

能够在较大程度（尤其计划行为理论）上解释为何公众会做出或不做出相应的环境行为。因此，一般认为，它们同样可以用于分析公领域的环境行为（在价值—信念—规范理论中，被解释变量就包括了公众对于环境相关政策的支持）。所以，此处的研究中，将利用这两个理论模型的主要假设来分别对环境治理公领域的公众行为及其影响因素进行分析，同时，也对二者在环境领域公众行为问题上的适用性作进一步检验。

（一）基于 TPB 理论的检验

根据计划行为理论，公众的环境行为受到行为意向和感知行为控制的直接影响，而行为意向又受到行为态度、主观规范和感知行为控制的影响。将该假定应用于公领域的环境治理中，即公众对于环境治理的参与行为态度、主观规范和感知行为控制会影响其行为意向，进而影响其参与环境治理的行为实践；与此同时，感知行为控制也直接作用于实际的参与行为（这里主要通过是否"向政府反映过环境方面的意见和诉求""参加过环境方面的座谈会或意见征集""参与过环境方面的决策"等指标来进行测量，选项设置为二分类"是""否"）。

在前述关于私领域公众环境行为的研究中，已经对计划行为理论所涉及的主要变量作出描述性统计（详见表 4-4），各指标的因子载荷均在 0.7 以上，指标选择较为妥当。为确保所涉内容的内部一致性和测量结果的准确性，在进一步分析之前，需要对信效度进行检验。此处采用 Cronbach α 系数来检验其信度，理论上，该系数越大，表明变量各指标之间的相关性也就越大，内部一致程度也越高。经检验，除了参与行为的 Cronbach α 值略低，本部分所涉及的其他几个变量维度的 Cronbach α 值都较好（见表 4-19）。可见，上述变量所对应的大部分指标信度良好，各维度指标内部一致性较好。

根据变量之间的相关系数，可以发现公众在环境公领域的参与行为态度、主观规范、感知行为控制、行为意向与参与行为之间的相关性部分通过了显著性检验，但行为态度与行为意向、感知行为控制与行为意向、行为意向与参与行为的相关性未通过显著性检验。这说明，部分变量相互之间具有显著的正向关联性，部分变量之间的相关性不显著。以下将进一步分析检验这些变量之间的关系。

表 4-19　　　　　　主要变量的相关系数及 Cronbach α 值

变量	行为态度	主观规范	感知行为控制	行为意向	参与行为	Cronbach α
行为态度	0.790					0.831
主观规范	0.772**	0.730				0.773
感知行为控制	0.062**	0.105**	0.720			0.752
行为意向	0.844	0.897**	0.053	0.775		0.816
参与行为	0.364**	0.154**	0.039**	0.254	0.581	0.572

注：对角线粗体字为 AVE 之开根号值；下三角为皮尔逊相关系数；** 表示在 0.01 水平（双侧）显著相关。这里的"参与行为"指的是环境治理公领域的公众参与行为，之后不再备注。

如前所述，问卷效度指的是问卷能够观测到被观测对象真实水平的程度，它可以从区分效度和收敛效度分别予以考察。区分效度的价值意在检验测量的维度之间是否能够加以区分，也就是说上述几个维度变量之间虽然具有关联性，但它们必须能够被明确加以区分。如此前提及的，当某一维度平均方差抽取量 AVE 的开平方值大于与其余维度之间的相关系数时，各维度间才具有良好的区别效度。从表 4-19 来看，各维度 AVE 的开平方值大部分都大于各个维度之间的相关系数，因此相互具有一定的区分效度。收敛效度意在评估维度或变量内部指标之间的一致性，通常借助组成信度 CR 和平均方差抽取量 AVE 来予以检验。当各维度满足 CR 值大于 0.7、AVE 值大于 0.5 时，一般认为模型的收敛效度较高。由表 4-20 可知，在公领域，基于计划行为理论的公众参与环境治理行为预测模型的绝大部分维度的 CR 值大于 0.7、AVE 值大于 0.5，但公众参与行为的 CR 值和 AVE 值未达到通常的参考标准，说明除该变量之外，总体收敛效度尚可。

表 4-20　　　　　　　　主要变量的参数检验、信度和效度

变量及指标（缩写）		参数显著性估计				收敛效度			
		Unstd.	S.E.	T-value	P	Std.	SMC	CR	AVE
行为态度	AB1	1				0.733	0.537	0.832	0.624
	AB2	1.082	0.051	21.159	***	0.821	0.674		
	AB3	1.113	0.052	21.313	***	0.813	0.661		
主观规范	SN1	1				0.74	0.548	0.774	0.533
	SN2	1.028	0.055	18.728	***	0.738	0.545		
	SN3	1.058	0.059	17.826	***	0.712	0.507		
感知行为控制	PC1	1				0.596	0.355	0.760	0.518
	PC2	1.518	0.116	13.111	***	0.834	0.696		
	PC3	1.373	0.100	13.758	***	0.709	0.503		
行为意向	I1	1				0.788	0.621	0.819	0.601
	I2	1.008	0.043	23.171	***	0.802	0.643		
	I3	1.030	0.050	20.791	***	0.735	0.540		
参与行为	PB1	1				0.539	0.291	0.597	0.338
	PB2	0.916	0.113	8.089	***	0.465	0.216		
	PB3	1.157	0.138	8.389	***	0.712	0.507		

注：指标（缩写）所对应的具体内容见前述表 3-2 和表 4-4。Unstd. 为非标准化系数；S.E. 为标准误；T-value 为 T 值；Std. 为标准化系数；SMC 为平方多重相关性；CR 为组合信度；AVE 为平均方差抽取量。

在环境公领域，根据计划行为理论的基本假设，公众的参与行为态度、主观规范和感知行为控制会影响其行为意向，进而影响其对于环境治理的参与行为实践；与此同时，感知行为控制也会直接作用于公众的实际参与行为。对于这一理论模型假设，从指标值来看，模型拟合度的各项指数都在建议值范围内，总体拟合度较好。不过，模型的 $R^2=0.178$，也就是说，该模型假设在环境治理公领域总体上是成立的，但解释力只有 17.8%。因此，就本研究所获得的数据资料而言，计划行为理论在环境私领域的公众行为方面具有更好的解释力（模型 $R^2=0.706$），而对于环境治理公领域的公众参与行为解释力相对较弱。

具体如表 4-21 所示。

表 4-21 公众参与环境治理行为影响因素的模型
拟合度指标：基于 TPB 理论

指标	判断标准	模型拟合度
x^2/df	<3（或者 3—5）	2.590
GFI	>0.9	0.965
AGFI	>0.9	0.948
RMSEA	<0.08	0.045
SRMR	<0.08	0.0474
CFI	>0.9	0.971
TLI（NNFI）	>0.9	0.962

注：x^2/df 为卡方与自由度之比；GFI 为拟合优度指数；AGFI 为调整的拟合优度指数；RMSEA 为近似误差均方根；SRMR 为标准化残差均方根；CFI 为比较拟合指数；TLI 为相对拟合指数。

从各变量之间路径关系的检验结果来看，如表 4-22 所示，公众的参与行为态度→行为意向、主观规范→行为意向通过了显著性检验，但是感知行为控制→行为意向却没有通过显著性检验；对于环境治理中的公众参与行为，行为意向的影响没有通过显著性检验，感知行为控制的影响也没有通过显著性检验，而主观规范→参与行为、行为态度→参与行为通过了显著性检验。但是，公众对于环境的友好行为意向（私领域的测度，未通过显著性检验）并没有在行为态度和主观规范影响公众参与行为的过程中起中介作用。即计划行为理论在本部分的研究假设未成立。当然，这并不一定意味着计划行为理论在环境公领域不具有适用性，公众在私领域的环境行为意向可能对于其在环境公领域的参与行为并不产生显著影响，因而在公众的参与行为意愿、主观规范与参与行为之间不具有间接作用。

表 4-22　公众参与环境治理行为影响因素：基于 TPB 的路径检验

路径假设	非标准化系数	标准化系数	S.E.	C.R.	检验结果
行为态度→行为意向	0.393***	0.374***	0.070	6.223	支持
主观规范→行为意向	0.621***	0.612***	0.065	9.555	支持
感知行为控制→行为意向	−0.027	−0.034	0.030	−1.193	否定
行为意向→参与行为	0.041	0.182	0.044	0.793	否定
感知行为控制→参与行为	0.007	0.041	0.011	0.786	否定
主观规范→参与行为	−0.098*	−0.431*	0.038	−3.222	支持
行为态度→参与行为	0.127***	0.540***	0.031	3.943	支持

注：S.E. 为标准误；C.R. 为 Z 值；*** 表示 P<0.001；** 表示 P<0.01；* 表示 P<0.05。

（二）基于 VBN 理论的检验

根据价值—信念—规范理论的基本内容，公众参与环境治理行为影响因素的模型路径假设为：价值观→生态世界观→后果意识→责任归属→道德规范→参与行为。根据调查所得数据进行分析，假设模型的拟合度指标如表 4-23 所示，各项指标都在建议值范围内，由此来看，该模型假设具有合理性。不过，模型的 R^2=0.109，说明该模型只能解释环境治理公领域公众参与行为的 10.9%。

表 4-23　公众参与环境治理行为影响因素的模型拟合度指标：
基于 VBN 理论

指标	判断标准	模型拟合度
x^2/df	<3（或者 3—5）	2.992
GFI	>0.9	0.937
AGFI	>0.9	0.921
RMSEA	<0.08	0.051

续表

指标	判断标准	模型拟合度
SRMR	<0.08	0.0286
CFI	>0.9	0.964
TLI（NNFI）	>0.9	0.959

注：x^2/df 为卡方与自由度之比；GFI 为拟合优度指数；AGFI 为调整的拟合优度指数；RMSEA 为近似误差均方根；SRMR 为标准化残差均方根；CFI 为比较拟合指数；TLI 为相对拟合指数。

　　该模型中主要变量的相关系数、参数检验、信度和效度等在前述研究中已经经过验证，此处予以省略。模型涉及的主要变量之间的区分度结果见表 4-24，从 AVE 之开根号值与各变量之间的比较来看，区分效度欠佳。这意味着，解释变量具有共同的时间趋势，或解释变量间存在某种近似的线性关系。不过，也有研究表明，"如果模型仅用于预测，则只要拟合程度好，可不处理多重共线性问题，存在多重共线性的模型用于预测时，往往不影响预测结果"[①]，故而，暂不采取措施以保证模型结果的真实性。

表 4-24　　　　　主要变量的相关系数及 Cronbach α 值

变量	价值观	生态世界观	后果意识	责任归属	道德规范	参与行为	Cronbach α
价值观	0.796						0.873
生态世界观	0.937**	0.738					0.830
结果意识	0.927**	0.990**	0.773				0.833
责任归属	0.853**	0.911**	0.920**	0.792			0.832
道德规范	0.891**	0.951**	0.961**	0.958**	0.794		0.882
参与行为	0.283**	0.302**	0.305**	0.319**	0.330**	0.581	0.572

注：对角线粗体字为 AVE 开根号值；下三角为皮尔逊相关系数；** 表示在 0.01 水平（双侧）显著相关。

---

① 潘省初编著：《计量经济学中级教程》，清华大学出版社 2009 年版，第 50 页。

从主要变量的参数检验等相关结果来看，如表 4-25 所示，除公众参与环境治理的实际行为之外，各维度 CR 值皆大于 0.7、AVE 值皆大于 0.5，说明该模型各维度的变量内部指标之间的一致性程度即收敛效度较好。

表 4-25　　　　　　　主要变量的参数检验、信度和效度

变量及指标（缩写）		参数显著性估计				收敛效度			
		Unstd.	S.E.	T-value	P	Std.	SMC	CR	AVE
价值观	V1	1				0.786	0.618	0.873	0.633
	V2	1.039	0.044	23.832	***	0.797	0.635		
	V3	1.119	0.045	24.612	***	0.814	0.663		
	V4	1.061	0.045	23.45	***	0.784	0.615		
生态世界观	EW1	1				0.79	0.624	0.826	0.544
	EW2	0.949	0.045	21.122	***	0.705	0.497		
	EW3	0.964	0.042	22.76	***	0.75	0.563		
	EW4	0.902	0.043	20.918	***	0.702	0.493		
后果意识	AC1	1				0.715	0.511	0.816	0.598
	AC2	1.03	0.049	21.162	***	0.777	0.604		
	AC3	1.148	0.051	22.458	***	0.824	0.679		
责任归属	AR1	1				0.794	0.630	0.874	0.634
	AR2	1.1	0.044	25.245	***	0.808	0.653		
	AR3	1.051	0.042	25.035	***	0.802	0.643		
	AR4	1.04	0.043	24.08	***	0.78	0.608		
道德规范	MN1	1				0.819	0.671	0.829	0.618
	MN2	0.948	0.041	23.301	***	0.749	0.561		
	MN3	0.975	0.039	24.875	***	0.789	0.623		
参与行为	PB1	1				0.528	0.279	0.598	0.342
	PB2	0.903	0.112	8.1	***	0.45	0.203		
	PB3	1.221	0.154	7.918	***	0.737	0.543		

注：指标（缩写）所对应的具体内容见前述表 3-2 和表 4-13。Unstd. 为非标准化系数；S.E. 为标准误；T-value 为 T 值；Std. 为标准化系数；SMC 为平方多重相关性；CR 为组合信度；AVE 为平均方差抽取量。

从基于价值—信念—规范理论的假设模型路径系数以及相关的指标值（表4-26）来看，公众所持的价值观对其生态世界观（β=0.936），生态世界观对后果意识（β=0.990），后果意识对责任归属（β=0.957），责任归属对个人道德规范（β=0.968）进而对公众在环境治理公领域行为实践（β=0.330）的影响都通过了显著性检验（P<0.001），且皆为正向影响。这意味着，价值—信念—规范理论在环境治理公领域的公众参与行为影响因素问题上的路径假设均成立。

表4-26　公众参与治理环境行为影响因素：基于 VBN 的路径检验

路径假设	非标准化系数	标准化系数	S.E.	C.R.	检验结果
价值观→生态世界观	0.997***	0.936***	0.045	22.001	支持
生态世界观→后果意识	0.936***	0.990***	0.045	20.981	支持
后果意识→责任归属	0.975***	0.957***	0.047	20.790	支持
责任归属→道德规范	1.046***	0.968***	0.043	24.575	支持
道德规范→参与行为	0.063***	0.330***	0.011	5.852	支持

注：S.E. 为标准误；C.R. 为 Z 值；*** 表示 P<0.001。

为进一步检验上述因素之间的相互关系及其对于公众参与环境治理行为的作用路径，我们利用 Amos 软件进行中介效应分析，其中，Bootstrap 抽样数设定为 5000 次，置信区间的置信度水平设置为 95%。结果如表4-27所示，根据中介效应的检验结果，在环境治理公领域，基于价值—信念—规范理论的模型假设路径：价值观→生态世界观→后果意识→责任归属→道德规范→环境行为通过了显著性检验，标准化效应值为 0.283，偏差校正的 CI 为 [0.190, 0.388]，置信区间不包含 0。这意味着，上述路径假设在环境治理公领域依然是成立的。不过，从 R^2 来看（R^2=0.109），模型的解释力并不好，可以认为，价值—信念—规范理论模型对于公众在公领域参与治理环境的行为具有一定的预测效果，但并不理想，公众的参与行为受到价值、信念、规范等因素的影响比较微弱。

表 4-27   中介效应估计及检验结果：基于 VBN 理论

假设路径	非标准化效应值	标准化效应值	Boot SE（标准化）	Boot LLCI（标准化）	Boot ULCI（标准化）
价值观→生态世界观→后果意识→责任归属→道德规范→环境行为	0.060	0.283	0.001	0.190	0.388

上述结果表明，在环境治理公领域，公众的参与行为在一定程度上受到主观方面的因素比如价值观、生态世界观、对于环境污染恶劣后果的意识、保护环境的责任归属、个人所具有的道德规范等的合力影响，但显然还有其他一些更为重要的影响因素存在。那么，这些因素主要是什么，它们又是如何发挥影响的呢？这是接下来要探讨的主要问题。

二 可能的影响因素：能力预期、制度供给及政治信任

公众参与虽然随着民主的发展而不断发展，但通常来说，"不参与容易，参与较为容易，但有效参与比较难，有质量的参与则更难"[1]。公众参与从来都是一系列要素或条件合力促进的结果，要素的缺失和条件的不充分会导致公众参与出现人们意愿高但实际行为大打"折扣"或参与效能低等失灵问题。

（一）自我效能感（能力预期）与公众参与

根据已有的研究，社会经济状况、制度性因素、个人的价值观、主观态度、利益驱动、政治效能感等各类主客观因素都与公众参与行为存在显著的关联。效能感是美国心理学家阿尔伯特·班杜拉受认知心理学影响提出的概念，"在理性选择视角下，公民是否选择参与取决于对该行为所达到预期影响的判断。每个人对自身影响外部环境的能力预期不同，预期越高的人越倾向于参与，反之则参与水平越低"[2]。与之相关，政治效能感"是基于自我效能感概念发展出来的政治心理变量，反映了

---

① 邓大才：《有效参与：实现村民自治的递次保障》，《财经问题研究》2019 年第 4 期。

② Nie H.N., et al., "Political Participation and Life Cycle", *Comparative Politics*, Vol.6, No.3, 1974.

个体对于自己所具有的理解和参与政治活动能力的自信程度"①, 是"个人认为自己的政治行动对政治过程能够产生影响力的感觉"②。

有许多学者研究过效能感与个体行为的关系, 在政治参与研究中, 此前的一些研究发现, 具有较高政治效能感的公众往往在政治参与过程中表现出更积极的行动, 比如在传统的制度化参与活动如选举中, "具有较高水平政治效能感的个体"往往"表现更为积极"③, 而且"政治效能感对公众参与社会矛盾治理意愿呈显著正相关关系"④。与"政治效能感"相关的另一个概念是万恩·卡尔文等人提出的"政策效能感"(Perceived Policy Effectiveness), 它指的是"个体对一项具体政策措施的有利或不利的感知"⑤。有研究证明"当个体具备了较高的政策参与效能后, 会在一定程度上提升其完成对应行为的自信, 消除或降低其进行参与活动的恐惧与抵触心理, 并激发其更高的参与动机和意愿"⑥。

在"政治效能感"和"政策效能感"之外, 实际上还存在更广义的效能感知, 这种广义的效能感知对于公众的思维和行为也被证明存在显著的影响力。

个体在选择参与行为时常常会进行两种评估: 一种是对自己是否有能力完成行为的预期, 即自我效能⑦; 另一种是预期的参与行为能否给自

---

① Niemi, R.G., Craig, S.C., and Mattei, F., "Measuring Internal Political Efficacy in the 1988 National Election Study", *American Political Science Review*, Vol.85, No.4, 1991.

② Campbell A., Gurin, G., Miller W.E., "The Voter Decides", *American Sociological Review*, Vol.19, No.6, 1954.

③ 郑建君:《参与意愿的中介效应与政治知识的边界效应——基于政治效能感与参与行为的机制研究》,《南京大学学报》(哲学·人文科学·社会科学) 2019 年第 3 期。

④ 陈升、卢雅灵:《社会资本、政治效能感与公众参与社会矛盾治理意愿——基于结构方程模型的实证研究》,《公共管理与政策评论》2021 年第 2 期。

⑤ Wan Calvin, Shen Geoffrey Qiping, Yu Ann, "Key Determinants of Willingness to Support Policy Measures on Recycling: A Case Study in Hong Kong", *Environmental Science & Policy*, Vol.54, December 2015.

⑥ 史卫民、郑建君:《中国公民的政策参与》, 载房宁《中国政治参与报告 (2012)》, 社会科学文献出版社 2012 年版, 第 13 页。

⑦ Bandura, A., "Self-Efficacy Mechanism in Human Agency", *American Psychologist*, Vol.37, No.2, 1982.

己带来期望的结果，即反应效能[①]。其中，自我效能感是阿尔伯特·班杜拉社会学习理论体系的一个核心内容，"它不是主体自我的一个稳定不变的属性，而是个体以自身为对象的思维（Self-referent Thought）的一种形式，是指个体在执行某一行为操作之前对自己能够在什么水平上完成该行为活动所具有的信念、判断或主体自我把握与感受"[②]。这种自我效能感来源于个体的经历和经验、他人的经验、他人的评价和劝说以及个体自身的状况等多种因素的共同影响。[③] 根据自我效能理论，"自我效能感能够左右或者决定个体对行为的决策，影响活动时的情绪"[④]。也就是说，"它直接影响到个体在执行这一活动的动力心理过程中的功能发挥，从而构成决定人类行为的一种内部原因"[⑤]。

根据个体在决定是否参与以及采取何种形式来参与时的常规化评估，在自我效能感之外，另一种常常被人们忽略但又实实在在影响到个体行为意向和行为实践的因素是人们对参与效果的预期——参与行为能否带来期望的效果，也就是上述所说的"反应效能"。在理论上，人类的行为活动除了受到基于以往经验认知的影响，还会在很大程度上受到对于该行为活动的预期结果的激励或约束。因此，可以说，"自我效能"和"反应效能"是对自身行动能力以及影响力的效果预期，二者共同"影响个体在活动中的努力程度，以及个体在活动当中面临困难、挫折、失败时对活动的持久力和耐力。特别是对那些富有挑战性的活动或任务而言，这种持久力和耐力是保证活动成功的必不可少的条件之一"[⑥]。

综合上述分析，具体到环境领域，参与治理的自我效能感或能力预

①   Ronald W.Rogers, "A Protection Motivation Theory of Fear Appeals and Attitude Change 1", The Journal of Psychology, Vol.91, No.1, 1975.

②   [美]阿尔伯特·班杜拉：《思想和行动的社会基础：社会认知论》，林颖、王小明、胡谊、庞维国译，华东师范大学出版社 2001 年版，第 553 页。

③   Bandura, A., "Self-Efficacy: Towards a Unifying Theory of Behavioral Change", *Psychological Review*, Vol.84, No.2, 1977.

④   王风华、高丽、潘洋洋：《顾客参与对顾客满意的影响研究——感知风险的中介作用和自我效能感的调节作用》，《财经问题研究》2017 年第 6 期。

⑤   高申春：《论自我效能感的主体作用机制》，《外国教育研究》1998 年第 6 期。

⑥   高申春：《论自我效能感的主体作用机制》，《外国教育研究》1998 年第 6 期。

期可以被理解为"人们相信他们可以在环境改进方面产生影响的程度，这既取决于他们的自身能力，也取决于个体所嵌入的环境中资源和机会的可用性"①。也就是说，公众参与环境治理的能力预期应当既包括个体对自己是否有能力完成某一环境行为、在什么水平上完成该行为等问题所具有的信念、判断和自我感受，也包括对理想上自己的参与行为是否能对该环境事务的处理产生预期效果、产生多大程度的效果等问题所具有的信念和主观感知。

根据上述内容，公众的环境行为可能会受到个体对自己是否有能力参与环境治理的主观判断的影响，即越相信自己有能力对环境保护施加某种程度的积极影响，越坚信这种参与会对政府环境治理效能形成一定的促进作用，就越有动力去践行对环境有益或友好的行为或者参与到公领域的环境治理实践当中来。也就是说，能力预期或自我效能感能够正向解释公众的政治参与表现或行为，因此极有可能是环境治理中公众参与行为的内生动力。在此意义上，曾有学者提出"多维提高公众环保参与的自我效能感是破除公众环保参与时空瓶颈的主要路径"②。考虑到后续对公众实际参与效能的测量与分析，为避免歧义，此后用能力预期来表示公众的自我效能感。

（二）制度供给与公众参与

公众参与的蓬勃发展得益于一系列因素的综合作用，这些因素既包括政策属性原因、公众在组织动员能力、资源禀赋以及社会关系网络等各方面的原因，也包括政治机会结构方面的原因，其中，政治机会结构是公众参与机会在政治生活中的聚合结构，在具体实践中又往往以制度供给的形式体现出来。具体到环境领域，有人将推动公众参与环境保护的前提条件概括为"公民环境权的法律确认""信息的透明公开""政府

---

① Wang Y., "Promoting Sustainable Consumption Behaviors: The Impacts of Environmental Attitudes and Governance in a Cross-national Context", *Environment and Behavior*, Vol.49, No.10, 2017.

② 任雪萍、张诗雨：《产业转移中提升公众环保参与的自我效能感研究》，《学术界》2019 年第5 期。

的鼓励”"司法救济权的完善"以及"社会组织的成熟"①等多个要素，其中前四个要素实际上便是制度性要素。

作为公众参与社会公共事务和公共治理的重要领域，环境治理与其他公共事务的治理有着内在的一致性，因而，公众在环境治理中的参与活动也与其他公共事务中的公众参与有着基本一致的内涵，即"作为一种制度化的公众参与民主制度，它应当是指公共权力在进行立法、制定公共政策、决定公共事务或进行公共治理时，由公共权力机构通过开放的途径从公众和利害相关的个人或组织获取信息、听取意见，并通过反馈互动对公共决策和治理行为产生影响的各种行为"②。鉴于此，可以认为，政治机会结构或制度供给对公众参与起着预设公共空间以及约束条件、搭建参与平台、提供参与渠道和途径等关键性作用，并制约着其他因素对于公众参与的作用效果。

在实践中，这些制度供给以"可以""有权""应当"等形式允许、鼓励、倡导和保障公众参与的权利，比如参与选举、参加政党、参与监督等；同时，也以各种具体参与机制的构建和参与渠道的完善等形式来为公众参与到各种公共事务当中提供法定的制度机会。不管是权利保障层面的还是实际操作层面的制度供给，对于公众参与而言都缺一不可。而在理论界，制度供给的内容也常常被认为是"政府质量"的核心要素，比如，有研究认为，"转型中国的政府质量指的是政府和社会之间围绕公共权力行使形成的互动关系与良好状态，包含代表性、公正性、回应性与廉洁性四个核心要素"③。"公众在参与过程中形成的对治理质量的主观评价，是政府质量不可或缺的测量评估维度"④，只有公众真实感受到政府质量带来的参与可能性和一定的效能预期，才可能积极参与到治理过程，才能形成政府与社会的良性互动。因此，在本书中，我们

---

① 虞伟:《中国环境保护公众参与：基于嘉兴模式的研究》，中国环境出版社 2015 年版，第 4 页。
② 虞伟:《中国环境保护公众参与：基于嘉兴模式的研究》，中国环境出版社 2015 年版，第 10 页。
③ 金炜玲、孟天广:《公众参与、政治价值观与公众感知的政府质量——基于 2015 年中国城市治理调查数据》，《中国社会科学院研究生院学报》2021 年第 1 期。
④ 金炜玲、孟天广:《公众参与、政治价值观与公众感知的政府质量——基于 2015 年中国城市治理调查数据》，《中国社会科学院研究生院学报》2021 年第 1 期。

关注制度供给对公众参与的影响，并以公众对政府质量（制度供给）的主观评价作为制度供给的测量标准。① 基于此，结合前述对公众参与的调查访谈，大部分人参与环境治理的活动都受到这样几个制度性要素的约束：

第一，政府信息是否公开透明。不管是在哪种类型的公共事务当中，公众有效参与治理的前提必然是享有充分的知情权，而实现知情权的重要途径是政府信息的公开透明。信息不对称会增加机会成本，降低参与积极性，一般而言，只有在比较充分地知悉有关信息的情况下，人们才可能针对性地参与到相应的公共事务治理当中来。环境问题及其治理不仅是一种生态政治问题，在很多时候也是一个技术性较强的问题，公众只有较为全面、准确地了解了有关信息，才能有效参与到环境治理过程当中。特别是，在面临关乎公共安全的环境突发事件时，公开、透明的信息发布，不仅有利于公众尤其是利益相关主体及时了解事件具体情况，知晓政府对此事的态度和采取的措施，还有利于舒缓公众的焦灼情绪，防止信息不对称导致的以讹传讹和事态蔓延。而且，由于政府信息的公开透明，公众也就更有可能就此向政府提供客观、真实的信息，从而促进政府及时采取更为有效的应对措施。

第二，公众意见诉求表达渠道是否畅通。权利的尊重、实现和救济不仅需要倚仗法律制度层面的保障，还需要倚靠具体的参与渠道，这是链接公共权力和公民权利的必要通道。通过这些制度化渠道，政府及相关部门向公众提供有关公共事务的政策部署、应对方案以及其他有关的信息，公众向政府及相关部门反映意见、表达诉求、提出建议，由此实现政府与公众之间的交流、沟通和互动。有效的交流、沟通和互动是提高政策或公共管理行为合法性与合理性，增强公众认可度和公众支持的必要前提。因此，在环境治理中，公众意见诉求的表达渠道是否畅通直接关系到信息的上传下达是否顺畅、公众的心声是否能及时被政府"听见"、公众是否能在政府环境政策和治理活动中得到应有的重视。

---

① 　不同于金炜玲、孟天广等人关注公众参与对政府质量的影响，此处反向进行探讨。

第三，政府对公众意见诉求的回应是否及时。在信息化时代，公众参与相比于传统社会更为便捷，因而对于效率的要求也越来越高。这驱动着各级政府应对公众的意见诉求予以及时回应逐渐成为现代服务型政府建设的内在要求。在理论上，政府回应得越及时，公众参与的积极性越高，而面对公众意见诉求倘若以敷衍、推诿、拖延等方式来应对，短期内会引起公众的重复投诉、心里怨怼等情绪，长此以往则会导致严重的政治冷漠，从而失去民众的心理认同和对于公共事务治理的民意支持。基于此，在对于环境问题的治理中，政府回应的及时性极有可能会对公众参与的积极性以及参与效能产生显著影响。

（三）政治信任与公众参与

特定情境之下，人们的行为意向与行为实践依赖于某种期望，通常认为，信任作为人们通过社会交往所形成的一种期望①，它可以弥补理性的缺失和信息的不完整，减少社会交往过程中的复杂性②，从而对公众的行为决策产生影响③。也就是说，"信任有助于唤起人们行动的积极性，导致积极的公民参与"④。由此可以推测，高度信任的社会关系是高效环境治理的前提和基础，可以减少环境治理中的非理性对抗行为，提高政府的绩效和治理水平⑤。而且，值得一提的是，信任作为能够降低信息成本的信息共享机制的基础性因素⑥，它是交往双方共同持有的、对于双方都不会利用对方之弱点的信心⑦。因此，信任是一种双向关系，而不是一方对另一方行为的单向相信，所以此处所涉及的信任，是政府和公众之

---

① Barber, B., *The Logic and Limits of Trust*, New Brunswick, NJ: Rutgers University Press, 1983, pp.1-25.

② 卢曼：《信任：一个社会复杂性的简化机制》，瞿铁鹏等译，上海世纪出版集团、上海人民出版社2005年版，第32页。

③ Deutsch, M., "Trust and Suspicion", *Journal of Conflict Resolution*, Vol.2, No.4, 1958.

④ 王宾新：《民主：在信任与不信任之间——兼论民主与信任的关系》，《云南行政学院学报》2007年第6期。

⑤ 彭小兵、谭志恒：《信任机制与环境群体性事件的合作治理》，《理论探讨》2017年第1期。

⑥ Richard Klein, "Customization and Real Time Information Access in Integrated eBusiness Supply Chain Relationships", *Journal of Operations Management*, Vol.25, No.6, 2007.

⑦ 郑也夫：《信任论》，中国广播电视出版社2001年版，第16—17页。

间的双向信任。

　　已有的研究认为，信任对于提升公众在环境治理中的参与意愿具有积极意义。如国外有学者基于对美国居民牺牲自身利益保护环境的行为分析，发现信任有助于公共物品供给①；还有学者发现农民与国家行政机关之间的信任与互惠有助于欧盟农业环境计划的推广实施②，这些研究从多方面和多角度证实了信任在环境治理中的作用。国内也有学者研究发现，人际信任和制度信任是影响农民参与环境治理意愿与决策行为的重要因素，而且，制度信任比人际信任具备更为稳定的影响力③；还有一些人认为多重信任因素对农民的环境治理参与意愿有显著的正向影响，其中，政府信任能够有效地调节公众风险感知与其参与邻避冲突意愿之间的关系④。

　　据此，可以初步断定信任对于公众环境治理参与意愿具有显著的正向影响，不过，它能否同样对公众的实际环境行为产生正向促进作用呢？对此，不同学者有不同的观点。一种观点认为，"公众面对风险时的反应受到他们对政府、市场信任程度的显著影响"⑤，较高的信任水平可以增加公众实际环保行动⑥。另一种观点则认为，信任因素和公众环境意识呈正相关，但是否会实际影响到公众行动并进而促进公众环境参与水平有待进一步验证⑦。要想将信任合作转化为公众的环境治理行为，还

---

①　Jeremiah Bohr., "Barriers to Environmental Sacrifice: The Interaction of Free Rider Fears with Education, Income and Ideology", *Sociological Spectrum*, Vol.34, No.4, 2014.

②　Jaroslav Prazan and Insa Theesfeld, "The Role of Agri-environmental Contracts in Saving Biodiversity in the Post-sociast Czech Republic", *International Journal of The Commons*, Vol.8, No.1, 2014.

③　何可、张俊飚、张露、吴雪莲：《人际信任、制度信任与农民环境治理参与意愿——以农业废弃物资源化为例》，《管理世界》2015年第5期；卢秋佳、徐龙顺、黄森慰等：《社会信任与农户参与环境治理意愿：以农村生活垃圾处理为例》，《资源开发与市场》2019年第5期。

④　汪红梅、惠涛、张倩：《信任和收入对农户参与村域环境治理的影响》，《西北农林科技大学学报》（社会科学版）2018年第5期；张郁：《公众风险感知、政府信任与环境类邻避设施冲突参与意向》，《行政论坛》2019年第4期。

⑤　龚文娟：《环境风险沟通中的公众参与和系统信任》，《社会学研究》2016年第3期。

⑥　张洪振、钊阳：《社会信任提升有益于公众参与环境保护吗：基于中国综合社会调查（CGSS）数据的实证研究》，《经济与管理研究》2019年第5期。

⑦　曹海林、赖慧苏：《公众环境参与：类型、研究议题及展望》，《中国人口·资源与环境》2021年第7期。

需要正式规范的调节，也就是说，信任作用的有效发挥需基于一定的规范约束①。还有研究表明，公众参与和社会资本一样，其实也是一种公共物品，同样存在"集体行动困境"，要想解决环境治理的"集体行动困境"，就必须要有信任和制度来起规范作用②。

（四）政治信任与制度供给

从已有的研究来看，信任与制度之间的相关性毋庸置疑，但是关于信任与制度到底是谁影响了谁，不同学者有不同的观点。

一种观点认为，制度是信任形成的重要因素，好的制度环境会有利于社会信任的形成。"在信任环境下，施信者给予受信者信任，从现实层面而言乃是给予了其某种行动'资源'，使得受信者的'行动能力'得到了显著的增强"③。这一点也得到了制度主义学派的认可，他们认为，"制度是各种规则和组织化惯例的一种相对持久的聚集，制度为社会人提供了一定的行为准则、交流情感的纽带和树立了一种对于合法秩序的信念"④，因此，它可以"促进信任，增强社会关系的秩序性和稳定性"⑤，而那些"设计合理、实施有效的制度则可以带来普遍的社会信任"⑥。换言之，"制度可以通过权力等强制性力量规范和约束他人的行动，降低由他人行动的不确定性所带来的信任风险，在给人们提供一定安全感的同时使得人们更加愿意付出信任"⑦。

另一种观点则认为，信任影响制度的产生和发展。弗雷德里奇·A.

---

① 张航、邢敏慧：《信任合作还是规范约束：谁更影响公众参与环境治理?》，《农林经济管理学报》2020 年第 2 期。

② 高勇：《参与行为与政府信任的关系模式研究》，《社会学研究》2014 年第 5 期。

③ ［美］詹姆斯·S. 科尔曼：《社会理论的基础（第二版）》，邓方译，社会科学文献出版社 1990 年版，第 226—227 页。

④ James G.March and Johan P.Olson, "The New Institutionalism: Organizational Factors in Political Life", *American Political Science Review*, Vol.78, No.3, 1984.

⑤ ［美］詹姆斯·马奇、［美］约翰·奥尔森、允和：《新制度主义详述》，《国外理论动态》2010 年第 7 期。

⑥ Offe, C., *How Can We Trust our Fellow Citizens?* In M.E.Warren（Ed.）, *Democracy and Trust*, Cambridge: Cambridge University Press, 1999, pp.42-87.

⑦ North, D., *Institutions, Institutional Change, and Economic Performance*, Cambridge: Cambridge University Press, 1990, pp.11-16.

哈耶克认为"维持社会秩序的制度属于一种规则系统，发芽并发展于社会文化和传统的结构系统之中"①，当个体的长期累积性经验不断发展并互相作用形成一种固定期望与行为模式时，制度就产生了。而"信任本质上其实是一种文化现象"②，作为一种文化价值，信任在正式制度建立之前就已经存在，并且潜移默化地演变成非正式社会制度或内化于正式制度之中。其实让－雅克·卢梭早在《社会契约论》中就指出，"要建立一个普遍参与的、自治的、民主的道德理想国需要建立信任，以克服各个民族之间的离心力"③，可见信任是民主制度建立的基石。

在理论上，代议制民主的前提是施信者基于信任契约，让渡自然权力给受信者④，因此，民主社会往往有着更高的社会信任度。正如有学者指出的，虽然"民主体制下社会信任度的确较高，但是，民主与信任相关并不意味着民主导致了信任，相关关系可能意味着是信任导致了民主"，并且指出，"也许只有那种假设制度带有倾向性的制度理论才能解释信任感的差异问题"⑤。也就是说，在信任与制度的关系中，有可能是信任促进制度供给，也有可能是制度供给强化政治信任。不过，无论怎样，二者通常都被认为对个体行为会产生显著的正向影响。

三　能力预期如何转化为有效的参与？

综上可见，对于能力预期、制度供给、政治信任，学界已有不少研究，但大多着眼于两两因素之间的关系，鲜有关于这些因素与公众参与之间多元关系的研究，也极少有学者去厘清能力预期、制度供给、政治信任之间的内在联系，以及三者如何共同影响公众参与实际效能问题。

基于已有文献关于公众参与行为影响因素的分析，以及上述以计划

---

①　Hayek F.A., *Individualism and Economic Order*, Chicago: The University of Chicago Press, 1948, pp.8-43.

②　胡宝荣：《国外信任研究范式：一个理论述评》，《学术论坛》2013 年第 12 期。

③　[法]卢梭：《社会契约论》，何兆武译，商务印书馆 1980 年版，第 59—62 页。

④　李猛：《通过契约建立国家：霍布斯契约国家论的基本结构》，《世界哲学》2013 年第 5 期。

⑤　王绍光、刘欣：《信任的基础：一种理性的解释》，《社会学研究》2002 年第 3 期。

行为理论和价值—信念—规范理论为基础对环境治理中公众参与问题的探讨，以下拟从能力预期[①]如何转化为有效的公众参与角度，将制度供给（严格来说，通过对受访者的调查所获关于制度供给的信息，更多是受访者感知到的制度供给情况）和政治信任纳入其中，来对环境治理公领域中公众参与效能的影响因素进行探讨。结合前述学者们的已有研究，接下来将从以下假设入手来展开分析：（1）公众参与环境治理的实际效能受到能力预期的影响；（2）在能力预期影响公众实际参与效能水平的过程中，政治信任或者制度供给起到中介作用；（3）在环境治理中，政治信任会强化公众对于环境治理制度供给的感知，即在二者合力作用于能力预期→参与效能的关系路径中，政治信任是公众对于制度供给评价的前置因素。主要变量、指标内容及其赋值情况如表4-28所示。

表 4-28 主要变量、具体指标及其赋值

变量	具体指标	指标（缩写）	赋值
能力预期	我的环保知识和技能不太充分	SE1	从完全不认同到完全认同，依次计为1—7分
	投入额外的时间、精力、金钱保护环境对我来说有点困难	SE2	
	我对我个人的环保行为能否对环境保护起到效果没有信心	SE3	
政治信任	政府不信任公众，不太愿意公众过多参与环境治理	PT1	从完全不认同到完全认同，依次计为1—7分
	在环境治理中公众不信任政府，只说不做，不太符合期望	PT2	
	在表达环境意见诉求时我会有所顾虑	PT3	
制度供给	环境方面的信息存在不公开透明的问题	IS1	从完全不认同到完全认同，依次计为1—7分
	向政府表达环境诉求的渠道不太畅通	IS2	
	政府回应公众环保意见诉求的行为存在敷衍、推诿、拖延等现象	IS3	

---

① 公众的能力预期与感知行为控制在条目上存在一定的重合性，为便于分析，此处以"能力预期"命名，主要涉及公众对参与环境治理的能力和效果的预期判断等因素。

续表

变量	具体指标	指标（缩写）	赋值
参与效能	公众意见反馈没有对环境治理起到足够大的影响	E1	从完全不认同到完全认同，依次计为1—7分
	公众角色大多停留在被动接受环保知识宣传层面	E2	
	公众参与形式主要是污染后的诉求表达，对环境决策影响有限	E3	

为确保研究结果的准确性，在分析环境治理公众参与及其效能的影响因素之前，同样需要先对主要变量（潜变量）的观测模型进行拟合度评估。但由于部分维度的测量指标只有三个，属于讯息恰好辨识的情况，因此，部分拟合度指标难以呈现，所以，在此处本研究通过各维度的因子载荷来进行检验。如表 4-29 所示，各个维度变量所对应指标的因子载荷都在 0.7 以上，因此指标选择较好。

表 4-29　　　　　　各维度因子载荷及描述性统计

变量	指标（缩写）	Estimate 因子载荷	平均值	标准差
能力预期	SE1	0.800	4.469	1.658
	SE2	0.827		
	SE3	0.721		
政治信任	PT1	0.600	5.094	1.643
	PT2	0.822		
	PT3	0.717		
制度供给	IS1	0.784	5.402	1.520
	IS2	0.762		
	IS3	0.772		
参与效能	E1	0.712	5.736	1.320
	E2	0.798		
	E3	0.851		

注：各指标（缩写）对应的具体内容及其赋值见表 4-28。

为确保问卷内容的内部一致性和测量结果的准确性，在进行了上述评估之后，需作进一步的信度和效度检验。结果如表 4-30 所示，在信度上，经检验，能力预期、政治信任、制度供给以及参与效能的 Cronbach α 系数值分别为 0.752、0.816、0.831、0.820。这表明，本部分涉及的这些变量所对应指标的信度良好，指标内部具有比较好的一致性、稳定性和可靠性。而且，根据各个变量之间的相关系数，可以发现在环境治理中，公众的能力预期、政治信任、制度供给、实际参与效能之间的相关系数都通过了显著性检验（在 1% 的显著性水平上），而且系数都为正，这表明上述几个变量之间呈现显著的正相关关系。

表 4-30　　　　　　　主要变量的相关系数及 Cronbach α 值

变量	能力预期	政治信任	制度供给	参与效能	Cronbach α
能力预期	0.784				0.752
政治信任	0.459**	0.789			0.816
制度供给	0.373**	0.897**	0.773		0.831
参与效能	0.263**	0.576**	0.678**	0.719	0.820

注：对角线粗体字为 AVE 之开根号值；下三角为皮尔逊相关系数；** 表示在 0.01 水平（双侧）显著相关。

关于上述变量所涉问卷内容的效度，在区分效度方面，根据表 4-30 可知，绝大部分维度平均方差抽取量 AVE 的开平方值大于与其余维度之间的相关系数（且各变量与其他变量的相关系数也基本上低于其 Cronbach α 值），因此各维度之间具有一定的区别效度。在收敛效度方面，从表 4-31 的指标情况来看，本部分的研究所涉及变量——能力预期（CR=0.827, AVE=0.615）、政治信任（CR=0.831, AVE=0.623）、制度供给（CR=0.816, AVE=0.597）和实际参与效能（CR=0.759, AVE=0.517）——的组合信度 CR 和平均方差抽取量 AVE 皆符合常规要求，说明各维度变量内部的收敛效果较好。

表 4-31　　　　　　　　　**主要变量的参数检验、信度和效度**

变量及指标（缩写）		参数显著性估计				收敛效度			
		Unstd.	S.E.	T-value	P	Std.	SMC	CR	AVE
能力预期	SE1	1				0.8	0.640	0.827	0.615
	SE2	0.964	0.039	24.49	***	0.827	0.684		
	SE3	0.882	0.044	20.193	***	0.721	0.520		
政治信任	PT1	1				0.712	0.507	0.831	0.623
	PT2	1.207	0.058	20.736	***	0.798	0.637		
	PT3	1.363	0.065	21.1	***	0.851	0.724		
制度供给	IS1	1				0.784	0.615	0.816	0.597
	IS2	0.919	0.047	19.482	***	0.762	0.581		
	IS3	0.971	0.048	20.089	***	0.772	0.596		
参与效能	E1	1				0.6	0.360	0.759	0.517
	E2	1.487	0.105	14.13	***	0.822	0.676		
	E3	1.38	0.099	13.969	***	0.717	0.514		

注：指标（缩写）对应的具体内容及其赋值见表 4-28。Unstd. 为非标准化系数；S.E. 为标准误；T-value 为 T 值；Std. 为标准化系数；SMC 为平方多重相关性；CR 为组合信度；AVE 为平均方差抽取量。

　　为进一步分析公众在环境领域的参与效能的影响因素或者说生成机理，此处通过结构方程模型来对前述假设（即公众参与环境治理的实际效能受到能力预期的影响；在能力预期影响公众参与效能的过程中，政治信任或制度供给起到中介作用；在二者合力作用于能力预期→参与效能的关系路径中，政治信任是公众对于制度供给评价的前置因素）予以验证。为确保模型有效进而使得研究结论更为科学合理，本研究先对结构方程模型的拟合度进行检验，具体的参数指标与前述一致。具体结果如表 4-32 所示，除 x^2/df 的值在可接受范围之外，其他参数都符合建议标准 [x^2/df=4.236，GFI、AGFI、RMSEA、SRMR、CFI 以及 TLI（NNFI）分别为 0.955、0.928、0.065、0.0405、0.964、0.950]。因此，总体来看，该假设模型的拟合度比较好。而且，根据 R^2 来看，在环境治理公领域中，能力预期、制度供给、政治信任等变量能够解释接近一半（$R^2=0.466$）的公众参与效能，因此具有较好的解释效力。

表 4-32　　　　　　　公众参与效能影响因素的模型拟合度指标

指标	判断标准	模型拟合度
x^2/df	<3（或者 3—5）	4.236
GFI	>0.9	0.955
AGFI	>0.9	0.928
RMSEA	<0.08	0.065
SRMR	<0.08	0.0405
CFI	>0.9	0.964
TLI（NNFI）	>0.9	0.950

注：x^2/df 为卡方与自由度之比；GFI 为拟合优度指数；AGFI 为调整的拟合优度指数；RMSEA 为近似误差均方根；SRMR 为标准化残差均方根；CFI 为比较拟合指数；TLI 为相对拟合指数。

　　基于此，可以认为，本部分的总体框架在理论上是成立的，可以进入下一步的具体假设检验。经检验，各个变量之间的路径系数及其显著性结果如表 4-33 所示。从路径系数以及相关的指标来看，在环境治理公领域，公众的能力预期对政治信任存在显著性影响（P<0.001，β=0.459），政治信任显著影响其对制度供给的感知（P<0.001，β=0.920），制度供给又显著影响其实际参与效能（P<0.001，β=0.833）。但是，公众的能力预期对于感知到的制度供给的影响（P>0.05，β=-0.049）、对实际参与效能的影响（P>0.05，β=0.04）以及政治信任对参与效能的影响（P>0.05，β=0.189）都没有通过显著性检验。也就是说，公众关于参与环境治理的能力预期对其实际参与效能的直接效应并不显著，参与环境治理的良好主观能力判断和效能预期并不能转化为有效的公众参与，二者之间的关系路径需要借助制度供给和政治信任的合力作用才能成立。

表 4-33 公众参与效能影响因素的路径检验

路径假设	非标准化系数	标准化系数	S.E.	C.R.	检验结果
能力预期→政治信任	0.646***	0.459***	0.069	9.316	支持
能力预期→制度供给	−0.051	−0.049	0.038	−1.341	否定
政治信任→制度供给	0.678***	0.920***	0.039	17.244	支持
制度供给→参与效能	0.885***	0.833***	0.152	5.838	支持
能力预期→参与效能	0.044	0.040	0.052	0.852	否定
政治信任→参与效能	−0.149	−0.189	0.115	−1.292	否定

注：S.E. 为标准误；C.R. 为 Z 值；*** 表示 P<0.001，即路径系数在 0.001 的水平上通过了显著性检验。

为进一步检验在环境治理领域，公众对于参与治理的能力预期、政治信任、制度供给和实际参与效能等各个因素之间的相互关系及其作用机理，笔者利用 Amos 软件进行中介效应分析，其中，Bootstrap 抽样数设定为 5000 次，置信区间的置信度水平设置为 95%。中介效应的具体检验结果见表 4-34。

表 4-34 中介效应估计及检验结果

路径假设	非标准化效应值	标准化效应值	Boot SE（标准化）	Boot LLCI（标准化）	Boot ULCI（标准化）
能力预期→政治信任→参与效能	−0.096	−0.087	0.097	−0.296	0.071
能力预期→制度供给→参与效能	0.008	−0.041	0.035	−0.119	0.019
能力预期→政治信任→制度供给→参与效能	0.388	0.351	0.099	0.210	0.589

在环境治理公领域，公众的能力预期→政治信任→制度供给→参与效能的标准化效应值为 0.351，偏差校正的 CI 为 [0.210，0.589]，置信区间不包含 0，说明该路径通过了显著性检验，因此验证了此前的假设，即公众参与环境治理的能力预期通过政治信任和制度供给的合力作用共同促进其实际参与效能，而且，能力预期、政治信任、制度供给以

因果链条的形式渐次作用于参与效能。但是，能力预期→政治信任→参与效能（CI 为 [−0.296，0.071]）以及能力预期→制度供给→参与效能（CI 为 [−0.119，0.019]）这两条假设路径的偏差校正的 CI 置信区间都包含 0，意味着二者皆没有通过显著性检验。也就是说，基于现有调查数据，公众的能力预期通过政治信任或制度供给来影响其参与环境治理效能的路径假设都不显著，但是，政治信任与制度供给却能够同时起作用，共同在公众参与环境治理的能力预期与其参与效能之间起中介效果，而且，从检验结果来看，政治信任为制度供给的前置要素，二者以链式中介的形式发挥作用。

第三节　环境治理参与效能的群体差异及其影响因素

公众在很多时候是一个集合性概念，但是，在其中有各种类型的个体或群体，这些不同个体或群体在行为方式及行为效果上极有可能存在不同程度的差异，而导致这些行为方式及行为效果差异的原因既可能具有共通性，也可能是特殊的。换句话说，公众在一些场合是同质的，但在更多场合是异质性的，这种异质性使得对于其行为的分析也应当充分考虑到共通性因素之外的内容。因此，后文将对公众这一看似同质的主体加以区分，从不同群体的差异角度来探讨影响公众在环境治理中参与行为及效能的因素。

对于环境保护的私领域，本研究主要按照前述综合分析的计划行为理论和价值—信念—规范模型尤其前者的基本假设，并结合对理论模型的一定程度的修正，来分析探讨公众的环境行为及其影响因素；对于环境治理公领域的不同群体的参与，本研究则主要根据能力预期、政治信任、制度供给和参与效能之间的前述路径结果来展开讨论。

一　基于职业身份差异的分析

为进一步分析不同职业身份公众的环境行为在私领域的影响因素所存在的差异，此处通过多群组结构方程模型来对系列假设（具体路径假设见表4-36）予以验证。为确保模型有效进而使研究结论更为科学合理，本研究先对结构方程模型的拟合度进行检验，具体的参数指标与前述一致。具体结果如表4-35所示，x^2/df 为2.356，GFI、AGFI、CFI以及TLI（NNFI）分别为0.864、0.803、0.895和0.867，RMSEA为0.042，总体来看，该模型的拟合度指标基本都接近建议值的要求，多群组结构方程模型与观察数据能够较好地契合。

表 4-35　　　　基于职业身份差异的模型拟合度指标（私领域）

指标	判断标准	模型拟合度
x^2/df	<3（或者3—5）	2.356
GFI	>0.9	0.864
AGFI	>0.9	0.803
RMSEA	<0.08	0.042
SRMR	<0.08	–
CFI	>0.9	0.895
TLI（NNFI）	>0.9	0.867

注：x^2/df 为卡方与自由度之比；GFI为拟合优度指数；AGFI为调整的拟合优度指数；RMSEA为近似误差均方根；SRMR为标准化残差均方根；CFI为比较拟合指数；TLI为相对拟合指数。

多群组分析结果（见表4-36）表明，在感知行为控制影响行为意向的路径中，学生、在工作的人、家庭主妇/夫、离退休人员以及其他人群影响都不显著，说明感知行为控制对行为意向的影响并不受到职业身份的影响。在行为态度影响行为意向的路径中，仅有在工作的人群影响显著（P<0.001，β=0.546）。在主观规范影响行为意向的路径中，学生

公众参与环境治理的理论与实践

人群（P<0.001，β=0.824）、在工作的人群（P<0.001，β=0.430）以及家庭主妇/夫的影响都显著（P<0.01，β=0.800），而离退休人员和其他人员影响不显著，这说明相较于离退休人员而言，学生、在工作的人和家庭主妇/夫的环境行为更容易受到周围环境和人群的影响。

在行为意向影响环境行为的路径中，学生、在工作的人、家庭主妇/夫、离退休人员和其他人群的影响皆显著，其中离退休人员影响系数最高（β=1.185），这说明行为意向对环境行为的影响也不受职业身份的影响，且在不同职业身份的人群中，离退休人员的环境友好意向对其环境行为的影响最大，其他人员在私领域的环境行为可能受到一定其他因素的影响，而离退休人员则更多地由其行为意向支配。在感知行为控制影响公众环境行为的路径中，仅有在工作的人显著（P<0.05，β=0.121），这可能是因为相较于其他人群而言，在工作的人在环境行为实践中感知到的行为控制比如资源、时间、金钱等约束更明显。

表 4-36　　基于职业身份差异的多群组路径检验（私领域）

路径假设	学生 标准化系数（S.E.）	在工作的人 标准化系数（S.E.）	家庭主妇/夫 标准化系数（S.E.）	离退休人员 标准化系数（S.E.）	其他 标准化系数（S.E.）
感知行为控制→行为意向	−0.059（0.091）	−0.03（0.035）	−0.092（0.097）	−3.362（3.827）	0.019（0.13）
行为态度→行为意向	0.12（0.16）	0.546***（0.109）	0.227（0.216）	−8.663（9.762）	−0.326（0.651）
主观规范→行为意向	0.824***（0.198）	0.430***（0.066）	0.800**（0.260）	12.42（9.53）	1.226（0.839）
行为意向→环境行为	0.701***（0.08）	0.610***（0.053）	0.834***（0.147）	1.185***（0.455）	0.979***（0.131）
感知行为控制→环境行为	0.09（0.101）	0.121*（0.049）	−0.014（0.137）	−0.187（0.399）	0.093（0.105）

注：*** 表示 P<0.001，** 表示 P<0.01，* 表示 P<0.05。

在环境治理公领域，不同职业身份的公众在参与效能的影响因素方面是否存在显著差异呢？此处依然通过多群组结构方程模型来对系列假设（具体见表4-38）予以验证。为确保模型的有效、结论的科学合理性，本研究先对模型的拟合度进行检验。具体结果如表 4-37 所示，模型的各项拟合度指标均符合建议的标准 [x^2/df=2.303，GFI=0.901、AGFI=0. 840、RMSEA=0.041、SRMR=0. 0655、CFI=0.931 以及 TLI（NNFI）=0.905]，因此，可以认为，多群组结构方程模型与观察数据具有较好的契合度。

表 4-37　　　　基于职业身份差异的模型拟合度指标（公领域）

指标	判断标准	模型拟合度
x^2/df	<3（或者 3—5）	2.303
GFI	>0.9	0.901
AGFI	>0.9	0. 840
RMSEA	<0.08	0.041
SRMR	<0.08	0.0655
CFI	>0.9	0.931
TLI（NNFI）	>0.9	0.905

注：x^2/df 为卡方与自由度之比；GFI 为拟合优度指数；AGFI 为调整的拟合优度指数；RMSEA 为近似误差均方根；SRMR 为标准化残差均方根；CFI 为比较拟合指数；TLI 为相对拟合指数。

多群组结构方程模型路径检验结果（见表 4-38）表明，在能力预期影响政治信任的路径中，学生（P<0.01，β=0.403）、在工作的人（P<0.001，β=0.427）、离退休人员（P<0.001，β=0.865）以及其他人群影响显著（P<0.001，β=0.645），而家庭主妇/夫群体的影响没有通过显著性检验，也就是说，对于家庭主妇/夫而言，能力预期与政治信任之间没有显著的因果关系。在能力预期影响制度供给的路径中，不管是哪类身份的受访者，其能力预期对于制度供给都不存在显著影响。在政治信任影响制度供给的路径中，学生人群（P<0.001，β=0.868）、在工作的人（P<0.001，β=0.915）、家庭主妇/夫（P<0.001，β=0.952），以及其他人群影响显著（P<0.001，β=0.757），而离退休人员在这一路径则不显著。

表 4-38　　基于职业身份差异的多群组路径检验（公领域）

路径假设	学生 标准化系数（S.E.）	在工作的人 标准化系数（S.E.）	家庭主妇/夫 标准化系数（S.E.）	离退休人员 标准化系数（S.E.）	其他 标准化系数（S.E.）
能力预期→政治信任	0.403** (0.171)	0.427*** (0.09)	0.233 (0.202)	0.865*** (0.31)	0.645*** (0.163)
能力预期→制度供给	−0.056 (0.103)	−0.003 (0.038)	−0.140 (0.099)	−0.283 (0.906)	0.052 (0.164)
政治信任→制度供给	0.868*** (0.115)	0.915*** (0.043)	0.952*** (0.137)	1.123 (0.782)	0.757*** (0.178)
制度供给→参与效能	0.757** (0.277)	0.670*** (0.203)	0.498 (0.627)	0.248 (0.566)	1.027** (0.431)
能力预期→参与效能	0.091 (0.135)	−0.022 (0.055)	0.229 (0.189)	0.057 (0.762)	−0.04 (0.184)
政治信任→参与效能	−0.153 (0.256)	−0.045 (0.128)	0.107 (0.508)	0.629 (1.198)	−0.211 (0.332)

注：*** 表示 P<0.001，** 表示 P<0.01，* 表示 P<0.05。

在制度供给影响参与效能的路径中，对于学生人群（P<0.01，β=0.757）、在工作的人群（P<0.001，β=0.670），以及其他人群（P<0.01，β=1.027）而言，该路径皆通过了显著性检验，而家庭主妇/夫与离退休人员在这一影响路径则不显著。在能力预期影响公众参与环境治理效能，以及政治信任影响公众参与效能的路径中，所有人群都不显著。这意味着，不管是哪个职业或身份的群体，其能力预期都没有对参与环境治理的效能产生显著影响。同样，根据分析结果，环境治理中公众的政治信任度也未对其参与环境治理的实际效能形成显著影响。

二　基于婚育情况差异的分析

"在任何时候，每一代既是受后代委托而保管地球的保管人或受托人，也是这种行为结果的受益人。这就赋予我们保护地球的责任，以及某种利用地球的权利。"[①] 基于此理念，有理由相信，由于涉及对后代的

① Edith Brown Weiss, "In Fairness to Future Generations", *Environment: Science and Policy for Sustainable Development*, Vol.32, No.3, 1990.

关注和爱护，因此，婚姻和生育状况极有可能会影响人们参与环境治理的行为及其有效程度。那么，婚育状况的差异是否真的会导致公众参与环境治理效能的显著差异呢？同样，问题的检验将从环境治理的私领域和公领域分别进行。

在私领域，为探讨不同婚育状况下公众的环境行为的影响因素是否存在差异，此处同样通过多群组结构方程模型（具体路径假设见表4-40）来予以检验。为确保模型的有效性和研究结论的科学合理性，本研究先对结构方程模型的拟合度进行检验，具体的参数指标与前述一致。婚姻状况多群组分析模型拟合度结果具体如表4-39所示，x^2/df=2.922，GFI、AGFI、RMSEA、SRMR、CFI 以及 TLI（NNFI）分别为 0.923、0.889（尚可）、0.050、0.0481、0.940、0.924。生育状况多群组分析模型拟合度的具体指数为，x^2/df=3.074（在可接受范围），GFI、AGFI、RMSEA、SRMR、CFI 以及 TLI（NNFI）分别为 0.921、0.886（尚可）、0.052、0.0549、0.936、0.919。总体来看，上述两个维度的拟合度指标基本上都符合或接近建议值的要求，也就是说，多群组结构方程模型与观察数据能够较好地契合。

表 4-39　　　　基于婚育情况差异的模型拟合度指标（私领域）

指标	判断标准	模型拟合度（婚）	模型拟合度（育）
x^2/df	<3（或者 3—5）	2.922	3.074
GFI	>0.9	0.923	0.921
AGFI	>0.9	0.889	0.886
RMSEA	<0.08	0.050	0.052
SRMR	<0.08	0.0481	0.0549
CFI	>0.9	0.940	0.936
TLI（NNFI）	>0.9	0.924	0.919

注：$x2/df$ 为卡方与自由度之比；GFI 为拟合优度指数；AGFI 为调整的拟合优度指数；RMSEA 为近似误差均方根；SRMR 为标准化残差均方根；CFI 为比较拟合指数；TLI 为相对拟合指数。

多群组分析结果（见表 4-40）表明，在感知行为控制影响行为意向的路径中，已婚、未婚、已育（包括孕期）和未育人群影响都不显著。说明感知行为控制对受访者环境行为意向的影响并不因婚姻和生育情况的差异而有明显不同。在公众行为态度影响其环境行为意向的路径中，已婚人群（P<0.001，β=0.300）、未婚人群（P<0.001，β=0.342）和已育（包括孕期）人群影响显著（P<0.001，β=0.607），仅有未育人群影响不显著。这说明婚姻状况不会改变公众环境行为态度对其行为意向的影响，不管是已婚还是未婚，人们的环境行为意向都受到其对于环境态度的正向作用，而生育状况的差异则会对行为态度→行为意向的作用路径产生差异化影响。在主观规范影响环境行为意向的路径中，已婚、未婚、已育（包括孕期）和未育人群在该条路径假设都通过了显著性检验（P<0.001）。这表明，主观规范对于受访者环境行为意向的影响不因婚姻和生育情况不同而呈现明显差异化特征，不管是已婚还是未婚、已育还是未育，主观规范对于受访者的环境行为意向都有显著的正向促进作用，即人们对待环境的行为意向普遍受到社会和周围人群施加于个体而形成的主观规范的影响。

表 4-40 　　　　基于婚育情况差异的多群组路径检验（私领域）

路径假设	已婚	未婚	已育（包括孕期）	未育
	标准化系数（S.E.）	标准化系数（S.E.）	标准化系数（S.E.）	标准化系数（S.E.）
感知行为控制→行为意向	-0.031（0.035）	-0.062（0.063）	-0.022（0.035）	-0.046（0.057）
行为态度→行为意向	0.300***（0.116）	0.342***（0.087）	0.607***（0.124）	0.166（0.096）
主观规范→行为意向	0.670***（0.097）	0.604***（0.104）	0.349***（0.09）	0.803***（0.13）
行为意向→环境行为	0.741***（0.048）	0.823***（0.076）	0.721***（0.05）	0.825***（0.07）
感知行为控制→环境行为	0.113**（0.049）	0.104（0.078）	0.093*（0.052）	0.142*（0.066）

注：*** 表示 P<0.001，** 表示 P<0.01，* 表示 P<0.05。

在理论上，在公众行为意向影响其环境行为的路径中，已婚、未婚、已育（包括孕期）和未育人群的影响也都通过了显著性检验（P值

均小于 0.001 ）。这意味着人们的环境行为意向对其环境行为实践的影响
并不受婚姻和生育情况差异的影响。换言之，不管是已婚还是未婚、已
育还是未育，从受访者的信息反馈来看，人们的环境行为意向普遍对其
环境行为实践具有显著的正向促进作用。在感知行为控制影响公众环境
行为的路径中，已婚人群（P<0.01，系数为 0.113）、已育（包括孕期）
人群（P<0.05，系数为 0.093），以及未育人群显著（P<0.05，系数为
0.142），仅有未婚人群不显著。这意味着，与行为意向→环境行为的作
用路径不同，婚姻状况会改变公众感知行为控制对其实际环境行为的影
响，而生育状况则不会对感知行为控制→环境行为的关系路径产生显著
的差异性影响。

在公领域，为进一步探究不同婚育情况下公众参与的环境治理效能
的影响因素是否存在差异，本研究同样通过多群组结构方程模型（具体
路径假设见表 4-42 ）来进行验证。为确保模型有效进而使得研究结论
更为科学合理，此处先进行模型的拟合度检验，具体的参数指标与前述
一致。具体结果见表 4-41：婚姻状况群组模型的 x^2/df 为 3.092，GFI、
AGFI、RMSEA、SRMR、CFI 以及 TLI（NNFI）分别为 0.939、0.900、
0.052、0.0434、0.954、0.936；生育状况群组模型的 x^2/df 为 2.954，
GFI、AGFI、RMSEA、SRMR、CFI 以及 TLI（NNFI）分别为 0.940、
0.903、0.050、0.0456、0.956、0.940。总体来看，婚姻和生育群组模型
的拟合度指标基本上都符合建议值的要求，多群组结构方程模型与观察
数据能够较好地契合。

表 4-41　　　基于婚育情况差异的模型拟合度指标（公领域）

指标	判断标准	模型拟合度（婚）	模型拟合度（育）
x^2/df	<3（或者 3—5）	3.092	2.954
GFI	>0.9	0.939	0.940
AGFI	>0.9	0.900	0.903
RMSEA	<0.08	0.052	0.050
SRMR	<0.08	0.0434	0.0456

续表

指标	判断标准	模型拟合度（婚）	模型拟合度（育）
CFI	>0.9	0.954	0.956
TLI（NNFI）	>0.9	0.936	0.940

注：x^2/df 为卡方与自由度之比；GFI 为拟合优度指数；AGFI 为调整的拟合优度指数；RMSEA 为近似误差均方根；SRMR 为标准化残差均方根；CFI 为比较拟合指数；TLI 为相对拟合指数。

多群组结构方程模型路径检验结果（见表 4-42）表明，婚姻和生育情况的不同并没有对能力预期→政治信任的关系路径产生差异化的影响，不管是已婚还是未婚、已育还是未育，人们在环境治理中的政治信任均受到其能力预期的显著正向影响（P 值均小于 0.001）。与之相似，在政治信任影响制度供给的路径中，所有人群的影响路径都通过了显著性检验（P 值均小于 0.001），即婚姻和生育情况的不同并没有对政治信任→制度供给的关系路径造成差异化的影响，不管是已婚还是未婚、已育还是未育，人们对于环境治理制度供给的感知都受到制度信任的正向影响。在制度供给影响实际参与效能的路径关系中，所有人群在该路径假设都通过了显著性检验。不过，已婚和已育群体的显著性程度（在 0.001 的水平上显著）均高于未婚和未育群体（在 0.01 的水平上显著）。这意味着，不管是已婚还是未婚、已育还是未育，人们参与环境治理的实际效能均受到制度供给的正向影响，但这种影响程度在婚姻和生育情况不同时具有一定差异，对于已婚和已育群体而言，这一作用路径更为显著。

表 4-42 　基于婚育情况差异的多群组路径检验（公领域）

路径假设	已婚 标准化系数（S.E.）	未婚 标准化系数（S.E.）	已育（包括孕期） 标准化系数（S.E.）	未育 标准化系数（S.E.）
能力预期→政治信任	0.434***（0.084）	0.489***（0.125）	0.433***（0.088）	0.477***（0.111）
能力预期→制度供给	−0.031（0.044）	−0.083（0.077）	−0.018（0.046）	−0.126（0.067）
政治信任→制度供给	0.906***（0.045）	0.939***（0.079）	0.889***（0.048）	0.982***（0.07）

续表

路径假设	已婚	未婚	已育（包括孕期）	未育
	标准化系数（S.E.）	标准化系数（S.E.）	标准化系数（S.E.）	标准化系数（S.E.）
制度供给→参与效能	0.892*** （0.184）	0.697** （0.258）	0.863*** （0.168）	0.838** （0.345）
能力预期→参与效能	0.034（0.061）	0.030（0.097）	0.055（0.061）	0.000（0.103）
政治信任→参与效能	−0.22（0.134）	−0.104（0.211）	−0.185（0.121）	−0.258（0.284）

注：*** 表示 P<0.001，** 表示 P<0.01，* 表示 P<0.05。

与上述情况截然不同的是，能力预期→制度供给、能力预期→参与效能以及政治信任→参与效能的路径假设，在所有婚姻和生育情况下均未通过显著性检验。这意味着，从当前数据资料来看，人们的能力预期对于制度供给和参与效能的影响，以及政治信任对参与效能的影响都不显著，且并不因其婚姻和生育状况而有所改变。不管是已婚还是未婚、已育还是未育，人们在环境治理中的能力预期对于其关于环境治理的制度供给的感知状况和参与效能的影响皆不显著，其所持政治信任情况也未显著影响参与环境治理的实际效能。

三　基于受教育程度差异的分析

一般情况下，受教育程度越高，人们的知识素养和权利意识越高，越有可能参与公共事务的治理，相应的，其参与效能也会相对更高。那么，事实究竟是否如此，公众参与环境治理效能的影响因素及其作用机理，会因为受教育程度的差异而有所改变吗？针对这一问题，以下遵循一致的思路，分别从环境治理的私领域和公领域，通过多群组结构方程模型来进行分析。

在环境治理私领域，以计划行为理论的基本假设为基础（具体路径假设见表 4-44），此处先对模型的拟合度进行检验，具体的参数指标与前述一致。多群组分析模型拟合度的结果如表 4-43 所示：$x^2/\mathrm{df}=2.358$，GFI、AGFI、RMSEA、SRMR、CFI 以及 TLI（NNFI）分别为 0.865、

0.805、0.042、0.0742、0.901、0.875。总体来看，模型的拟合度指标大部分都符合或接近建议值的要求，因此，可以认为多群组结构方程模型与观察数据的契合度在可接受范围内。

表 4-43　　基于受教育程度差异的模型拟合度指标（私领域）

指标	判断标准	模型拟合度
x^2/df	<3（或者 3—5）	2.358
GFI	>0.9	0.865
AGFI	>0.9	0.805
RMSEA	<0.08	0.042
SRMR	<0.08	0.0742
CFI	>0.9	0.901
TLI（NNFI）	>0.9	0.875

注：x^2/df 为卡方与自由度之比；GFI 为拟合优度指数；AGFI 为调整的拟合优度指数；RMSEA 为近似误差均方根；SRMR 为标准化残差均方根；CFI 为比较拟合指数；TLI 为相对拟合指数。

多群组分析结果（见表 4-44）表明，在感知行为控制影响环境行为意向的路径中，各个层次受教育程度的人群的差异性影响都不显著（均未通过显著性检验）。这表明，感知行为控制→行为意向这条作用路径并不因受教育程度的差异而出现明显的差异化特征。不管受教育程度如何，受访者的感知行为控制对其环境行为意向均未产生显著影响。在行为态度影响环境行为意向的路径中，除初中及以下学历人群外，受教育程度为高中（$P<0.05$，$\beta=0.332$）、大专（$P<0.05$，$\beta=0.936$）、本科（$P<0.001$，$\beta=0.308$）、硕士及以上（$P<0.01$，$\beta=0.455$）的人群在该条作用路径都通过了显著性检验。这说明，在环境私领域，受教育程度的差异会使得行为态度→行为意向的关系路径发生变化，在接受了一定的教育之后，人们会更加相信自己、坚定自己的想法，而与环境相关的行为意向更容易受到其关于环境行为的态度的影响。在主观规范影响公众环境行为意向的路径中，除大专学历之外，受教育程度为初中及以下

（P<0.01，β=1.422）、高中（P<0.001，β=0.647）、本科（P<0.001，β=0.654）以及硕士及以上（P<0.01，β=0.482）的人群在该条作用路径都显著。也就是说，除了大专这一例外情形，受访者的环境行为意向皆受到其主观规范的不同程度的影响。

表4-44　　基于受教育程度差异的多群组路径检验（私领域）

路径假设	初中及以下	高中	大专	本科	硕士及以上
	标准化系数（S.E.）	标准化系数（S.E.）	标准化系数（S.E.）	标准化系数（S.E.）	标准化系数（S.E）
感知行为控制→行为意向	−0.077（0.107）	0.017（0.058）	−0.066（0.060）	−0.047（0.057）	−0.011（0.107）
行为态度→行为意向	−0.453（0.696）	0.332*（0.102）	0.936*（0.370）	0.308***（0.122）	0.455**（0.234）
主观规范→行为意向	1.422**（0.62）	0.647***（0.126）	−0.055（0.363）	0.654***（0.083）	0.482**（0.197）
行为意向→环境行为	0.774***（0.106）	0.833***（0.134）	0.747***（0.114）	0.657***（0.052）	0.932***（0.139）
感知行为控制→环境行为	0.160（0.098）	0.039（0.081）	0.077（0.092）	0.069（0.070）	0.134（0.119）

注：*** 表示 P<0.001，** 表示 P<0.01，* 表示 P<0.05。

在感知行为控制影响公众实际环境行为的路径中，初中及以下、高中、大专、本科、硕士及以上人群在该路径假设均未通过显著性检验。这表明，感知行为控制→环境行为的作用路径并不因受教育程度的差异而改变，不管受教育程度如何，受访者的感知行为控制对其环境行为实践均未产生显著影响。与之不同的是，在环境行为意向影响环境行为的路径中，各种受教育程度的受访者在该条路径假设均通过了显著性检验（P值均小于0.001）。这说明人们的环境行为意向对其环境行为的影响并不因受教育程度的差异而呈现明显的差异化特征，而且，不管是接受了何种程度的教育，从受访者的信息反馈来看，人们的环境行为实践都受到其环境行为意向的显著正向影响。

在环境治理公领域，本研究以前述探讨所得的能力预期、政治信任、制度供给与公众参与效能之间的关系作为基本架构，通过多群组结构方程模型来对他们相互之间的作用关系进行进一步检验（具体路径假设见表 4-46）。对该结构方程模型的拟合度进行检验，具体的参数指标及结果如表 4-45 所示，$x^2/df=$ 为 2.400，GFI、AGFI、RMSEA、SRMR、CFI 以及 TLI（NNFI）分别为 0.897、0.832、0.043、0.0645、0.927、0.900。总体来看，该模型的拟合度指标基本上都符合或接近建议值的要求，多群组结构方程模型与观察数据能够较好地契合。

表 4-45　　　基于受教育程度差异的模型拟合度指标（公领域）

指标	判断标准	模型拟合度
x^2/df	<3（或者 3—5）	2.400
GFI	>0.9	0.897
AGFI	>0.9	0.832
RMSEA	<0.08	0.043
SRMR	<0.08	0.0645
CFI	>0.9	0.927
TLI（NNFI）	>0.9	0.900

注：x^2/df 为卡方与自由度之比；GFI 为拟合优度指数；AGFI 为调整的拟合优度指数；RMSEA 为近似误差均方根；SRMR 为标准化残差均方根；CFI 为比较拟合指数；TLI 为相对拟合指数。

多群组结构方程模型路径检验结果（见表 4-46）表明，在环境公领域，在公众的能力预期影响政治信任的路径中，除了硕士及以上学历的人群，初中及以下学历（P<0.001，β=0.522）、高中学历（P<0.001，β=0.412）、大专学历（P<0.001，β=0.371），以及本科学历（P<0.001，β=0.535）的人群在该条路径假设均通过了显著性检验。可能原因在于硕士及以上学历的受访者自身认知能力较强，其政治信任往往基于更为全面的认识，而非仅仅受到其能力预期的影响。除此之外，对于其他受教育程度的受访者而言，其政治信任都受到参与环境治理的能力预期的正向影响。在能力预期影响制度供给的路径中，不管哪个受教育程度的受访者在该条路径假设均不显著。这意味着，不管是初

中及以下、高中、大专、本科，还是硕士及以上的受访者，其能力预期的高低都没有形成对制度供给感知情况的显著影响，受教育程度的差异并未改变能力预期与制度供给之间的路径关系。在政治信任影响制度供给的路径中，初中及以下、高中、大专、本科学历的人群（P值均小于0.001）以及硕士及以上的人群（P<0.01）在该条路径假设均通过了显著性检验。这意味着，人们对环境治理制度供给情况的感知不因受教育程度的不同而呈现显著的差异化特征，各个受教育层次的人，其政治信任程度对于他们感知到的制度供给情况都具有显著的正向影响。

表 4-46　　基于受教育程度差异的多群组路径检验（公领域）

路径假设	初中及以下 标准化系数（S.E.）	高中 标准化系数（S.E.）	大专 标准化系数（S.E.）	本科 标准化系数（S.E.）	硕士及以上 标准化系数（S.E.）
能力预期→政治信任	0.522*** （0.159）	0.412*** （0.156）	0.371*** （0.142）	0.535*** （0.128）	0.239 （0.143）
能力预期→制度供给	0.089 （0.083）	−0.028 （0.075）	−0.031 （0.093）	−0.117 （0.066）	0.219 （0.139）
政治信任→制度供给	1.016*** （0.11）	0.902*** （0.081）	0.903*** （0.112）	0.943*** （0.06）	0.483** （0.142）
制度供给→参与效能	−0.450 （0.651）	0.885** （0.313）	0.712** （0.257）	0.350 （0.174）	0.989** （0.37）
能力预期→参与效能	0.305 （0.168）	0.093 （0.111）	−0.022 （0.102）	−0.065 （0.084）	−0.093 （0.162）
政治信任→参与效能	1.006 （0.456）	−0.129 （0.225）	0.012 （0.244）	0.283 （0.136）	−0.314 （0.228）

注：*** 表示 P<0.001，** 表示 P<0.01，* 表示 P<0.05。

在制度供给→公众参与环境治理效能的作用路径中，初中及以下学历和本科学历的人群皆未通过显著性检验，而高中（P<0.01，β=0.885）、大专（P<0.01，β=0.712）、硕士及以上学历（P<0.01，β=0.989）的人群在该路径假设皆通过了显著性检验。这表明，在环境治理领域，公众感知到的制度供给情况对其参与环境治理效能的影响会因为受教育情况的差异而有所不同。与之不同的是，在能力预期→参与

效能、政治信任→参与效能的路径关系中，不管是初中及以下、高中、大专、本科，还是硕士及以上的受教育背景，人们对参与环境治理的能力预期都未形成对其实际参与效能水平的显著影响，人们在环境领域的政治信任情况对于其参与环境治理的效能的影响也没有通过显著性检验。这意味着，受访者在环境领域的能力预期与参与效能水平、政治信任程度与参与效能水平之间的关系均不因其受教育程度的不同而呈现明显的差异。

第四节　相关探讨：经济越发展，环境越受关注吗？

生态环境为人类社会的发展和进步提供物理空间和物质基础，与此同时，人类社会的生产和生活也对生态环境产生各种影响。这种交互式作用达到一定程度后导致并不断加剧人与自然之间的紧张关系。进入工业文明时代，工业革命带来的技术更新极大提高了人类社会的生产力水平，而与此同时，城镇化建设的快速推进不断扩张着人类生产生活的空间，这使得，人类对大自然的开发利用的速度和力度以前所未有的程度提升，从而对生态环境造成严重的破坏。人与自然之间关系的这种紧张状态不仅影响当下的生产生活质量，还从根本上制约着人类的可持续发展。随着环境治理模式从集中管控向多元协同共治的转型，公众参与在环境治理中的重要性显著提升，而公众对于环境问题的关注度则直接影响着公众在环境治理中的作用的发挥。

一　公众环境关注度的可能影响因素

随着经济社会的迅速发展，人们收入水平提高，更加关注生活质量，对于生态环境的关注程度也与日俱增。在各种环境问题中，空气污染最容易被感知，因此是公众重点关注的环境问题。同时，在经济社会发展中，一些行业领域的发展常常以生态环境污染如空气质量的下降为代价，这也成为激发公众对环境问题的关注的可能因素。而且，在传统理念中，教育水平提升会增强人的权利意识和知识素养，因而对环境问题也会更加关注。那么，经济发展水平、空气污染状况、教育水平与公众对于环境的关注度之间有何关联？这些因素是否作用于公众的环境关注度？具体又是如何作用于后者的呢？

（一）空气质量

空气质量好坏反映了一个地区的空气污染程度。空气污染是生态环境领域的重要问题，对人类社会造成了严重的损害。有研究证明，空气污染使得学校缺勤率升高[1]、员工生产效率降低[2]、婴儿死亡率提高、居民寿命缩短[3]、劳动供给减少[4]，给经济社会造成巨大损失。在国内，作为近些年来的热门话题，空气质量受到了学术界的广泛关注。目前，关于空气质量的研究大致可分为两类：一类是对空气质量特征及其影响因素的研究，如有人分析了我国空气质量的时空变化特征[5]，探究了地铁开通对城市空气质量的影响[6]，还有人通过收集北京市汽车尾号限行的数据，分析了交通拥堵对空气质量的影响[7]。另一类是关于空气质量对公众行为及生产生活等方面的影响研究，如有学者基于旅游网站在线评论，

[1] Michael R.Ransom, C.Arden Pope III, "Elementary School Absences and PM10 Pollution in Utah Valley", *Environmental Research*, Vol.58, No.1-2, June 1992.

[2] Zivin J G, Neidell M., "The Impact of Pollution on Worker Productivity", *American Economic Review*, Vol.102, No.7, 2012.

[3] Currie J., Neidell M., "Air Pollution and Infant Health: What Can We Learn from California's Recent Experience? ", *The Quarterly Journal of Econonfics*, Vol.120, No.3, 2005.

[4] Rema Hanna, Paulina Oliva, "The Effect of Pollution on Labor Supply: Evidence from a Natural Experiment in Mexico City", *Journal of Public Economics*, Vol.122, February 2015.

[5] 张向敏、罗燊、李星明、李卓凡、樊勇、孙健武：《中国空气质量时空变化特征》，《地理科学》2020年第2期。

[6] 王学渊、李婧薇、赵连阁：《地铁开通对城市空气质量的影响》，《中国人口科学》2020年第3期。

[7] 吉霖、张伟强、侯赢：《交通拥堵与空气质量——来自汽车尾号限行的证据》，《运筹与管理》2019年第9期。

针对空气质量对于公众外出游玩的影响进行了探究，发现空气质量对公众外出游玩次数和满意度有显著的影响[1]；有人以 2002—2016 年全国 280 个地级市的数据为基础，考察了空气质量对房价的影响[2]；有人利用上市公司数据，对空气质量与员工流失之间的关系进行了研究[3]；有人基于空气质量数据和股票交易信息，探究了空气质量对股票交易市场的影响[4]；有人利用中国城市生活质量调查数据，研究发现空气质量恶化会对消费者信心产生负向影响[5]；甚至还有人分析了空间距离和空气质量对中国居民环境友好行为的影响[6]。

（二）公众关注度与百度指数

公众关注度是公众在某一时间段内对特定事物或事件的关注程度。在互联网普及的时代，网络逐渐成为人们获取信息的最为重要的途径。根据国家互联网络信息中心发布的第 47 次中国互联网发展统计报告，截至 2020 年 12 月，中国网民规模已达 9.89 亿，互联网普及率为 70.4%。[7]互联网用户数的迅速增加，网络普及率的大幅度提高，使得公众对特定事物或事件的关注度有了新的呈现形式——网络搜索。这是人们通过网络搜索引擎主动获取特定信息的行为，代表了在某一时间段内人们对特定事物或事件的关注程度。

在理论上，根据网络搜索行为的频率，可以测量公众对某一事物或事件的关注度。已有研究也表明，网络搜索行为与公众关注度呈现较高的相关性，如有学者对 2011—2017 年的政策议题百度搜索数据进行了

---

[1] 敖长林、王菁霞、孙宝生：《基于大数据的空气质量对公众外出游玩影响研究》，《资源科学》2020 年第 6 期。

[2] 董纪昌、曾欣、牟新娣等：《为清洁空气买单？空气质量对我国房地产价格的影响研究》，《系统工程理论与实践》2020 年第 6 期。

[3] 王砾、代昀昊、谢潇、孔东民：《空气质量与企业员工流失》，《财经研究》2020 年第 7 期。

[4] 邓晓、张晗：《空气质量对股票市场影响的实证分析》，《统计与决策》2019 年第 1 期。

[5] 马骏、杜雯翠：《地方经济增长压力、空气质量与消费者信心》，《西南民族大学学报》（人文社会科学版）2020 年第 4 期。

[6] 盛光华、戴佳彤、龚思羽：《空气质量对中国居民亲环境行为的影响机制研究》，《西安交通大学学报》（社会科学版）2020 年第 2 期。

[7] 《第 47 次〈中国互联网络发展状况统计报告〉》，中国网信网，2021 年 2 月 3 日（http://www.cac.gov.cn/2021-02/03/c_1613923423079314.htm）。

分析，发现网络搜索行为与人们对于社会现象的关注度具有很高的关联性①。

与此同时，大数据技术的出现使以前难以保存的海量网络用户行为数据得以记录，由此使基于大数据的研究方法成为可能。近年来，基于大数据的公众关注度测量越来越受到学术界关注，相关研究不断涌现，如一些学者利用百度指数构建模型来对旅游需求进行预测②，一些学者在多变量的汇率预测模型中加入网络搜索指数以提高预测准确性③。同时，有不少学者将百度指数运用到城市网络研究中，利用城市之间互搜的百度指数研究城市网络格局，如通过百度指数矩阵分析长江沿岸中心城市网络的联系特点④，利用社会网络分析法探究省域之间信息联系网络格局和层级结构⑤。也有文章考察了上市公司对舆情事件的干预措施与百度指数变化的关系⑥，通过对百度指数和谷歌趋势进行的比较分析，有研究发现搜索引擎关注度指标能有效地反映突发事件的网络舆情的变化趋势⑦。还有一些学者通过百度指数的变化趋势分析公众关注的时空特征，如通过 Google 趋势判断公众区域网络关注度的变化趋势⑧，借助百度指数平台分析社会主义核心价值观的公众关注的时空特征以及人群画像⑨，研究

---

① 孟天广、赵娟：《大数据时代网络搜索行为与公共关注度：基于 2011—2017 年百度指数的动态分析》，《学海》2019 年第 3 期。

② 秦梦、刘汉：《百度指数、混频模型与三亚旅游需求》，《旅游学刊》2019 年第 10 期。

③ 杨超、姜昊、雷峥嵘：《基于文本挖掘和百度指数的汇率预测》，《统计与决策》2019 年第 13 期。

④ 陆江潇、李全、汤坤：《基于百度指数的长江沿岸中心城市网络联系特征》，《现代城市研究》2020 年第 1 期。

⑤ 虞洋、宋周莺、史坤博：《基于百度指数的中国省域间信息联系网络格局及其动力机制》，《经济地理》2019 年第 9 期。

⑥ 王康、李含伟：《自媒体时代的企业网络舆情应对策略研究——基于上市公司百度指数的研究》，《情报科学》2018 年第 1 期。

⑦ 陈涛、林杰：《基于搜索引擎关注度的网络舆情时空演化比较分析——以谷歌趋势和百度指数比较为例》，《情报杂志》2013 年第 3 期。

⑧ 梁志峰：《基于 Google 趋势分析的区域网络关注度研究——以湘潭为例》，《湖南科技大学学报》（社会科学版）2010 年第 5 期。

⑨ 王永斌：《谁在关注社会主义核心价值观——基于百度指数的大数据分析》，《马克思主义研究》2018 年第 2 期。

我国政府信息公开关注主体问题①,基于食品安全事件的百度指数和微博指数分析消费者对食品安全信息搜集行为的特征② 等。

(三) 生态环境关注度

生态环境是由气候资源、水资源、土地资源和生物资源等构成的体系。生态平衡关乎人类社会的可持续发展。中国人历来重视生态和谐,在古代哲学中很早就提出了"天人合一""参赞化育""不违农时"等生态平衡理念。改革开放以来,党和政府对生态环境非常重视,先后出台了一系列保护生态环境的法律法规和政策文件,并且在生态环境治理体系结构上进行了深入改革——于 2018 年 3 月成立生态环境部,将原来分散于各部门的生态保护和污染防治职责予以整合,并针对环境治理中的地方保护主义和地方环境行政主管部门的执法和监管乏力等问题进行了垂直化改革,从而为新时代生态环境保护工作提供了制度保障。

在学术层面,关于生态环境关注度的研究与从环境心理学和社会结构视角研究环境治理中的公众参与紧密相关③。如有人对农村公众参与环境治理的状态进行了研究,发现公众参与环境治理呈现关注度高、参与度低的特点,出现这种状况的原因是内部动力弱、缺少外部动力以及农村环保法规制度不完善④;有人基于上市制造业公司的数据分析,发现公众环境关注度对企业环保投资规模有正向的影响⑤;有研究证实公众环境关注度对社会责任投资具有显著的正向影响⑥;还有人利用中国综合社会调查数据,从政府环境工作评价、环境问题关注和环境行动三个不同的层次对环境污染对于公众关注的影响进行了考察,发现环境污染加重并

---

① 肖卫兵:《谁在关注中国的政府信息公开:以百度指数为视角》,《情报杂志》2013 年第 11 期。
② 李清光:《消费者对食品安全信息搜寻行为的特征分析——基于微博指数与百度指数的分析》,《价格理论与实践》2018 年第 9 期。
③ 钟兴菊、罗世兴:《公众参与环境治理的类型学分析——基于多案例的比较研究》,《南京工业大学学报》(社会科学版) 2021 年第 1 期。
④ 李咏梅:《农村生态环境治理中的公众参与度探析》,《农村经济》2015 年第 12 期。
⑤ 杨柳、甘佺鑫、马德水:《公众环境关注度与企业环保投资——基于绿色形象的调节作用视角》,《财会月刊》2020 年第 8 期。
⑥ 史亚东:《公众环境关心对我国社会责任投资指数的影响》,《中国地质大学学报》(社会科学版) 2018 年第 3 期。

不一定会引发公众积极的环境行为 [①]。

　　综上所述，将百度指数作为公众关注度的衡量指标已得到学术界的普遍认可；就生态环境领域而言，以往文献更多侧重于研究公众环保行为的参与机制和影响因素，公众环境关注度方面的研究较少。但实际上，关注是行为的前提，公众对环境的关注程度与公众的环境保护行为是密不可分的，只有先对环境有所关注才可能使环保行为成为一种生活习惯。如前所述，在各种环境问题中，空气质量对于人类社会的影响重大，对于人们的行为影响甚深，因此，本章以空气质量作为着眼点，将以环境相关的词汇为关键词的百度指数作为公众环境关注度的度量指标，探究空气质量等变量对公众环境关注度的影响。

二　研究设计：经济发展、空气质量与教育水平

（一）研究假设

　　与公众环境关注度相关的研究体现在对公众环境关心的探讨中，如有学者将 PM2.5 浓度和工业增加值增速作为自变量，探究了环境污染和经济发展对公众环境关心的影响，发现二者对公众环境关心都存在显著正向影响 [②]。这为本文的研究提供了思路。本文立足空气质量，将研究对象扩展到全国 31 个省级行政区，并加入教育水平这一因素，着重探究经济发展、空气质量以及教育水平对公众环境关注度的影响。基于前述分析，提出如下假设。

　　假设 1：空气质量对公众环境关注度存在显著影响，而且这种影响呈负向驱动特征，即空气质量越糟糕，公众对环境的关注度越高。

　　假设 2：经济发展水平对公众环境关注度存在显著正向影响，即经济发展水平越高，公众对环境的关注度越高。

　　假设 3：教育水平对公众环境关注度存在显著的正向影响，即受教

[①]　王勇、郝翠红、施美程：《环境污染激发公众环境关注了吗？》，《财经研究》2018 年第 11 期。

[②]　史亚东：《公众环境关心指数编制及其影响因素——以北京市为例》，《北京理工大学学报》（社会科学版）2018 年第 5 期。

育水平越高，公众对环境的关注度越高。

中国幅员辽阔，各地区自然条件和经济发展差异巨大，因此在不同区域，公众对环境的关注度可能存在显著的地区差异。基于此，提出假设4：经济发展水平、空气质量和教育水平对公众环境关注度的影响存在显著的地区差异。

经济发展过程中出现的生态破坏、污染排放现象容易导致空气质量恶化，故而在经济发展水平影响公众环境关注度的过程中，可能不仅仅存在经济发展水平对公众环境关注的直接影响，还可能存在经济发展水平通过影响空气质量间接影响公众环境关注度的情况。与此同时，经济发展水平会影响教育普及程度以及教育水平，而受教育程度的提升则会增强公众对于环境的认知、责任感以及权利意识，因此还可能存在经济发展通过影响教育水平，进而间接影响公众环境关注度的情况。因此，假设5为：在经济发展水平对公众环境关注度的影响过程中，空气质量、教育水平是重要的中介因素。

（二）模型构建、变量说明及描述性统计

1. 模型构建

为探究经济发展、空气质量和教育水平对公众环境关注度的影响作用，构建基准模型为：

$$concern_{it} = a_0 + a_1 lnAQI_{it} + a_2 lnGDP_{it} + a_3 education_{it} + a_4 X_0 + \mu_i + \varepsilon_{it} \quad (1)$$

其中，$concern$ 为被解释变量，代表公众环境关注度，AQI（Air Quality Index）为空气质量指数，GDP 为人均实际 GDP，$education$ 是教育水平，X_0 为一组对公众环境关注度有影响的控制变量，下标 i 和下标 t 分别表示省份和年份，μ_i 为个体固定效应，ε_{it} 为随机扰动项。

2. 变量说明及描述性统计

（1）被解释变量

对于公众关注的度量，不少研究选择以搜索引擎指数作为测量指标。搜索引擎指数是以关键词为统计对象，通过对大量的用户搜索数据进行分析，得到的各个关键词在网页搜索次数的加权之和。如前所述，搜索引擎已成为公众获取信息的最为重要的途径。这种主动获取信息的行为可以反映某段时间内公众对特定事物或事件的关注度。百度搜索是公众最为常用的搜索引擎网站，因此，以下将采用百度指数作为测量公众关注度的指标。

目前，对于如何设置关键词来测量公众关注度并没有统一的方法，参照已有的公众环境关心网络搜索关键词词库[①]以及公众环境关心指标体系及指标权重[②]，笔者选取了 9 个与环境相关的关键词（见表 4-47）。考虑到真气网的空气质量在线监测分析平台[③]提供的 AQI 省份排名是从 2014 年开始，本书通过 python 程序获取 2014—2019 年各关键词的百度指数年均值，时间段设置为当年 1 月 1 日到当年 12 月 31 日。对获取的数据使用熵值法计算出各个关键词的权重，从而获得最终的公众环境关注度。熵值法的计算步骤如下：

第一步是指标选取：收集到的百度指数共有 6 个年份、31 个省级行政区、9 项测评指标，设 $X_{\lambda ij}$ 为各个关键词在不同地区不同时间段的百度指数。

第二步是对指标体系中的各项指标进行无量纲化处理：将各个关键词的百度指数设置为正向指标，正向指标的计算方法为 $Z_{\lambda ij} = (X_{\lambda ij} - X_{min}) / (X_{max} - X_{min})$，其中，$X_{max}$、$X_{min}$ 分别为所有评价对象第 j 个指标的最大值和最小值；$X_{\lambda ij}$、$Z_{\lambda ij}$ 为指标无量纲化前后的值。为了便于下一步处理，对无量纲化后的指标值加上 0.0001。

第三步是指标的归一化处理：$P_{\lambda ij} = Z_{\lambda ij} / \sum_{\lambda=1}^{h} \sum_{i=1}^{m} Z_{\lambda ij}$，其中，$h$ 为年份数，m 为区域数。

第四步是计算各项指标的熵值：$E_j = -k \sum_{\lambda=1}^{h} \sum_{i=1}^{m} P_{\lambda ij} ln P_{\lambda ij}$，

---

① 史亚东：《公众环境关心指数编制及其影响因素——以北京市为例》，《北京理工大学学报》（社会科学版）2018 年第 5 期。

② 路兴：《公众环境关心指标体系构建——基于网络搜索数据》，《调研世界》2017 年第 6 期。

③ www.aqistudy.cn.

其中，$k = 1/ln(h \times m)$。

第五步是计算各项指标熵值的冗余度：$D_j = 1 - E_j$。

第六步是计算各项指标的权重：$W_j = D_j / \sum_{j=1}^{n} D_j$。

第七步是计算各年份各省市的公众环境关注度指数：$C_{\lambda i} = P_{\lambda ij} \times W_j$。

各关键词的描述性统计如表 4-47 所示。

表 4-47 各关键词百度指数的描述性统计

关键词	样本数	平均值	最大值	最小值	权重
环境保护	186	122.60	211	19	0.066
环境污染	186	115.47	215	3	0.075
大气污染	186	76.74	137	1	0.120
空气污染	186	82.77	208	1	0.152
水污染	186	86.13	162	1	0.113
可持续发展	186	99.14	193	5	0.098
生态文明	186	93.73	163	5	0.086
生物多样性	186	80.71	160	5	0.115
水土保持	186	46.88	125	6	0.176

（2）解释变量

根据研究假设以及前述分析，解释变量包括空气质量（AQI）、经济发展水平（GDP）和教育水平（education），各变量的解释说明见表 4-48。在各变量的数据收集中，空气质量（AQI）能定量地反映出一个地区的空气污染或清洁程度，但该数据资料的收集最为繁杂，笔者从真气网空气质量在线监测分析平台收集到 2014—2019 年 31 个省级行政区每个月的 AQI 数据，并对月度 AQI 数据进行加权平均从而得到了各地区的年度空气质量指数。

表 4-48　　　　　　　　　　变量及其说明

	变量	变量定义	变量说明
解释变量	AQI	空气质量	主要依据一氧化碳、二氧化氮、二氧化硫、颗粒物和臭氧污染指标计算得出，通常 AQI 的值越高，表示空气质量越差
	GDP	经济发展水平	用各地区人均实际地区生产总值表示，此处以 2014 年为基期，通过地区生产总值指数和人均地区生产总值计算而来
	education	教育水平	通过每十万人口高等学校平均在校生数量来衡量
控制变量	Internet	互联网水平	用来衡量地区的互联网发展水平，计算公式为 internet=（互联网宽带接入用户 + 移动互联网用户）/ 年末常住人口
	structure	产业结构	计算公式为 $structure=y_1/Y+2*y_2/Y+3*y_3/Y$，其中 Y 为地区生产总值，y_1、y_2、y_3 分别为第一产业、第二产业、第三产业的增加值。structure 的值越大，代表产业结构层次越高
	Urban	城镇化率	计算公式为 urban= 城镇人口 / 年末常住人口
	population	人口规模	通过地区年末常住人口衡量

（3）控制变量

相关研究表明，人口、互联网发展水平等对公众关注度存在一定影响，如有研究发现互联网普及率是影响中国体育旅游网络关注度的重要因素 [1]，而人均收入水平、人口规模、信息化程度、城市级别、旅游市场规模等表征城市异质性的变量能显著影响旅游舆情网络关注度 [2]。再考虑到城镇化以及产业结构可能影响公众对环境的关注度，因此，为了减少因遗漏变量产生的结果偏差，本书将互联网水平、产业结构、城镇化率和人口规模等作为控制变量纳入研究当中。各个变量的具体说明如表4-48 所示。

在本书中，对空气质量指数、人均实际 GDP、人口规模取自然对数，分别记为 inAQI、inGDP、inpopulation。变量的描述性统计见表 4-49。

[1] 舒丽、张凯、王小秋、陈浩、陶玉流：《基于百度指数的我国体育旅游网络关注度研究》，《北京体育大学学报》2020 年第 6 期。

[2] 刘嘉毅、陈玲、陶婷芳：《旅游舆情网络关注度城市差异——来自 289 个城市百度指数的实证研究》，《信息资源管理学报》2018 年第 3 期。

表 4-49   变量的描述性统计

变量	变量定义	样本数	平均值	标准误	最小值	最大值
concern	公众环境关注度	186	0.0054	0.0024	0.0001	0.0106
AQI	空气质量	186	79.05	19.60	38.67	131.8
GDP	经济发展水平	186	56,698	26,053	25,202	150,451
internet	互联网水平	186	1.053	0.299	0.517	2.387
urban	城镇化率	186	0.583	0.124	0.258	0.896
education	教育水平	186	0.0263	0.00755	0.0122	0.0543
population	人口规模	186	4,463	2,817	318	11,521
structure	产业结构	186	2.415	0.115	2.157	2.834

三 经济发展对公众环境关注度的影响及其路径

（一）总体回归分析

本书使用 31 个省级行政区的面板数据（2014—2019 年），因此不需要进行平稳性和协整检验。通过对多重共线性的检验，发现方差膨胀系数的最大值为 5.75，小于 10，因此可以认为变量之间存在多重共线性的可能性较小。为了使回归模型具有更好的可信度和准确性，需要对固定效应和随机效应进行选择。F 检验和 Hausman 检验的结果显示，固定效应模型的回归结果比随机效应模型的回归结果好，因此选择固定效应模型。由于各省、自治区、直辖市的自然条件和经济发展差异较大，存在个体固定效应，因此，选择个体固定效应模型。为消除异方差的影响，对模型使用稳健标准误估计。模型 1 为基准回归模型，在模型 1 的基础上，依次加入互联网水平、城镇化率、人口规模、产业结构，得到模型 2、模型 3、模型 4、模型 5。回归结果如表 4-50 所示。

表 4-50　　　　　　　　　　　总体回归结果

变量	模型 1	模型 2	模型 3	模型 4	模型 5
	concern	concern	concern	concern	concern
inAQI	0.001***	0.001***	0.001***	0.001***	0.001***
	（3.08）	（3.10）	（2.93）	（3.31）	（3.26）
inGDP	0.002***	0.002***	0.002**	0.002**	0.002**
	（7.16）	（2.92）	（2.07）	（2.53）	（2.42）
Education	0.105***	0.107***	0.101***	0.098***	0.097***
	（5.85）	（5.69）	（5.15）	（4.97）	（5.00）
Internet		0.000	0.000	0.000	0.000
		（1.01）	（0.90）	（0.82）	（0.86）
Urban			0.003	0.004	0.004
			（1.06）	（1.25）	（1.46）
inpopulation				−0.003*	−0.004*
				（−1.85）	（−1.75）
Structure					−0.001
					（−0.41）
Constant	−0.027***	−0.023***	−0.020**	0.003	0.006
	（−6.49）	（−3.16）	（−2.57）	（0.24）	（0.38）
观测值	186	186	186	186	186
R²	0.622	0.624	0.626	0.630	0.630
地区数	31	31	31	31	31
区域固定效应	是	是	是	是	是
F 检验	0	0	0	0	0
F 值	78.30	56.53	49.12	42.88	35.87

注：*** 表示 p<0.01，** 表示 p<0.05，* 表示 p<0.1。

检验结果表明，在引入控制变量之前，空气质量对公众环境关注度的回归系数为正，且在 1% 的显著性水平上显著；经济发展水平对公众环境关注度的回归系数为正，且在 1% 的显著性水平上显著；教育水平对公众环境关注的回归系数为正，且在 1% 的显著性水平上显著，这说明空气质量、经济发展水平和教育水平三者均对公众环境关注度具有显著的正向影响。

　　由上述模型结果可知，在引入控制变量之后，空气质量对公众环境关注度的影响依然显著（回归系数为 0.001），而空气质量指数（AQI）越高表明空气质量越差，这说明空气质量变化从反方向显著影响公众对环境的关注程度，故验证了假设 1 的内容。在引入控制变量之后，经济发展水平对公众环境关注度的影响也依然显著（回归系数为 0.002），这说明经济发展水平从正向上显著影响公众对环境的关注程度，故验证了假设 2 的内容。在引入控制变量之后，教育水平对公众环境关注度的影响也通过了显著性检验（模型 5），这说明教育水平也从正向上显著影响公众对环境的关注度，由此验证了假设 3 的内容。

　　此外，互联网水平、城镇化率和产业结构等变量对于公众环境关注度的影响未通过显著性检验，而人口规模对公众环境关注度的影响则通过了 10% 的显著性检验。而且，从回归系数来看，人口规模对于公众环境关注度的影响为负。

（二）地区回归分析

　　中国幅员辽阔，各地区空气质量、经济发展水平以及教育水平各有不同，这可能导致对公众环境关注度的影响也存在明显的地区差异，因此，以下依据国家统计局网站的分类，将全国划分为东部地区、中部地区、西部地区，以此为基础探究空气质量、经济发展水平和教育水平影响公众环境关注度的地区差异。此处依然采用个体固定效应模型，模型 6 为东部地区的基准回归模型，加入互联网水平、城镇化率、人口规模、产业结构等控制变量得到模型 7；模型 8 为中部地区的基准回归模型，加入互联网水平、城镇化率、人口规模、产业结构等控制变量得到模型 9；模型 10 为西部地区的基准回归模型，加入互联网水平、城镇化率、人口规模、产业结构等控制变量得到模型 11。地区回归结果如表 4-51 所示。

表 4-51　　　　　　　　　　分地区回归结果

变量	模型 6	模型 7	模型 8	模型 9	模型 10	模型 11
	concern	concern	concern	concern	concern	concern
inAQI	0.001**	0.001**	0.001**	0.001	0.001	0.001
	（3.00）	（2.83）	（2.89）	（1.79）	（1.39）	（1.80）
inGDP	0.002***	0.001	0.003***	0.007**	0.003***	0.000
	（3.89）	（1.40）	（10.43）	（3.28）	（3.94）	（−0.08）
education	0.133***	0.146***	0.056**	0.077**	0.111***	0.099***
	（3.58）	（3.74）	（3.13）	（2.53）	（4.77）	（3.47）
internet		0.000		−0.001		0.002**
		（0.25）		（−0.58）		（2.70）
urban		−0.004		−0.013		0.009
		（−1.34）		（−1.21）		（1.30）
inpopula-tion		0.001		0.004		−0.006
		（0.27）		（0.53）		（−1.53）
structure		0.002		−0.001		−0.000
		（1.38）		（−0.37）		（−0.09）
Constant	−0.022***	−0.032	−0.032***	−0.097*	−0.031***	0.036**
	（−3.71）	（−0.91）	（−8.73）	（−2.31）	（−3.41）	（2.67）
观测值	66	66	48	48	72	72
R^2	0.483	0.494	0.705	0.739	0.701	0.757
地区数	11	11	8	8	12	12
区域固定效应	是	是	是	是	是	是
F 检验	0.000817	1.21e−05	4.64e−05	9.67e−07	6.11e−09	2.31e−08
F 值	13.22	25.98	48.79	119.0	134.0	73.70

注：*** 表示 $p<0.01$，** 表示 $p<0.05$，* 表示 $p<0.1$。

由表 4-51 可知，在基准回归中，东部地区（模型 6）和中部地区（模型 8）空气质量对公众环境关注度的影响通过了 5% 的显著性检验，但西部地区（模型 10）的空气质量对公众环境关注度的影响未能通过显著性检验；在引入控制变量之后，中部地区和西部地区空气质量对公众环境关注度的影响均未能通过显著性检验，但是，东部地区空气质量对公众环境关注度的影响在 5% 的显著性水平上依然显著。这意味着不管是在基准回归中还是在引入了控制变量之后，东部地区空气质量变化都能显著地影响公众的环境关注度；在基准状态下，中部地区的空气质量变化对于公众环境关注度具有显著影响，但引入控制变量后，这种影响不再显著；不管在基准回归中还是在引入了控制变量之后，西部地区的空气质量变化均未显示出对公众环境关注度的显著影响。由此说明，空气质量对公众环境关注度的影响存在明显的地区差异。

同样根据表 4-51 可知，在基准回归中，东部地区（模型 6）和西部地区（模型 10）经济发展水平对公众环境关注度的影响都通过了 1% 的显著性检验。但在引入控制变量之后，东部地区（模型 7）和西部地区（模型 11）经济发展水平对公众环境关注度的影响则未能通过显著性检验。由模型 8 和模型 9 可知，对中部地区而言，不论是否引入控制变量，经济发展水平对公众环境关注度的影响都通过了显著性检验，而且，相较于总体回归结果（模型 5），回归系数由 0.002 上升为 0.007。这意味着对于中部地区而言，不管在基准回归中还是在引入了控制变量之后，经济发展水平对公众环境关注度均存在显著影响。由此也在一定程度上说明，经济发展水平对公众环境关注度的影响存在地区差异。

根据表 4-51 的分地区回归结果可知，不论是否引入控制变量，东部地区、中部地区和西部地区教育水平对公众环境关注度的影响都通过了显著性检验，这一方面进一步验证了总体回归的结果，即教育水平是影响公众环境关注度的重要因素；另一方面也表明，教育水平对公众环境关注度的影响不存在明显的地区差异。这在很大程度上得益于义务教育的全面普及以及高等教育的大力推广，教育水平的提高使公众的整体知识水平和环境意识得到提升。此外，互联网水平、城镇化率、人口规模、产业结构等控制变量对于东部、中部和西部地区的公众环境关注度的影响都没有通过显著性检验，也就是说，从分地区的数据分析来看，这些因素并未对公众环境关注度产生显著影响。

综上可见，空气质量和经济发展水平对公众环境关注度的影响均存在显著的区域差异，但教育水平的影响却不存在区域差异。由此部分验证了假设4的内容。

（三）中介作用检验

考虑到在经济发展水平影响公众环境关注度的过程中，空气质量或教育水平可能具有中介效应，而且，这种中介效应既有可能是单一中介效应，也可能是多重中介效应，因此，以下将进一步对中介作用进行检验。本文在总体回归的基础上，构建如下多重中介效应模型：

$$concern_{it} = b_0 + b_1 lnGDP_{it} + b_2 X_1 + \mu_i + \varepsilon_{it} \tag{2}$$

$$concern_{it} = c_0 + c_1 lnAQI_{it} + c_2 X_1 + \mu_i + \varepsilon_{it} \tag{3}$$

$$concern_{it} = d_0 + d_1 education_{it} + d_2 X_1 + \mu_i + \varepsilon_{it} \tag{4}$$

$$lnAQI_{it} = e_0 + e_1 \ln GDP_{it} + e_2 X_1 + \mu_i + \varepsilon_{it} \tag{5}$$

$$lnAQI_{it} = f_0 + f_0 education_{it} + f_2 X_1 + \mu_i + \varepsilon_{it} \tag{6}$$

$$education_{it} = g_0 + g_1 lnGDP_{it} + g_2 X_1 + \mu_i + \varepsilon_{it} \tag{7}$$

$$education_{it} = h_0 + h_1 \ln AQI_{it} + h_2 X_1 + \mu_i + \varepsilon_{it} \tag{8}$$

在构建中介效应模型时，模型依然选择使用稳健标准误估计的个体固定效应模型，$X1$ 为控制变量，包含城镇化率、互联网水平、人口规模以及产业结构。回归结果如表4-52所示，模型12到模型18分别为方程（2）到方程（8）的回归结果。

表4-52　　　　　　　　　中介效应模型回归结果

变量	模型 12	模型 13	模型 14	模型 15	模型 16	模型 17	模型 18
	concern	concern	concern	lnAQI	lnAQI	education	education
inGDP	0.002*			−0.792***		0.005	
	（1.92）			（−3.96）		（1.32）	

变量	模型 12 concern	模型 13 concern	模型 14 concern	模型 15 lnAQI	模型 16 lnAQI	模型 17 education	模型 18 education
inAQI		0.001**					−0.001
		(2.16)					(−0.60)
education			0.101***		−4.181		
			(5.89)		(−0.60)		
internet	0.000	0.001**	0.001*	−0.008	−0.213***	−0.001	−0.001
	(0.45)	(2.10)	(1.99)	(−0.13)	(−3.21)	(−1.59)	(−0.42)
urban	0.009***	0.013***	0.006**	−0.119	−1.546*	0.053***	0.062***
	(2.84)	(4.50)	(2.15)	(−0.11)	(−1.94)	(2.76)	(3.47)
inpopula-tionn	−0.003	−0.002	0.001	2.942***	1.816*	−0.022	−0.014
	(−0.79)	(−0.61)	(0.45)	(3.91)	(1.95)	(−1.28)	(−0.73)
structure	−0.001	−0.000	0.000	0.353	−0.066	−0.008	−0.006
	(−0.56)	(−0.06)	(0.32)	(0.86)	(−0.14)	(−0.99)	(−0.76)
Constant	0.007	0.009	−0.011	−11.776**	−9.044	0.142	0.119
	(0.24)	(0.36)	(−0.55)	(−2.09)	(−1.26)	(1.04)	(0.85)
观测值	186	186	186	186	186	186	186
R^2	0.557	0.555	0.601	0.511	0.429	0.473	0.464
区域数	31	31	31	31	31	31	31
区域固定效应	是	是	是	是	是	是	是
F 检验	0	7.44e-11	0	2.46e-07	1.72e-07	5.04e-06	9.68e-06
F 值	38.19	30.21	45.48	14.79	15.32	10.85	10.09

注：*** 表示 p<0.01，** 表示 p<0.05，* 表示 p<0.1。

模型 12 表明，在未加入空气质量和教育水平时，经济发展水平对公众环境关注度的影响回归系数为 0.002，且在 10% 的水平上通过了显著性检验。

模型 13 表明，在未加入经济发展水平和教育水平时，空气质量对公众环境关注度的影响回归系数为 0.001，且在 5% 的水平上通过了显著性检验。

　　模型 14 表明，在未加入经济发展水平和空气质量时，教育水平对公众环境关注度的影响回归系数为 0.101，且在 1% 的水平上通过了显著性检验。

　　模型 15 表明，经济发展水平对空气质量的影响回归系数为 -0.792，且在 1% 的水平上通过了显著性检验，这说明经济发展水平对空气质量存在显著影响；结合前述总体回归结果以及模型 12 和模型 13 可以得出，空气质量在经济发展水平影响公众环境关注度的过程中存在中介作用，且这种中介作用为部分中介。

　　模型 17 表明，经济发展水平对教育水平的影响未通过显著性检验，结合前述总体回归结果和模型 12 和模型 14 可以发现，教育水平在经济发展影响公众环境关注度的过程中不存在中介作用。

　　与此同时，模型 16 和模型 18 表明，教育水平对空气质量的影响未通过显著性检验，而空气质量对教育水平的影响也未通过显著性检验，因此，不存在经济发展水平→教育水平→空气质量→公众环境关注度的链式中介效应，也不存在经济发展水平→空气质量→教育水平→公众环境关注度的链式中介效应。由此可见，假设 5 的内容被部分验证。

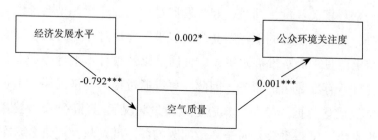

图 4-6　经济发展水平、空气质量与公众环境关注度的关系路径

　　综上可见，在总体上，经济发展水平、空气质量和教育水平对于公众的环境关注度皆存在显著的影响。具体而言，空气质量对公众环境关注度存在显著负向影响，即空气质量恶化会加深公众对环境问题的关注，空气质量改善则会抑制公众对环境的关注；经济发展水平对公众环境关注度存在显著的正向影响，即随着经济发展水平和公众收入水平的提高，人们越来越在意生活品质和生态环境体验，因此对环境的关注越高；教育水平对于公众环境关注度也存在显著的正向影响，更高的教育水平会更强烈地激发公众的环保意识，从而提升其对环境问题的关注度。

从区域视角来看，空气质量和经济发展水平对公众环境关注度的影响存在较为明显的地区差异。对于东部地区而言，相较于中部地区和西部地区，空气质量对公众环境关注度的影响更为显著；对于中部地区而言，相较于东部地区和西部地区，经济发展水平对公众环境关注度的影响更为显著。但是，教育水平对公众环境关注度的影响不存在明显的地区差异，这在很大程度上得益于义务教育的全面普及以及高等教育的大力推广，上述举措增强了公众的环保意识和环境知识水平，从而一定程度消除了教育对于公众环境关注度的影响的地域差异。

从经济发展水平、空气质量和教育水平之间的相互关系及其对公众环境关注度的影响路径来看，空气质量在经济发展水平对公众环境关注度的影响过程中具有部分中介作用，教育水平在经济发展影响公众环境关注度的过程中则不存在中介作用。也就是说，经济发展水平不仅直接影响公众环境关注度，而且，经济发展过程中的环境污染会导致空气质量下降，而空气质量的下降则会进一步激发公众对环境的关注程度。

综上可见，经济发展水平、空气质量以及教育水平等因素对公众环境关注度皆存在显著的影响，因此，可以通过提升经济发展水平、及时公布空气质量数据（使公众知晓空气质量状况）、提高公众的教育程度等多维举措，来提升公众对于环境问题的关注度，从而促进公众在环境治理中的作用发挥。鉴于空气质量和经济发展水平对公众环境关注度在东部地区、中部地区和西部地区的差异性影响，各地区应当从区域实际情况出发，在环境治理中采取具有侧重性、针对性措施。而且，从各因素相互之间的关系来看，空气质量因素作用显著，因此，科学监测空气质量并及时公布空气质量数据对于提升公众环境关注度十分重要。

第五章 环境治理中政府与公众之间的关系思考

　　公民参与有助于增强公共政策与公民需求之间的相互适应性，有助于社区公民接受政府制定的公共项目规划，有助于公民帮助政府组织推行公共项目的实施——但是，公民参与同样也可能会影响到政府组织效益与效率的达成。例如。从科学管理理论的角度看，公民参与可能造成行政管理活动的拖延，使得政府政策局限于短期目标上。而且，一些相关调查数据显示，公民参与带来最根本的问题，它可能对社会控制产生一定的威胁。

——约翰·克莱顿·托马斯，2014①

---

① 　[美]约翰·克莱顿·托马斯:《公共决策中的公民参与》，孙柏瑛等译，中国人民大学出版社2014年版，第9—10页。

第一节 中国环境治理模式演化路径：
基于政策文本的分析

20 世纪 70 年代以来，中国环境治理政策内容不断变化更新，这为研究环境治理模式及其演化路径提供了一个较为直观的视角。以下基于权力收放视角，从政府内外关系角度（包括政府与市场、社会之间的关系，以及不同政府部门、不同层级地方政府之间关系）对环境政策文本的基本内容进行梳理，探讨环境治理结构体系是如何经历关系重构，进而使环境治理模式也随之不断演化变迁的。

一 政策嬗变与治理模式变迁

环境问题一直是困扰世界各国的共同难题。2019 年 3 月，联合国环境规划署在《全球环境展望》（第六期）报告中指出，人类生态环境系统在生物多样性、大气、海洋、淡水以及土地等诸多领域已经遭到严重破坏，按照目前的进展，"如果仍不采取紧急行动，将导致持续和进一步发生有可能是不可逆转的不利影响，包括对关键环境资源和人类健康的影响"①。在中国，各类生态环境问题如水质破坏、大气污染、土壤重金属超标等也频频发生，严重威胁人们的环境体验甚至危及身体健康，成为制约经济社会可持续发展的重要短板。因此，治理环境污染、改善生态质量是各国面临的共同课题，也是新时期中国政府面临的重要问题。

对此，学界涌现出大量关于环境治理的研究，其中一个重要的主题

---

① 联合国环境规划署：《全球环境展望 6（决策者摘要）》2019 年版，第 22 页。

是对环境治理模式的探讨。不过，从现有文献来看，对中国环境治理模式的研究主要侧重对某一区域如农村地区[①]、长江流域[②]或某种特定治理模式[③]的探讨，只有为数不多的文献从整体层面对中国环境治理模式变迁进行了分析。后一类研究中，有人将变迁过程归纳为从管理到参与式管理再到治理[④]、从管制向互动治理[⑤]或是从参与治理向合作治理[⑥]的转换，也有人将改革开放以来中国的环境治理模式划分为功能型、管制型以及合作型三个阶段[⑦]。治理模式的变迁必然导致治理结构体系中各主体角色及相互关系的变化，进而对环境治理效能产生不同的影响。因此，以下将从整体层面对中国环境治理模式的演化路径作历时性梳理。

　　1972 年 6 月，联合国人类环境第一次国际会议通过《联合国人类环境会议宣言》，号召各国保护和改善环境，由此开启了人类环境保护事业新纪元，同时也拉开了中国环保事业的序幕。1973 年 8 月，第一次全国环境保护会议通过了新中国第一个环境保护文件《关于保护和改善环境的若干规定》。此后，《关于治理工业"三废"开展综合利用的几项规定》（1977）以及《中华人民共和国环境保护法（试行）》（1979）相继出台，标志着正式的环境保护制度在中国确立。改革开放以来，党和政府又相继出台了一系列旨在保护生态环境的法律法规和政策文件，

---

① 胡溢轩、童志锋：《环境协同共治模式何以可能：制度、技术与参与——以农村垃圾治理的"安吉模式"为例》，《中央民族大学学报》（哲学社会科学版）2020 年第 3 期；鞠昌华、张慧：《乡村振兴背景下的农村生态环境治理模式》，《环境保护》2019 年第 2 期；汪红梅、惠涛：《环境治理模式、社会资本与农户行为响应差异》，《江汉论坛》2019 年第 12 期；胡中应、胡浩：《社会资本与农村环境治理模式创新研究》，《江淮论坛》2016 年第 6 期。

② 顾向一、曾丽渲：《从"单一主导"走向"协商共治"——长江流域生态环境治理模式之变》，《南京工业大学学报》（社会科学版）2020 年第 5 期。

③ 詹国彬、陈健鹏：《走向环境治理的多元共治模式：现实挑战与路径选择》，《政治学研究》2020 年第 2 期。

④ 杨立华、张云：《环境管理的范式变迁：管理、参与式管理到治理》，《公共行政评论》2013 年第 6 期。

⑤ 谭九生：《从管制走向互动治理：我国生态环境治理模式的反思与重构》，《湘潭大学学报》（哲学社会科学版）2012 年第 5 期。

⑥ 俞海山：《从参与治理到合作治理：我国环境治理模式的转型》，《江汉论坛》2017 年第 4 期。

⑦ 郝就笑、孙瑜晨：《走向智慧型治理：环境治理模式的变迁研究》，《南京工业大学学报》（社会科学版）2019 年第 5 期。

对经济社会发展过程中出现的各类环境问题进行治理。时至今日，环境领域的各项法律法规和政策文件已经形成了一套复合性的环境治理政策体系。这套政策体系内容的变化更新不仅是环境领域政策嬗变的重要"印记"，同时蕴含着该领域的治理理念、治理结构以及具体治理方式的变迁逻辑，从而为研究环境治理模式及其演化路径提供了一个较为直观的观测视角。

基于此，以下将环境领域的政策文本（包括法律法规和各种规范性文件）作为基础，通过梳理 20 世纪 70 年代尤其 1973 年以来中国环境领域政策的文本内容来探讨中国环境治理模式的演化路径。

二 环境治理模式：各主体间关系及权责边界

行政体制改革是改革开放以来政府工作的重心之一。从改革进路来看，中国的行政体制改革经历了"从自我改革到关系重构"[①]的重要转向，这种关系重构以"放权"为基本的逻辑范式[②]并突出体现在以下两个维度：一是政府与外部关系维度，这既包括政府向企业等市场主体放权，也包括政府向社会组织与公众让渡权力，这一维度的放权意在通过激发市场主体和社会主体的积极性和自主性，促进政府与市场、社会之间的良性互动并从而实现社会事务的有效治理；二是政府内部关系维度，这主要体现为中央向地方放权或者上级政府放权于下级政府，以充分发挥各级政府的积极性。

保护环境和治理污染是政府社会管理职能的基本内容，而环境管理体制是否完善则直接关系着该类职能履行是否充分，因而是政府行政体制改革的重点领域。问题在于，环境管理体制改革是否遵循着与一般意义上的行政体制改革相对一致的逻辑范式？相应的环境治理模式变迁是以"放权"为主还是逆向而行？为探讨这一核心主题，此处

---

① 吕芳：《回顾与反思：中国行政体制改革 40 年》，《中央社会主义学院学报》2019 年第 5 期。
② 蒋硕亮、徐龙顺：《中国行政体制改革的逻辑、样态与趋向——基于新中国成立 70 年来的经验分析》，《江汉论坛》2019 年第 10 期。

从中国行政体制改革所体现的政府内外关系重构角度来展开，具体框架如下。

第一，在政府与外部关系维度，政府与市场、社会之间的关系以及各自的权责边界形塑着社会事务治理模式的基本样态。在环境治理的传统模式中，政府被认为是理所当然的甚至唯一的责任主体，因而基于政府权威的法律法规、强制性的命令和行政手段等是治理环境问题的主要方式。这种治理模式因其较强的执行力和管制效果一度深受青睐，并在客观上使环境恶化趋势得到缓解。然而，在这种治理模式中，政府面临的财政压力和责任压力等问题与日俱增，再加上行政干预的低效率和滞后性，环境治理出现了不同程度的"政府失灵"。于是，政府单一主体治理环境的模式逐渐受到质疑，市场机制、经济手段以及社会组织与公众等逐渐被引入环境治理中，并逐渐形成环境治理的市场化模式、社会参与模式以及多元主体合作治理或协商共治模式等。

不管是主张国家中心、推崇市场机制、强调社会中心，或者是呼吁不同主体合作、不同机制协调的环境治理模式，就其内在而言，都试图通过合理定位政府、市场、社会的角色，理顺各主体相互之间的关系和权责边界（各主体相互之间关系的变化往往伴随着环境治理的权责分布的变化）来构建能够实现有效环境治理的结构模式。无论哪种结构模式的良性运作都需要借助一些具体方式、方法和手段，并通过对环境污染破坏和环境违法违规行为的有效干预来实现，而这些具体方式、方法和手段等有机汇聚形成各种政策工具。

综观政策工具的应用，比较常见的有基于权威强制的命令控制型和基于市场机制的经济激励型[①]。当然，无论哪种类型的政策工具都并非始终有效，"在一些背景情况下，有些政策工具要比另外一些政策工具更为有效"[②]，因此，一些新的政策工具逐渐被开发出来，比如信息传递

[①]　聂国卿：《我国转型时期环境治理的经济分析》，中国经济出版社 2006 年版，第 30—31 页。

[②]　[美] B. 盖伊·彼得斯、弗兰斯·K. M. 冯尼斯潘编：《公共政策工具：对公共管理工具的评价》，顾建光译，中国人民大学出版社 2006 年版，第 46—204 页。

或"沟通性的工具"、劝说式工具①、自愿型政策工具②以及混合性政策工具③、公众参与④等。在环境领域，有学者认为政策工具经历了从命令控制型、基于市场的激励型工具、自愿性环境协议工具到基于公众参与的信息公开工具的发展演变过程⑤。不过，信息传递或沟通性工具作为一种"软工具"只在与其他一些工具结合起来应用时才有效；合同式工具有可能牺牲部分政策目标来换取合同的达成及其可行性；劝说式或自愿型工具则过于依赖协商规劝或道德说教等非强制性手段，其效果具有不稳定性和短期性。基于此，此处将命令控制型、市场激励型以及社会参与型工具（将公众参与扩大为包括公众和社会组织等主体在内的社会参与）纳入分析框架，以此为基础来探讨环境治理权在政府与市场、国家与社会之间的分布情况及其变化轨迹。

第二，在政府内部关系维度，中国行政体制改革的关系重构从纵横两个方向得以推进。在环境领域，纵向维度的关系既涉及中央与地方之间的权责划分，也涉及不同层级地方政府之间的权责划分。有学者指出，"有一类全国性公共产品因其在供给过程中可能给政府带来很高的社会风险"，所以中央政府倾向于"采用地方分权的供给方式，由地方政府承担供给责任和社会风险，以尽可能降低自身承担的社会风险"⑥。环境保护属于典型的具有高风险的全国性公共产品，因而在央地环境保护权责关系中遵循"属地管理"的基本原则。地方政府作为保护环境的主要责任主体其内部又有不同层级之分，各层级的管理范围和权限互有差异，并且因经济社会发展和环境问题的变化而有所变化。因此，在纵向上，以下将着眼于环境治理权在不同层级地方政府间的分配及其流动

① 经济合作与发展组织：《环境管理中的经济手段》，中国环境科学出版社1996年版，第8—9页。
② 毛万磊：《环境治理的政策工具研究：分类、特性与选择》，《山东行政学院报》2014年第4期。
③ 傅广宛：《中国海洋生态环境政策导向（2014—2017）》，《中国社会科学》2020年第9期。
④ K.哈密尔顿等：《里约后五年：环境政策的创新》，张庆丰等译，中国环境科学出版社1998年版，第10—11、22—31页。
⑤ 肖建华、游高端：《生态环境政策工具的发展与选择策略》，《理论导刊》2011年第7期。
⑥ 曹正汉、周杰：《社会风险与地方分权——中国食品安全监管实行地方分级管理的原因》，《社会学研究》2013年第1期。

方向来进行分析。

纵观行政体制改革的历程，有人认为，"政府层级间关系（特别是政府层级间事权关系）改革至今没有破题……政府层级间关系改革滞后导致层级上下之间的扯皮问题突出，这比部门横向之间扯皮对行政效能和事业发展带来的损害严重得多"[1]。不过，也有人认为，"政府层级间关系的改革趋势是中央不断向地方下放权力"[2]，并且呈现"重心下移""集中在基层区县"的典型特征。对此，我们的问题是，环境治理权的纵向层级配置及其流动方向与现阶段行政体制改革将重心定位在"区县"的总体下沉趋向是否吻合？环境治理权在不同层级地方政府之间的流动轨迹是否保持着与其他领域一致的特征？这是另一个维度将要探讨的内容。

环境污染与破坏往往非单一主体或单一原因使然，而是常常涉及多个领域，因而多个部门都可能对其具有相应的管理权限，但这些部门在价值取向和目标上往往存在差异甚至分歧，由此导致"传统的环境行政管理职能分散在不同部门，部门存在的利益割据和职能真空造成环境公共事务的碎片化局面"[3]。因此，理顺部门职责，防止职能分散和职责交叉导致的多头管理、责任推诿和利益冲突等问题是环境领域行政体制改革的重要议题。从中国的行政体制改革尤其大部制改革历程来看，一个基本的路径是机构撤并和职能整合。那么，环境行政主管部门与其他政府部门之间的横向关系的发展是否也是沿着同样的路径展开呢？这是该主题第三个维度所要探讨的问题。

三　政策文本角度的量化分析

（一）政策文献计量

对于中国环境治理模式的研究，从当前资料来看，既有定性的规范

---

①　宋世明：《新时代深化行政体制改革的逻辑前瞻》，《中国行政管理》2020 年第 7 期。

②　吕芳：《回顾与反思：中国行政体制改革 40 年》，《中央社会主义学院学报》2019 年第 5 期。

③　侯佳儒、尚毓嵩：《大数据时代的环境行政管理体制改革与重塑》，《法学论坛》2020 年第 1 期。

性的研究，也有基于典型案例基础上的实证探讨和经验总结，但是，从
文本角度进行的量化分析颇为少见。这一现象的原因一方面在于环境治
理模式很难用数据简单描绘，必须通过一定的经验总结和逻辑归纳才
能呈现其基本样态；另一方面，环境问题及其治理具有典型的外部性特
征，难以通过量化方法对其进行全面客观的评价。不过，通过观察外在
特征来探究其基本规律却是研究社会现象的重要途径，在环境治理中，
这种外在特征可以从多维角度来刻画。

"公共政策文本作为政府机构在处理公共事务过程中留下的正式的、
系统的、可追溯的客观印记"① 向人们提供了一个可供直接进行分析的对
象，透过政策文本，或可进入其背后的场域和话语体系，进而探究其基
本内容和逻辑脉络。对于环境治理而言，环境政策的出台与实施无不彰
显出特定时代背景下环境问题的现实境况以及环境治理的基本架构，因
而，考察环境政策文本不失为探究环境治理模式及其演化规律的可行
途径。问题在于，如何透过政策文本更为客观地测度并刻画其显性或隐
性表达的实质性内容呢？通过考察现有关于公共政策文本的研究发现，
"一个基本的路径是运用政策文献计量法进行量化研究"②。

政策文献计量是一种对政策文献的结构属性进行量化的研究方法，可
以用于考察时间序列、频次分析、社会网络以及共词等结构性要素。在环
境治理模式的相关研究中，运用政策文献计量方法可以将环境政策的发文
时间、发文主体、发文数量等内容予以直观呈现，并且，通过对分析框架
所涉及内容的结构化编码，可以将政策文本隐含的更深层次的内容转化为
可以测度的数据，从而便于对其进行量化分析。在中国，从 20 世纪 70 年
代开始，环境污染与破坏受到各界的关注程度与日俱增，治理环境问题逐
渐成为各级政府的重要任务，环境领域的政策文本连年增加并形成了一套
颇为系统的环境治理政策体系。与之相应，各治理主体之间的关系及各自

---

① 范梓腾、谭海波：《地方政府大数据发展政策的文献量化研究——基于政策"目标—工具"匹配
的视角》，《中国行政管理》2017 年第 12 期。
② 魏娜、范梓腾、孟庆国：《中国互联网信息服务治理机构网络关系演化与变迁——基于政策文献
的量化考察》，《公共管理学报》2019 年第 2 期。

的权责边界也不断变化。因此，基于这些政策文本的计量分析，有助于梳理并客观呈现中国环境治理模式的基本样态及演化轨迹。

（二）政策文本选择

关于政策文本的选择，本书以 1973—2020 年为时间段，主要从国务院、生态环境部网站以及北大法宝等平台进行政策文本的检索搜集。为确保政策文本的针对性、有效性和权威性，笔者对所得样本进行了筛选，最终采纳的文本均符合以下条件：一是这些文本都属于正式的政策文件，如法律、法规、条例、规划、决定、办法、意见、规定等；二是这些政策文本与环境治理具有高程度的相关性；三是仅选取制定者或发布单位为中央层面主体的政策文本。

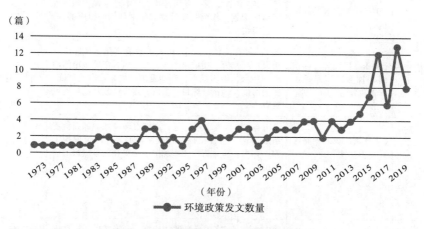

图 5-1 环境政策发文数量分布情况

根据筛选结果与进一步的调整，截至最后搜索日（2020 年 3 月 3 日），共获得有效政策文本 127 篇，这些文本即为主要的数据基础。具体政策发文情况如图 5-1 所示，从时间上来看，在 20 世纪 80 年代之前，中央层面关于环境治理的发文数量较少，80 年代之后发文数量有所增加，但波动幅度较小，近些年来中央层面在环境领域的政策发文量则具有明显的增加趋势，这表明环境问题越来越受到重视。

（三）政策文本编码

鉴于 Nvivo 的编码、查询和分类功能在文本分析中的广泛应用，本

章运用该软件来进行分析。将检索收集所得的 127 篇环境政策文本导入
Nvivo，分别按照前述维度进行关键词检索和编码：在政府与外部关系
维度，按照命令控制型、市场激励型和社会参与型三大类别，以一系列
具体的环境治理政策手段作为关键词进行检索，共获得编码点 1370 个；
在政府内部关系维度，针对地方环境行政管理体制的省—市—县（区）
不同层级结构，以地方环境治理中常用的权力手段为关键词进行检索和
编码，共获得 1483 个编码点。部分编码示例见表 5-1。

表 5-1　　　　政策文本内容分析单元编码示例（内部关系维度）

序号	政策名称	政策文本的内容分析单元	编码
1	《关于保护和改善环境的若干规定》	第一条　各省、市、自治区要制订本地区保护和改善环境的规划，作为长期计划和年度计划的组成部分，认真组织实施	[1—1]
2	《关于在国民经济调整时期加强环境保护工作的决定》	第四条　有关省（区）、市人民政府要把保护好这三个风景区作为一项重要工作，按照风景游览城市的性质和特点，做出规划，严加管理。要采取有效措施，防治污染，制止破坏自然景观，逐步恢复已破坏的风景点	[2—4]
3	《中华人民共和国海洋环境保护法》	第五条　沿海省、自治区、直辖市环境保护部门负责组织协调、监督检查本行政区域的海洋环境保护工作，并主管防止海岸工程和陆源污染物污染损害的环境保护工作	[3—5]
...	……	……	...
126	《2019 年全国大气污染防治工作要点》	第二十七条　完善环境监测网络。开展城市环境空气质量例行监测及排名。加强区县环境空气质量自动监测网络建设，并与中国环境监测总站实现数据直联	[126—27]
127	《关于构建现代环境治理体系的指导意见》	第四条　市县党委和政府承担具体责任，统筹做好监管执法、市场规范、资金安排、宣传教育等工作	[127—4]

四　路径特征：外部放权、治权上收与职能整合并存

（一）环境治理权在政府与市场、社会之间的分布

在政府与外部关系维度，对三类政策工具进行编码，结果如表 5-

2 所示。总体而言，根据上述政策文本，在环境治理中，"命令控制型"工具的使用居于主导地位，占比高达 53.9%，"市场激励型"和"社会参与型"工具的使用相对偏少，而且二者之间总体相差不大，占比分别为 23.3% 和 22.8%。

表 5-2 政策工具编码及占比

工具类型	工具名称	频次	各自占比（%）	总百分比（%）
命令控制型	环境监测监视	74	10.0	53.9
	环境监督检查	64	8.7	
	环境目标责任	60	8.1	
	环境影响评价	58	7.9	
	环境标准	49	6.6	
	登记、申报许可和审批制度	47	6.4	
	环境影响报告书	45	6.1	
	限期治理整改	44	6.0	
	污染物排放总量控制	38	5.1	
	环境考核评价	36	4.9	
	环境行政处罚	35	4.7	
	污染物排放标准控制	24	3.3	
	生态保护红线	23	3.1	
	环境问责	23	3.1	
	法律法规	22	3.0	
	淘汰制	21	2.8	
	环境联合执法	17	2.3	
	环境监测信息发布系统	16	2.2	
	环境资源规划	15	2.0	
	污染事故应急计划	14	1.9	
	三同时	13	1.7	

工具类型	工具名称	频次	各自占比（%）	总百分比（%）
市场激励型	清洁生产	61	19.1	23.3
	环境赔偿	49	15.4	
	奖励号召	47	14.7	
	许可证	40	12.5	
	环境税收	26	8.2	
	环境保证金（基金）	19	6.0	
	环境保险	15	4.7	
	技术支持	13	4.1	
	绿色信贷	11	3.4	
	环境信用评价	11	3.4	
	环境补贴补助	10	3.1	
	环境信息标识	6	1.9	
	财税补给	4	1.3	
	使用金制度	4	1.3	
	污染费	2	0.6	
	奖励金制度	1	0.3	
社会参与型	环境信息公开	47	15.0	22.8
	环境保护宣传教育	40	12.5	
	公众参与	39	12.5	
	国际合作	31	10.0	
	技术开发	28	9.0	
	公众检举和控告	27	8.6	
	公众监督	23	7.3	
	环境科研	22	7.0	
	人才培养	15	4.7	
	专家和公众参与环境评价制度	11	3.5	
	环境协商	11	3.5	
	科学技术研发	11	3.5	

工具类型	工具名称	频次	各自占比（%）	总百分比（%）
社会参与型	第三方评估	4	1.3	社会参与型
	环保 NGO	3	0.9	
	自愿协议	1	0.3	

具体而言，在"命令控制型"环境政策工具中，应用最为广泛的有环境监测监视、环境监督检查、环境目标责任、环境影响评价和环境标准等，不过，这些具体方式使用的比例相互之间相差不大，可见政府对于这些具体治理方式的使用相对比较均衡。在"市场激励型"工具中，清洁生产、环境赔偿、奖励号召、许可证制度以及环境税收等使用较多，其中前面四种方式在该类政策工具中的应用占比均超过10%，同时，各项具体的激励方式占比相差较大，这意味着，虽然治理环境问题的市场激励方式种类多样，但在实际应用中相对较为集中。在"社会参与型"工具中，应用频率较高的主要有环境信息公开、环境保护宣传教育、公众参与、国际合作、技术开发等手段，其中环境信息公开、环境保护宣传教育、公众参与以及国际合作应用占比均达到10%及以上。

从历时性角度来看，如图5-2所示，根据环境政策文本，"命令控制型"工具出现的频率明显高于"市场激励型"和"社会参与型"工具，因此，中国的环境治理历程总体上呈现长期以政府为主导的权威控制型治理特征。尤其在1973—2000年，"市场激励型"与"社会参与型"政策工具鲜有出现，政府几乎是环境治理的唯一责任主体。据学者研究，在此期间，"中央政府是绝对的权威，通过自上而下的权力科层运行机制，发布命令、制定和执行政策，地方政府、社会团体、公民等其他主体都'听令行事'"①。

---

① 郝就笑、孙瑜晨：《走向智慧型治理：环境治理模式的变迁研究》，《南京工业大学学报》（社会科学版）2019年第5期。

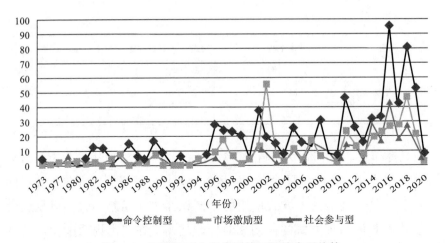

（年份）

◆ 命令控制型　■ 市场激励型　▲ 社会参与型

图 5-2　环境治理中各类政策工具的应用趋势

进入 21 世纪后，"市场激励型"与"社会参与型"工具逐渐得到重视，二者的使用频率也逐渐增加，这与《国家环境保护"十五"规划》（2001）明确提出的"通过体制创新和政策创新，建立政府主导、市场推进、公众参与的环境保护新机制，全面推动经济、社会、环境的协调发展"理念以及 2002 年党的十六大提出的"科学发展观"的重要思想相呼应。2010 年以来，尤其随着党的十八大报告"五位一体"总体布局的提出、党的十八届五中全会、十九大报告、十九届三中、四中全会等会议报告关于生态环境的系列方针政策的提出，二者出现频率的增加趋势更为明显。2014 年《环境保护法》的修订则以环境领域基本法的形式对政府与市场、政府与社会之间的权责边界以及各自的角色进行了界定。不过，"市场激励型"与"社会参与型"工具的应用在时间维度以及具体应用频次上的差异并不十分显著，这与有的学者提出的中国环境规制政策体系"从强调政府干预到强化市场激励，再到注重公众参与"[1]的演进脉络存在一定的出入。

综上可见，在中国环境治理中，"命令控制型"工具的应用最为常见，"市场激励型"和"社会参与型"工具的应用频率相对偏低，总体

---

① 张小筠、刘戒骄：《新中国 70 年环境规制政策变迁与取向观察》，《改革》2019 年第 10 期。

上呈现以政府权威干预为主、市场激励和社会参与为辅的结构性特征。不过,"市场激励型"和"社会参与型"工具受到的重视及其应用不断增加,而且增加的幅度自 21 世纪以来逐渐提升。这既得益于党和国家在环境治理理念层面的转变,也得益于市场机制的发展完善,后者使得企业等市场主体的环境责任凸显,同时,社会组织和公众的环保责任感和权利意识的增强也为"社会参与型"工具的适用奠定了基础。这一路径特征意味着政府与市场以及社会的合作治理成为环境治理模式的主要趋势和典型样态,但值得一提的是,这并未改变政府作为环境治理的主导性力量和主要责任主体的角色,环境治理模式的转型是在政府引导下进行的,"一个强有力的政府恰恰是保障治理有效性的基础性条件"①。

(二)环境治理权在不同层级地方政府间的流动

在纵向维度,对环境治理中比较常见的权力手段进行总结归纳,并按照省—市—县(区)的纵向权力体系进行关键词检索和初步编码。结果显示,地方各级政府在环境治理中的权限存在一定的差异,其中,省级政府的权限比重最高,约为 42.6%,市级政府的权限占比约为 30.7%,县(区)级政府的环境治理权限占比最低,约为 26.7%〔将"县级以上"所具有的权责同时在省、市、县(区)予以统计,"市级以上"所具有的权责同时在省、市级层面予以统计〕。这意味着,地方各级政府的环境治理权呈现从省级到市级再到区县递减的特征。

从政策内容来看,在县(区)层级政府所采用的环境治理手段(见图 5-3)中,比较常见的依次是处罚、监管、制定、规划、编制等,其中,处罚出现的频率最高,占比达到 38.3%;除此之外,其他各类环境治理手段的出现频率相互之间差异较小。这意味着,在县(区)层面,政府对环境问题的治理主要通过对环境违法违规行为的处罚来实现,同时辅之以其他形式的执法和监督,这在很大程度上体现了基层政府的执行性特征;与之相应,县(区)层级的决策空间则相对有限,如制定、

---

① Jordan, A., Wurzel, R.and Zito, A., "The Rise of New Policy Instruments in Comparative Perspective: Has Governance Eclipsed Government？ ", *Political Studies*, Vol.53, No.3, 2005.

规划、编制等手段占比相对较小。由此表明，县（区）级政府在环境治理中主要负责环境政策的贯彻落实，主要承担着执行者的角色。

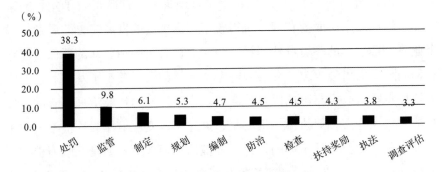

图 5-3 区县政府的环境治理权应用

在市级层面，如果将"县级以上"地方政府所具有的环境治理权同时在省、市、县（区）加以统计，那么，出现频率最高的依然是处罚，占比约为33.6%，然后依次是监管（10.5%）、制定（6.8%）、规划（5.3%）、编制（5.3%）、防治（4.4%）、检查（4.4%）、批准（3.5%）、扶持奖励（3.5%）、调查评估（3.3%）、执法（3.3%）等。如果只统计明确标注"市级"字样的权责，则结果如图5-4所示，出现频率最高的是监管（13.4%），然后依次是规划、制定、环评限批、编制、调查评估、执法等。这表明，市级层面的环境治理权在类型上与县（区）政府基本一致，但二者存在侧重点的差异：后者主要承担处罚、检查等一线执法职能，前者虽然也具有环境执法权（含处罚、检查以及一些其他形式的执法活动），但这种执法活动的占比远小于县（区）；与此同时，在市级层面，监管、规划和制定等占比皆超过10%，相比于县（区）而言，这些手段出现的频率显著增加，这意味着，市级政府在环境治理中具有更大的决策权和自由裁量空间。

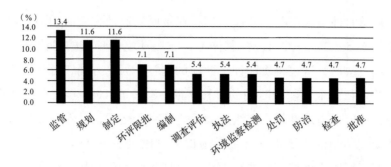

图 5-4 市级政府的环境治理权应用

在省级层面，如果将"县级以上"同时在省、市、县（区）予以统计，"市级以上"同时在省级和市级予以统计，那么，排名比较靠前的依次是处罚（25.9%）、制定（14.2%）、监管（6.5%）、编制（5.5%）、防治（5.2%）、规划（5.1%）、批准（4.9%）、检查（3.8%）、预警（3.0%）等。如果隐去"县级以上""市级以上"的表述，只统计明确规定为省级层面所拥有的环境治理权限，结果则如图 5-5 所示，出现频率最高的是制定（25.6%），然后依次是规划、环境监察监测、编制、批准等。这充分印证了当前环境治理权配置的实际情况：省级政府由中央依法授权，承担了本行政区域范围内环境法律和政策方案等的制定、规划和编制等决策性职能以及相应的环境监察监测、考核评价和调查评估等监督性职能，同时，也拥有对省级范围内重大环境违法犯罪事件的处罚权，但比重相对较小。也就是说，相比于县（区）和市级而言，省级政府主要扮演着本行政区域的环境政策制定者以及监督者的角色。

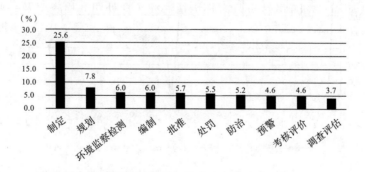

图 5-5 省级政府的环境治理权应用

从历时性角度来看，环境治理权在不同层级地方政府的配置稳中有变（见图5-6）。一方面，在总体上，省级环境治理权的占比高于其他层级地方政府，这也再次印证了此前的内容，另一方面，各级地方政府环境治理权的配置随着时间的推移不断变化：在1988年之前的政策文献中，地方环境治理权在省级层面尤为突出。之后，虽然省级权限在上述政策文本中的比重仍处于主导地位（占比35%—45%），但不同层级政府间的环境治理权比重差距缩小，呈现相对平稳和相对均衡状态。在2006—2012年，各级政府所具有的权力比重出现了较大波动，市级和县（区）级的环境治理权比重呈现反向变化，前者显著增加，后者显著降低，而省级环境治理权则相对居中。自2012年开始，在环境治理权配置中，省级政府环境治理的权限比重重新占据了主导地位，并且呈现逐渐上升趋势，而市级和县（区）级政府的权限比重逐渐降低。换言之，环境治理权在不同层级地方政府间的流动呈现逐渐上收趋势，这与中共中央办公厅、国务院办公厅联合印发的《关于省以下环保机构监测监察执法垂直管理制度改革试点工作的指导意见》（2016）对环境行政管理体制改革的部署相对一致。

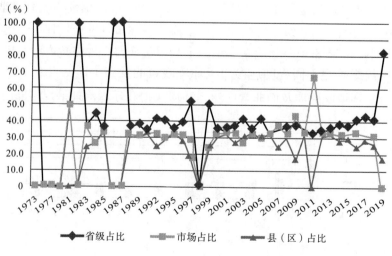

图5-6　省—市—县（区）政府环境治理权配置的时间分布

（三）环境治理权在横向府际之间的位移

环境问题是一个复合型问题，常常涉及多个领域，这使得与之相关的多个政府部门可能在不同环节或维度对同一问题都具有管辖权限。但是，不同的部门因其主要职能的差异，在各种价值目标中环境治理的权重不一甚至相互冲突，相应地，对于环境问题的重视程度和具体投入必然存在差异，由此导致在环境治理实践中出现职能交叉、重复执法、多头管理或是相互推诿以致责任主体缺失等问题。因此，如何实现以及以何种方式实现对于环境问题的跨部门协同治理是环境治理领域的一个重要难题。以下从政策发文主体之间关系的角度来探讨环境治理权在不同政府部门之间的配置及其位移情况。

通过对政策文本的分析发现，环境政策的发布主体范围非常广，且各主体参与程度不一，其中，出现频率最多的是生态环境主管部门（含生态环境部及其办公厅、原环境保护部、国家环境保护局、国家环境保护总局、国务院环境保护委员会、国务院环境保护领导小组及其办公室、城乡建设环境保护部等），其次是全国人大常委会、国务院及其办公厅、中共中央及其办公厅和中央宣传部等主要部门，从发文次数和所占比例来看，以上部门是中国环境政策的最主要的发布者。此外，发改部门（含发展改革委、原国家计划委员会、国家经济委员会、国家经贸委）、财政部、教育部等国家部委及其直属机构，以及一些中央层面的群团组织等也不同程度地参与了环境政策的发布（详见表5-3）。这意味着，环境问题涉及面非常广泛，环境保护和环境治理呈现多部门交叉管理、多元主体共治的局面。

表 5-3　　　　　　　　环境政策发布主体参与情况

部门名称	发文次数	所占比例
全国人民代表大会常务委员会	38	21.5%
国务院	34	19.2%
国务院办公厅	20	11.3%
中共中央办公厅	12	6.8%

部门名称	发文次数	所占比例
环境保护部	11	6.2%
国家环境保护局	9	5.1%
国家环境保护总局	5	2.8%
中央宣传部	4	2.3%
财政部	4	2.3%
国务院环境保护委员会	3	1.7%
生态环境部	3	1.7%
中共中央	3	1.7%
国家发展改革委	3	1.7%
教育部	3	1.7%
国家计划委员会	3	1.7%
共青团中央	2	1.1%
建设部	2	1.1%
水利部	2	1.1%
全国妇联	2	1.1%
中央文明办	2	1.1%
国务院环境保护领导小组	1	0.6%
国务院环境保护领导小组办公室	1	0.6%
农业部	1	0.6%
卫生部	1	0.6%
国土资源部	1	0.6%
林业局	1	0.6%
国家建设委员会	1	0.6%
国家经济委员会	1	0.6%
国家经贸委	1	0.6%
城乡建设环境保护部	1	0.6%
生态环境部办公厅	1	0.6%
国家发展改革委办公厅	1	0.6%

值得一提的是，根据所收集的样本，由单一机构或部门发布的环

境政策文献为 102 篇，由多个机构或部门联合发布的为 25 篇，总体上呈现单一主体发文为主（80.3%）、联合发布为辅（19.7%）的特征。而且，如图 5-7 所示，在时间维度上，虽然单一机构或部门发文和联合发文的数量都在增加，但前者的增长速度在近十年间显著高于多部门联合发文的增速，这意味着，环境保护和对环境问题的治理呈现一定程度上的职能整合趋势。

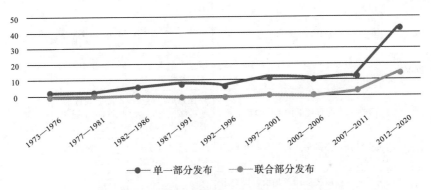

图 5-7　不同形式政策发文数量变化趋势

对多部门联合发文的情况作进一步梳理（具体见表 5-4），出现频率最高的机构是中共中央办公厅和国务院办公厅，其次依次是生态环境部（包含原环保总局、环境保护部）、中央宣传部、国家发改委、财政部等。而且，截止到 2011 年《全国环境宣传教育行动纲要（2011—2015）》的出台，同一政策文本的发布主体数量往往相对较多且变动不居，最多时达到 8 个（由环保总局、国家发展改革委、农业部、建设部、卫生部、水利部、国土资源部、林业局等共同发布《关于加强农村环境保护工作的意见》）；此后，联合发文主体数量渐趋稳定，除了《全国环境宣传教育工作纲要（2016—2020 年）》，截止到 2020 年基本上都是 2 个部门联合发文。由此可见，中国对于环境问题的治理大致经历了一个从多部门齐抓共管到逐渐集中归并的过程，这印证了中国环境治理从权力散布于多个部门的各自为政的碎片化格局向职能整合的综合性、整体性治理格局的路径转型。

表 5-4 多部门联合发文情况汇总

年份	政策文本	发文机构	机构数量
1977	《关于治理工业"三废"开展综合利用的几项规定》	国家计划委员会、国家建设委员会、财政部、国务院环境保护领导小组	4
1986	《建设项目环境保护管理办法》	国务院环境保护委员会、国家计划委员会、国家经济委员会	3
2001	《2001年—2005年全国环境宣传教育工作纲要》	中共中央宣传部、国家环境保护总局	2
2001	《国家环境保护"十五"计划》	环保总局、国家计委、国家经贸委、财政部	4
2006	《关于做好"十一五"时期环境宣传教育工作的意见》	国家环境保护总局、中共中央宣传、教育部	3
2007	《关于加强农村环境保护工作的意见》	环保总局、发展改革委、农业部、建设部、卫生部、水利部、国土资源部、林业局	8
2008	《关于加强重点湖泊水环境保护工作的意见》	环保总局、发展改革委、财政部、建设部、水利部	5
2009	《关于实行"以奖促治"加快解决突出的农村环境问题的实施方案》	环境保护部、财政部、发展改革委	3
2011	《全国环境宣传教育行动纲要（2011—2015）》	环境保护部、中央宣传部、中央文明办、教育部、共青团中央、全国妇联	6
2015	《生态文明体制改革总体方案》	中共中央、国务院	2
2015	《生态环境损害赔偿制度改革试点方案（失效）》	中共中央办公厅、国务院办公厅	2
2016	《关于省以下环保机构监测监察执法垂直管理制度改革试点工作的指导意见》	中共中央办公厅、国务院办公厅	2
2016	《全国环境宣传教育工作纲要（2016—2020年）》	环境保护部、中宣部、中央文明办、教育部、共青团中央、全国妇联	6
2016	《关于全面推行河长制的意见》	中共中央办公厅、国务院办公厅	2
2017	《生态环境损害赔偿制度改革方案》	中共中央办公厅、国务院办公厅	2
2017	《关于建立资源环境承载能力监测预警长效机制的若干意见》	中共中央办公厅、国务院办公厅	2
2017	《关于深化环境监测改革提高环境监测数据质量的意见》	中共中央办公厅、国务院办公厅	2
2018	《关于在湖泊实施湖长制的指导意见》	中共中央办公厅、国务院办公厅	2

续表

年份	政策文本	发文机构	机构数量
2018	《农村人居环境整治三年行动方案》	中共中央办公厅、国务院办公厅	2
2018	《乡村振兴战略规划（2018—2022年）》	中共中央、国务院	2
2018	《关于全面加强生态环境保护坚决打好污染防治攻坚战的意见》	中共中央、国务院	2
2019	《关于建立以国家公园为主体的自然保护地体系的指导意见》	中共中央办公厅、国务院办公厅	2
2019	《深入推进园区环境污染第三方治理的通知》	国家发展改革委办公厅、生态环境部办公厅	2
2019	《天然林保护修复制度方案》	中共中央办公厅、国务院办公厅	2
2019	《中央生态环境保护督察工作规定》	中共中央办公厅、国务院办公厅	2
2020	《关于构建现代环境治理体系的指导意见》	中共中央办公厅、国务院办公厅	2

（四）结论：外部放权、治权上收与职能整合多向并存

20世纪70年代以来，中国的环境保护事业不断推进，与之相应，环境治理政策体系不断丰富和完善，并随着经济社会的发展而变化更新。这种变化和更新蕴含着该领域治理理念、治理结构和具体治理方式的变迁，因此为观测环境治理模式及其演化趋势提供了一个较为直观的视角。本章基于权力收放视角，从政府内外关系角度对环境政策文本的基本内容进行梳理，发现在四十多年的发展历程中，中国环境治理模式不断演化并呈现以下几个方面的趋势特征：

在政府与市场和社会关系维度上，政府是环境治理的最为重要的主体，通过"命令控制型"政策工具实现对环境违法违规行为的干预和管控。不过，随着经济社会不断发展，政府逐渐向市场和社会"放权"，"市场激励型"与"社会参与型"政策工具的使用日渐频繁，这体现了环境治理从单一主体负责向多元主体共治的转变。而且，这种"放权"和转变并未遵循从强调政府干预到强化市场激励再到注重社会参与的线性逻辑，而是同时在市场和社会两个方向予以推进，从而形成市场主体

和社会力量共同参与环境治理的齐头并进之势。

在政府内部关系的纵向维度，县（区）层级政府在环境治理中主要承担处罚、检查等一线执法职能，市级政府较之前者拥有一定的决策权和自由裁量空间，而省级政府部门则主要扮演着本行政区域范围内的环境政策制定者以及监督者的角色；从历时性角度来看，近些年来，环境治理权在地方政府不同层级之间逐渐上收，相较于其他领域行政体制改革的总体放权趋势而言，呈现逆向流动特征。在政府内部关系的横向维度，同一环境问题可能涉及多个部门，因此具有多部门职能交叉和多头管理的现象；但从历时性角度来看，环境领域的改革与发展同中国行政体制改革的总体趋势相吻合，大致呈现从多部门齐抓共管到逐渐集中归并、从权力散布于多个部门的各自为政的碎片化格局向职能整合的综合性、整体性治理格局的路径演化特征。

上述趋势特征表明，随着社会形势不断复杂化，对于环境问题的治理再也无法在单一部门或体系内实现，"各个社会部门之间的互动成为公共管理部门必须面对的常态，导致政府内部各部门之间、政府与市场、政府与社会之间的边界逐渐被新的问题侵蚀"①，由此导致政府内部纵向层级之间和横向府际之间关系不断调整，政府与市场、社会之间的关系不断变化，环境治理结构体系从内外双向维度经历了关系重构，从而使环境治理模式在上述内外维度发生了不同程度的演化。在此演化路径中，理顺各治理主体之间的权力关系和责任边界是贯穿始终的主题，也是提升各参与主体动力和促进环境治理可问责性的重要举措。

需要指出的是，由于上述主要是基于中央层面的环境保护政策文本的分析，因此，对于市场主体和社会主体参与环境治理的主要环节、参与层次、实际效能及其影响因素等问题涉及较少。另外，在中国行政体制改革以"放权"和为基层"赋权"为主流趋势的背景下，环境治理权

---

① 詹国彬、陈健鹏：《走向环境治理的多元共治模式：现实挑战与路径选择》，《政治学研究》2020年第 2 期。

为何在地方纵向层级间呈现"逆流而上"的趋势？在职能整合和机构重组之后，环境保护行政主管部门如何协调与其他政府部门的关系、怎样实现对政府及其他职能部门环保责任的监督问责？这些都是环境治理中面临的现实问题，也是有待进一步探讨的重要问题。

第二节　公众参与、政府回应与治理效能：基于环境信访的探讨

改革开放以来，我国经济社会迅速发展，与此同时，生态环境却遭到了严重破坏，一系列环境问题逐渐显现出来。1972 年联合国人类环境会议召开以来，人们逐渐意识到人类活动对自然环境造成的破坏以及生态环境破坏对人们生存和发展所带来的威胁，也开始意识到保护生态环境的重要性，我国政府对生态文明建设的重视度也逐渐提高。环境问题与每个人息息相关，环境污染会影响人们的生活质量、身体健康程度和生产活动，并会给我们的下一代带来严重的负面影响。而且，长期的经验表明，治理环境污染仅依靠政府是行不通的，还需要广泛的公众参与。理论与现实的双重驱动使得公众参与环境治理势在必行。

一　信访能否改善环境污染状况？

在各种参与环境治理的方式和途径中，信访是一个不容忽视的重要类型，此类信访也被称为环境信访。对于环境信访，虽然学者们根据自己的理解作出相应的概念界定，但通常将其作为信访在特定领域的一种体现。根据《环境信访办法（2021 修正）》第二条的规定："环境信访是指公民、法人或者其他组织采用书信、电子邮件、传真、电话、

走访等形式，向各级环境保护行政主管部门反映环境保护情况，提出建议、意见或者投诉请求，依法由环境保护行政主管部门处理的活动"。此处的研究遵循这一定义，从公民、法人或者其他组织采用书信、电话、走访等形式，向环保部门反映自己关于环境的意见诉求，再由环保部门依法给予处理的活动角度来分析信访形式的公众参与。既包括通过书信、走访、拨打 12369 环保热线等方式所进行的传统信访形式，也包括通过市长信箱、领导留言板、拨打"12369 环保举报"微信公众号等渠道所进行的意见反馈和问题投诉等"网上信访"形式。在互联网普及的时代，"网上信访"给人们带来了很大的便捷，具有成本低、效率高、主体开放等优势①。

公众通过信访形式反映环境诉求，意在希望政府作出有效回应，那么，公众信访渠道的环境诉求表达是否会影响政府的回应情况呢？信访形式的公众参与和政府回应情况又是否能提升环境治理效能，从而改善环境污染状况呢？本章根据《中国环境统计年报》（2001—2015 年）的数据梳理出 2001—2015 年环境信访、政府环境污染治理投资和环境污染治理的总体情况，然后基于回应型政府的概念和公民环境权理论，对公众环境信访与政府回应（包括政府对环境信访的处理情况和政府环境污染治理投资情况）之间的关系进行探讨，并分析公众信访形式的参与和政府回应是否能够改善环境污染状况。

（一）理论基础

信访是一种具有中国特色的民意表达方式和权利救济途径，国外没有"信访"这一概念，但这并不影响国外学者对于中国信访现象以及信访制度的研究兴趣（在国外虽然没有"信访"这一说，但有类似的"请愿"制度）。如有学者基于数据统计和民族志研究，发现较高的家庭收入是增加村民参与集体请愿的可能性的唯一重要因素，经济安全会赋予农民政治参与权，以及复员士兵并不显著增加村民参加集体请愿的可能

---

① 付晶、刘振宇：《大数据时代的网上信访：治理模式与优化路径》，《宁夏社会科学》2019 年第2 期。

性，这意味着，如果中国家庭的平均收入继续增长，请愿作为中国政治"管理参与"的一种形式可能会面临越来越多的挑战①。换言之，快速的经济发展和请愿活动之间存在普遍的正相关关系——这是一种几乎完全专属于当代中国贫困群众的重要政治参与模式②。还有研究通过利用中国水电政策变化所提供的自然实验，来分析非威胁政权的请愿是否会引发地方政府的强制反应③。

　　国内对于信访的研究则主要聚焦于信访制度的功能、信访制度的发展历程、信访制度是否应当被废除以及信访制度改革等方面。虽然研究比较多，但单独针对环境信访的研究却并不多见。从现有的文献资料来看，有学者研究了环境信访的模式与意义，如有学者在分析环境信访的意义与现状的基础上，提出一种新的环境污染投诉的请愿模式即"十"字模式，并以马鞍山市的环境请愿工作为例分析了这种新的"一横一纵"模式④；有学者从环境纠纷 ADR 解决机制的视角考察了公众环境请愿的制度价值⑤；还有学者使用定性分析方法，以江西上高县为例探讨了新的社会形势下，做好欠发达地区环境信访工作的规律及其重要性⑥。也有人对环境信访的影响因素进行了研究，如有人研究了国家在环境方面的法制执行能力和社会团体发展规模这两个因素对环境信访的数量的影响，发现政府对环境污染方面的案件进行处罚的力度与公民的上访数量呈现相反的变化趋势，而社会团体的发展规模虽然不能减少公民的走访行动，但却在某种程度上起到消解公民通过书信方式抱怨环境问题的

①　Jing Chen, "Who Participates in Collective Petitions in Rural China? ", *Journal of Chinese Political Science*, Vol.17, No.3, July 2012.

②　Wooyeal Paik, "Economic Development and Mass Political Participation in Contemporary China: Determinants of Provincial Petition (Xinfang) Activism 1994-2002", *International Political Science Review*, Vol.33, No.1, 2012.

③　Wong Stan Hok-wui, Peng Minggang, "Petition and Repression in China's Authoritarian Regime: Evidence from a Natural Experiment", *Journal of East Asian Studies*, Vol.15, No.1, 2015.

④　李平、王晞雯:《环境信访"十"字模式——基层环境信访的新探索》,《环境保护》2010 年第 2 期。

⑤　张兰:《环境纠纷 ADR 解决机制视野下的环境信访制度价值研究》,《求实》2010 年第 5 期。

⑥　潘思德:《做好环境信访工作的探讨》,《环境与可持续发展》2004 年第 4 期。

作用①;还有人通过建立影响环境信访的因素的规范激活理论模型,探寻影响公民通过信访方式来表达环境诉求的行为的社会心理因素,结果表明:对环境信访结果的了解会正向影响环境信访在责任方面的归属,公民的个体行为标准需要通过责任归属来激活,从而影响公民通过信访来表达自己环境诉求的意图②。

上述文献表明,在理论界,关于信访问题的研究非常之多,但单独针对环境信访与政府回应、环境治理状况关系的研究却十分少见,这既为本部分的研究奠定了基础,同时也留下了进一步探讨的空间。

(二)研究假设

已有的研究表明,政府对公众参与的回应十分重要,且二者关系十分密切③:公众参与是政府回应的基础,公众参与的增加会促进政府回应力的提高④。另外,有人通过对省级环境信访数据的分析,发现环境信访的数量与省级政府在减少污染方面的投资呈正相关关系⑤,因此,我们将环境污染治理投资作为政府回应的重要内容来加以分析,并提出假设1:环境信访(信访形式的公众参与)会影响政府回应,即公众通过信访渠道表达环境意见诉求的举动会促进政府的回应,如加强对环境信访事宜的处理、扩大对环境污染治理的投资。

政府积极回应是解决社会矛盾冲突的必然要求。在理论上,政府的积极回应往往连带着相应的应对策略,比如增加治理环境污染的投资。有学者根据中国统计年鉴的数据研究发现,环境治理的投资对环境质量

① 祁玲玲、孔卫拿、赵莹:《国家能力、公民组织与当代中国的环境信访——基于2003—2010年省际面板数据的实证分析》,《中国行政管理》2013年第7期。

② 王丽丽、张晓杰:《公民环境信访行为影响因素的实证分析——基于规范激活理论》,《中国环境管理》2016年第6期。

③ Camilla, and Stivers, "The Listening Bureaucrat: Responsiveness in Public Administration", *Public Administration Review*, Vol.54, No.4, 1994.

④ 胡艳芝、黄志波:《公众参与视阈下政府回应力的提升》,《重庆行政》2010年第3期。

⑤ Jiankun Lu, Tsai Pi-Han, "Signal and Political Accountability: Environmental Petitions in China", *Economics of governance*, Vol.18, No.4, September 2017.

有正向的冲击 ①；通常情况下，环境投资越高，污染密度降低得就越多，即环境投资越多，环境污染治理情况就越好 ②。也就是说，政府环境污染治理投资极有可能会影响环境污染治理情况，这是本部分的第 2 个假设，即政府回应会改善环境污染治理效能。

在各种关于治理的理论研究中，公众参与一直被认为能够优化治理体系，增强治理能力，进而提升治理效能。在环境领域，也有学者对环境信访作出相应的分析研究，如，有研究发现环境信访次数能加强上级部门对环保的重视，影响当地政府对环境污染项目的决策以及企业的污染排放行为，从而改进环境质量，并且这种促进作用具有即时性 ③；还有人以 2004—2011 年中国 31 个省级政府的面板数据为样本，探讨了不同的环境治理方式对改善地区环境治理效果的影响，结果发现，不同的公众参与方式对环境治理有不同影响，其中，环境信访对于关乎公众健康、生活质量的环境污染物排放减少有积极作用，且对大气类污染物减排的影响更为显著 ④。简言之，公众参与会影响环境污染治理情况，这是第 3 个假设，即公众通过环境信访来表达环境意见诉求的举动会影响环境污染治理效能。

二　数据来源及描述性统计

本节所涉及的环境信访相关数据资料主要来自 2001—2015 年的《中国环境统计年报》，包括每年的来信总数、来访人次、电话 / 网络投诉数和环保微信举报数等，这些数据的总和便是每年的环境信访总量。

---

① 董竹、张云:《中国环境治理投资对环境质量冲击的计量分析——基于 VEC 模型与脉冲响应函数》,《中国人口·资源与环境》2011 年第 8 期。

② Qunhui Lin, Guanyi Chen, Wencui Du, Haipeng Niu, "Spillover Effect of Environmental Investment: Evidence from Panel Data at Provincial Level in China", *Frontiers of Environmental Science & Engineering*, Vol.6, No.3, 2012.

③ 郑石明:《环境政策何以影响环境质量？——基于省级面板数据的证据》,《中国软科学》2019 年第 2 期。

④ 吴建南、徐萌萌、马艺源:《环保考核、公众参与和治理效果：来自 31 个省级行政区的证据》,《中国行政管理》2016 年第 9 期。

（一）2001—2015 年的环境信访基本情况

根据表 5-5，中国环境信访总量在 2001—2005 年持续增长，之后虽然存在波动（其中 2007 年环境信访总量在 15 年当中处于最低值）但波动幅度不大，总体呈现上升趋势。全国环保系统收到的群众来信总数在 2001—2006 年一直呈上升趋势，在 2006—2013 年波动幅度较大，2007 年来信总数下降明显，数量仅为 2006 年的 20% 左右，然后在 2008 年又急剧上升，数量甚至超过了 2006 年，此后一直到 2010 年数量都相对平稳，之后开始急剧下降，2011 年信访量不足 2010 年的30%，来信总数下降到 2013 年后开始以缓慢的速度增加；群众来访人次也呈现波动趋势，2001—2005 年数量一直增加，之后开始下降，2007 年数量下降明显，2008 年较 2007 年增加了几千人次之后数量开始缓慢下降，在 2011 年数量增加明显，之后数量开始波动，但波动幅度不大；电话／网络投诉数自有数据记录以来就一直持续增长，并且，通过数据可以看出，电话／网络投诉这一方式越来越成为公众表达环境诉求的主要渠道，其数量显著高于来信总数和来访人次；环保微信举报在2015 年才在全国范围内开通，所以缺少对这一方式的连续统计。

表 5-5 　　　　　　　2001—2015 年中国环境信访基本情况

年份	来信总数（封）	来访人次（次）	电话／网络投诉数（件）	环保微信举报数（件）	总数
2001	369712	95033			464745
2002	435420	109353			544773
2003	525988	120246			646234
2004	595852	130340			726192
2005	608245	142360			750605
2006	616122	110592			726714
2007	123357	77399			200756
2008	705127	84971			790098
2009	696134	73798			769932
2010	701073	65948			767021

续表

年份	来信总数（封）	来访人次（次）	电话/网络投诉数（件）	环保微信举报数（件）	总数
2011	201631	107597	852700		1161928
2012	107120	96145	892348		1095613
2013	103776	107165	1112172		1323113
2014	113086	109426	1511872		1734384
2015	121462	104323	1646705	13719	1886209

（二）2001—2015 年环境信访处理率及政府环境污染治理投资情况

与环境信访总体数量趋势相对应的是政府对环境信访的处理情况，此处用已处理的来信来访、电话/网络投诉和环保微信举报的数量占环境信访总量的百分比，即环境信访处理率来表示（具体情况见表 5-6）。通过该表可以看出，环境信访的处理率虽然一直在上下波动，但波动幅度不是很大，总体处理率是比较高的，基本都在 90% 以上。针对环境污染问题，政府的环境治理投资状况是体现其应对举措的重要体现。根据《中国环境统计年报》（2001—2015 年）的数据，中国政府环境投资总额除 2011 年和 2015 年相比上一年稍微有所下降之外，其他年份一直呈上升趋势；从增长率可以看出，环境投资总额增长时快时慢，增长最快的年份是 2010 年，增长最慢的年份是 2009 年，而 2011 年和 2015年为负增长。

表 5-6　2001—2015 年中国环境信访处理率及政府环境污染治理投资总额

年份	环境信访处理率（%）	环境污染治理投资总额	
		投资总额（亿元）	增长率（%）
2001	94.78	1106.60	4.30
2002	92.43	1363.40	23.20
2003	93.86	1627.30	19.40
2004	93.80	1909.80	17.40
2005	93.56	2388.00	25.00

年份	环境信访处理率（%）	环境污染治理投资总额	
		投资总额（亿元）	增长率（%）
2006	92.54	2566.00	7.50
2007	95.47	3387.60	32.00
2008	96.42	4490.30	32.60
2009	92.96	4525.20	0.80
2010	93.52	6654.20	47.00
2011	93.48	6026.20	−9.40
2012	95.67	8253.60	37.00
2013	94.49	9037.20	9.50
2014	94.80	9575.50	6.00
2015	94.69	8806.30	−8.00

环境污染治理投资包括城市环境基础设施建设、（老）工业污染源治理、建设项目"三同时"（即建设项目中防治污染的设施与主体工程同时设计、同时施工、同时投产使用）三个部分。根据对这三个部分每年的投资数据和与上一年相比的增长率可以看出（详见表5-7），在环境污染治理投资中，城市环境基础设施建设方面的投资最多，（老）工业污染源治理投资最少，由此可以推测，城市环境基础设施建设在环境治理中占据着非常大的权重。

通过表5-7中的数据还可以发现，城市环境基础设施建设投资额总体呈增长趋势，但增长速度时快时慢，增长最快的是2010年，增长最慢的是2006年，2015年呈负增长。（老）工业污染源治理投资额总体也是呈现增长趋势，但过程当中偶有下降，如2008年、2009年和2010年逐年下降，2015年相比上年有所下降；在增长率上也存在时快时慢甚至负增长的特点，并且幅度较大，增长最快时高达69.80%（2013年），慢时则呈现负增长（2001年增长率为−27.10%，2015年为−22.50%）。建设项目"三同时"环保投资额总体呈现明显的增长趋势，但增长率也有高有低，最高时于2007年达到78.20%的增幅，最低时则低至2009年的−26.80%。

表 5-7　　　　　2001—2015 年中国环境污染治理投资构成情况

年份	城市环境基础设施建设投资（亿元）	增长率（%）	（老）工业污染源治理投资（亿元）	增长率（%）	建设项目"三同时"环保投资（亿元）	增长率（%）
2001	595.70	6.00	174.50	−27.10	336.40	29.40
2002	785.30	31.80	188.40	8.00	389.70	15.80
2003	1072.40	36.50	221.80	17.70	333.50	−14.40
2004	1141.20	6.40	308.10	38.90	460.50	38.10
2005	1289.70	13.00	458.20	48.70	640.10	39.00
2006	1314.90	2.00	483.90	5.60	767.20	19.90
2007	1467.80	11.60	552.40	14.20	1367.40	78.20
2008	1801.00	22.70	542.60	−1.20	2146.70	57.00
2009	2512.00	39.50	442.50	−18.40	1570.70	−26.80
2010	4224.20	68.20	397.00	−10.30	2033.00	29.40
2011	3469.40	17.90	444.40	11.90	2112.40	3.90
2012	5062.70	45.90	500.50	12.60	2690.40	27.40
2013	5223.00	3.20	849.70	69.80	2964.50	10.20
2014	5463.90	4.60	997.70	17.40	3113.90	5.00
2015	4946.80	−9.50	773.70	−22.50	3085.80	−0.90

　　城市环境基础设施建设投资主要包括燃气、集中供热、排水、园林绿化和市容环境卫生五个方面的投资，表 5-8 列出了 2001—2015 年全国城市环境基础设施建设投资的总额和五个具体方面的投资额。根据表中的数据可以发现，在城市环境基础设施建设投资中，排水和园林绿化每年的投资额都远高于其他，说明排水和园林绿化投资是城市环境基础设施建设投资的重点领域。

表 5-8　　2001—2015 年全国城市环境基础设施建设投资构成情况

年份	投资总额（亿元）	燃气（亿元）	集中供热（亿元）	排水（亿元）	园林绿化（亿元）	市容环境卫生（亿元）
2001	595.70	75.50	82.00	224.50	163.20	50.60
2002	789.10	88.40	121.40	275.00	239.50	64.80

年份	投资总额（亿元）	燃气（亿元）	集中供热（亿元）	排水（亿元）	园林绿化（亿元）	市容环境卫生（亿元）
2003	1072.40	133.50	145.80	375.20	321.90	96.00
2004	1141.20	148.30	173.40	352.30	359.50	107.80
2005	1289.70	142.40	220.20	368.00	411.30	147.80
2006	1314.90	155.10	223.60	331.50	429.00	175.80
2007	1467.80	160.40	230.00	410.00	525.60	141.80
2008	1801.20	163.50	269.70	496.00	649.90	222.00
2009	2512.00	182.20	368.70	729.80	914.90	316.50
2010	4224.20	290.80	433.20	901.60	2297.00	301.60
2011	3469.40	331.40	437.60	770.10	1546.20	384.10
2012	5062.70	551.80	798.10	934.10	2380.00	398.60
2013	5223.00	607.90	819.50	1055.00	2234.90	505.70
2014	5463.90	574.00	763.00	1196.10	2338.50	592.20
2015	4946.80	463.10	687.80	1248.50	2075.40	472.00

（老）工业源污染治理投资主要包括废水、废气、固体废物、噪声等方面的投资，表5-9列出了2001—2015年全国（老）工业源污染治理投资总额和各个构成部分的投资额。根据表中数据可以看出，在（老）工业源污染治理投资中，每年在废水和废气这两个方面的投资最多，噪声方面的投资最少，由此可见，废水和废气是（老）工业源污染治理投资的重点。

表5-9 2001—2015年全国（老）工业源污染治理投资构成情况

年份	投资总额（亿元）	废水（亿元）	废气（亿元）	固体废物（亿元）	噪声（亿元）	其他（亿元）
2001	174.50	72.90	65.80	18.70	0.60	16.50
2002	188.40	71.50	69.80	16.10	1.00	29.90
2003	221.80	87.40	92.10	16.20	1.00	25.10
2004	308.10	105.60	142.80	22.70	1.30	35.70
2005	458.20	133.70	213.00	27.40	3.10	81.00

续表

年份	投资总额（亿元）	废水（亿元）	废气（亿元）	固体废物（亿元）	噪声（亿元）	其他（亿元）
2006	483.90	151.10	233.30	18.30	3.00	78.30
2007	552.40	196.10	275.30	18.30	1.80	60.70
2008	542.60	194.60	265.70	19.70	2.80	59.80
2009	442.50	149.50	232.50	21.90	1.40	37.30
2010	397.00	130.10	188.90	14.30	1.50	62.20
2011	444.40	157.70	211.70	31.40	2.20	41.40
2012	500.50	140.30	257.70	24.70	1.20	76.50
2013	849.70	124.90	640.90	14.00	1.80	68.10
2014	997.70	115.20	789.40	15.10	1.10	76.90
2015	773.70	118.40	521.80	16.10	2.80	114.50

建设项目"三同时"指的是建设项目中防治污染的设施与主体工程同时设计、同时施工、同时投产使用。表5-10列出了2001—2015年建设项目"三同时"环保投资额在建设项目投资总额、全社会固定资产投资总额和环境治理投资总额中的占比。由表中数据可以看出，每年的建设项目"三同时"环保投资额在当年的环境治理投资总额中占比从20.50%到47.80 %不等，在当年的建设项目投资总额和全社会固定资产投资总额中的占比都非常小。

表5-10　　2001—2015年建设项目"三同时"环保投资情况

年份	环保投资额（亿元）	占建设项目投资总额（%）	占全社会固定资产投资总额（%）	占环境治理投资总额（%）
2001	336.40	3.60	0.90	30.40
2002	389.70	5.20	0.90	28.60
2003	333.50	3.90	0.60	20.50
2004	460.50	3.90	0.70	24.10
2005	640.10	4.00	0.70	26.80
2006	767.20	1.00	0.70	29.90
2007	1367.40	5.00	1.00	40.40

年份	环保投资额 （亿元）	占建设项目投资 总额（%）	占全社会固定资产投资 总额（%）	占环境治理投资 总额（%）
2008	2146.70	6.40	1.30	47.80
2009	1570.70	3.20	0.70	34.70
2010	2033.00	4.10	0.70	30.60
2011	2112.40	3.10	0.70	35.10
2012	2690.40	2.70	0.70	31.90
2013	2964.50	4.60	0.70	32.70
2014	3113.90	4.80	0.60	32.60
2015	3085.80	4.60	0.50	35.00

（三）环境污染治理情况

在汇总《中国环境统计年报》中关于环境治理情况的一些指标时，我们发现2011—2015这五年的数据缺失，所以只统计了2001—2010年我国工业废水排放达标率、工业二氧化硫排放达标率、工业烟尘排放达标率、工业粉尘排放达标率、工业固体废物综合利用率、城市生活污水处理率等情况（具体数据见表5-11）。通过该表可以看出，工业废水排放达标率在每年的各项指标中是最高的，城市生活污水处理率在这十年中有九年是各个指标中的最低值（只有2010年达标率稍微超过工业固体废物综合利用率）。工业废水排放达标率、工业二氧化硫排放达标率、工业烟尘排放达标率、工业粉尘排放达标率、工业固体废物综合利用率以及城市生活污水处理率基本上（除个别年份外）都保持上升趋势，这说明我国环境污染治理情况成效越来越显著，环境质量也正在逐渐提升。

表 5-11　　　　　　　2001—2010 年环境治理主要指标信息

年份	工业废水排 放达标率 （%）	工业二氧化 硫排放达 标率（%）	工业烟尘排 放达标率 （%）	工业粉尘排 放达标率 （%）	工业固体废 物综合利 用率（%）	城市生活污 水处理率 （%）
2001	85.60	61.00	67.00	51.70	52.10	18.50
2002	88.30	72.00	75.00	61.70	52.00	22.30

续表

年份	工业废水排放达标率（%）	工业二氧化硫排放达标率（%）	工业烟尘排放达标率（%）	工业粉尘排放达标率（%）	工业固体废物综合利用率（%）	城市生活污水处理率（%）
2003	89.20	69.10	78.50	54.50	54.80	25.80
2004	90.70	75.60	80.20	71.10	55.70	32.30
2005	91.20	79.40	82.90	75.10	56.10	37.40
2006	90.70	81.90	87.00	82.90	60.20	43.80
2007	91.70	86.30	88.20	88.10	62.10	49.10
2008	92.40	88.80	89.60	89.30	64.30	57.40
2009	94.20	91.00	90.30	89.90	67.00	63.30
2010	95.30	92.10	90.60	91.40	66.70	72.90

三 环境信访、政府回应与环境治理效能之间的关系

在当前环境治理体系中，信访是公众反映环境问题和表达关于环境保护的意见诉求的重要渠道，因此，环境信访总量能够较好地代表公众参与环境治理的情况。政府对环境信访的处理率和环境污染治理投资情况则代表着政府对公众反映和表达的环境问题和诉求的回应。公众意见诉求表达和政府回应最终都以对于环境污染问题的治理效能为落脚点。对治理效能的衡量可以工业废水排放达标率、工业二氧化硫排放达标率、工业烟尘排放达标率、工业粉尘排放达标率、工业固体废物综合利用率和城市生活污水处理率作为主要指标。

（一）环境信访与政府回应

为检验假设 1（环境信访会影响政府回应，即公众通过信访渠道表达环境意见诉求的举动会促进政府的回应，如加强对环境信访事宜的处理、加大对环境污染治理的投资），运用 SPSS 软件将代表公众参与情况的环境信访总量与代表政府回应情况的环境信访处理率和政府环境污染治理投资总额分别进行回归分析（模型 1 和模型 2）。结果如表 5-12 所示，模型 1 的 P 值大于 0.05，即在 95% 的置信度下，公众信访形式

的意见诉求表达对政府环境信访处理率不存在显著的影响；模型 2 的 P 值小于 0.05，由此可知，在 95% 的置信度下，公众信访形式的意见诉求表达对政府环境污染治理投资情况具有显著的影响。

表 5-12   环境信访总量和政府环境信访处理率、环境污染治理

投资额的线性回归模型

模型		平方和	自由度	均方	F 值	P 值
1	回归	0.524	1	0.524	0.373	0.552
	残差	18.272	13	1.406		
	总计	18.796	14			
2	回归	9.133E+07	1	9.133E+07	30.299	0.000
	残差	3.919E+07	13	3.014E+06		
	总计	1.305E+08	14			

由此可见，就目前所得数据资料来看，环境信访总量并未对政府的环境信访处理率产生显著影响，但是，却显著影响到政府对于环境污染治理的投资情况。而且，从回归系数来看，如表 5-13 所示，政府的环境污染治理投资额随着公众环境信访量的增加而增加。环境信访总量每增加 1 个单位，政府对于环境污染治理的投资就增加 0.006 个单位。由于政府回应包括政府环境信访处理率和政府环境污染治理投资情况等方面，所以，公众的环境信访影响政府回应这一假设的内容部分得到验证，即公众通过环境信访反映意见诉求的举动虽然并未明显促进政府对于环境信访处理率的提升，但能够促进政府扩大对于环境污染治理的投资。

表 5-13   环境信访总量与政府环境污染治理投资额的线性回归系数

模型		非标准化系数		标准系数	t 值	P 值
		B	标准误差			
1	常数项	−257.334	1019.223	0.840	−0.252	0.805
	公众参与	0.006	0.001		5.504	0.000

（二）政府回应与环境治理效能

为验证假设 2（政府回应会影响环境污染治理效能），运用 SPSS 软件将政府回应情况中的政府环境信访处理率与表征环境污染治理效能的工业废水排放达标率、工业二氧化硫排放达标率、工业烟尘排放达标率、工业粉尘排放达标率、工业固体废物综合利用率及城市生活污水处理率等指标（2011—2015 年这些指标值缺失）分别作回归分析。结果如表 5-14 所示：在线性回归模型中，政府环境信访处理率与代表环境污染治理效能的各个指标回归模型的 P 值都大于 0.05，说明在 95% 的置信度下，政府环境信访处理率不会显著影响环境污染治理效能。由此部分否定了假设 2 的内容。

表 5-14　政府环境信访处理率与环境治理效能各指标的线性回归模型

模型	非标准化系数		标准化系数	t 值	P 值
	B	标准误差			
1	−0.023	0.776	−0.010	−0.029	0.978
2	0.730	2.828	0.091	0.258	0.803
3	0.529	2.143	0.087	0.247	0.811
4	1.740	4.156	0.146	0.419	0.686
5	0.801	1.558	0.179	0.514	0.621
6	1.839	5.015	0.129	0.367	0.723

注：模型 1—6 的因变量分别是工业废水排放达标率、工业二氧化硫排放达标率、工业烟尘排放达标率、工业粉尘排放达标率、工业固体废物综合利用率、城市生活污水处理率。

为进一步检验政府回应是否对环境污染治理效能产生影响，以政府环境污染治理投资额为解释变量，以代表环境污染治理效能的前述各个指标为被解释变量作回归分析。结果如表 5-15 所示：在线性回归模型中，各个指标对应的 P 值均小于 0.05，说明在 95% 的置信度下，政府环境治理投资额会显著影响工业废水排放达标率、工业二氧化硫排放达标率、工业烟尘排放达标率、工业粉尘排放达标率、工业固体废物综合利用率和城市生活污水处理率。也就是说，政府的环境治理投资额对环境污染治理效能具有显著影响。而且，从数据结果可以看出，各回归系数都大于 0，这意味着体现环境污染治理效能的各个指标都随着政府环境污染治理投资额的增加而增大，即政府环境污染治理投资对环境治理效能具有显著正向的促进作用。由此部分验证了假设 2 的内容。

表 5-15　政府环境污染治理投资与环境治理效能各指标的线性回归模型

模型	非标准化系数		标准化系数	t 值	P 值
	B	标准误差			
1	0.001	0.000	0.907	6.080	0.000
2	0.005	0.001	0.889	5.490	0.001
3	0.004	0.001	0.823	4.105	0.003
4	0.007	0.002	0.845	4.470	0.002
5	0.003	0.000	0.930	7.158	0.000
6	0.010	0.001	0.974	12.049	0.000

注：模型 1—6 的因变量分别是工业废水排放达标率、工业二氧化硫排放达标率、工业烟尘排放达标率、工业粉尘排放达标率、工业固体废物综合利用率、城市生活污水处理率。

（三）环境信访与环境治理效能

为了检验假设 3（公众的环境信访会影响环境污染治理效能），运用 SPSS 软件将环境信访总量分别与工业废水排放达标率、工业二氧化硫排放达标率、工业烟尘排放达标率、工业粉尘排放达标率、工业固体废物综合利用率、城市生活污水处理率等代表环境污染治理效能情况的指标进行回归分析。结果如表 5-16 所示：线性回归各个模型的 P 值都大于 0.05，说明在 95% 的置信度下，环境信访总量并未对工业废水排放达标率、工业二氧化硫排放达标率、工业烟尘排放达标率、工业粉尘排放达标率、工业固体废物综合利用率、城市生活污水处理率等产生显著影响。也就是说，信访形式的公众参与对环境污染治理效能情况的影响并不显著。由此否定了假设 3 的基本内容。

表 5-16　　　环境信访总量与环境治理效能各指标的线性回归模型

模型	非标准化系数		标准化系数	t 值	P 值
	B	标准误差			
1	0.000	0.000	0.428	1.340	0.217
2	0.000	0.000	0.304	0.901	0.394
3	0.000	0.000	0.324	0.969	0.361
4	0.000	0.000	0.234	0.681	0.515
5	0.000	0.000	0.290	0.857	0.416
6	0.000	0.000	0.343	1.034	0.331

注：模型 1—6 的因变量分别是工业废水排放达标率、工业二氧化硫排放达标率、工业烟尘排放达标率、工业粉尘排放达标率、工业固体废物综合利用率、城市生活污水处理率。

四　通过强化政府回应来提升公众参与和环境治理效能

综上而言，根据《中国环境统计年报》（2001—2015 年）的数据，环境信访总量对政府的环境信访处理率并不产生显著影响（对于信访问题的处理率极有可能受到其他因素比如信访制度或问题属性、影响程度、波及范围等影响），对环境污染治理效能也不产生直接的显著影响，但是，却显著影响到政府对于环境污染治理的投资情况。政府环境信访处理率对环境污染治理效能不存在显著影响，但政府环境污染治理投资会显著影响环境污染治理效能。也就是说，增加对环境污染治理的投资能够显著改善环境污染治理效能。环境信访、政府回应与环境治理效能之间的大致关系如图 5-8 所示。

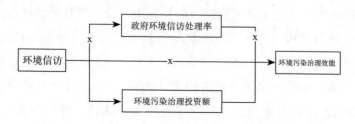

图 5-8　环境信访、政府回应与环境治理效能之间的关系

　　具体而言，在各个变量及其具体指标之间存在以下显著关系，即环境信访对政府的环境污染治理投资具有显著影响，信访形式的诉求表达和意见建议能够促进政府对环境污染问题的重视并增加治理环境污染的投资；政府环境治理投资会显著影响对环境污染的治理效能，如对环境污染投资的增加能够显著提高工业二氧化硫排放达标率、工业烟尘排放达标率、工业粉尘排放达标率、工业固体废物综合利用率和城市生活污水处理率，也就是说，特定形式的政府回应将促进对环境污染的有效治理。因此，可以认为，环境污染治理投资在环境信访和环境污染治理效能之间极有可能存在一定的中介作用。由于《中国环境统计年报》的部分年份数据存在缺失，因此，部分结论仍有待进一步验证。不过，根据已有的数据分析结果，可以认为，环境信访是公众表达关于环境问题的意见建议的重要方式，但公众的诉求表达与环境治理效能的提升之间并不存在直接显著的因果关系。环境治理投资额的增加则能直接促进环境治理效能的改善。因此，在鼓励公众有序参与环境治理的同时，应强化政府对公众环境诉求和意见建议的回应性，这是提升公众参与效能和改善环境治理效能的必要举措。

第三节　对参与的态度：公众和环保工作人员的双重视角

　　在各种关于环境治理公众参与的研究中，公众参与都被视为优化环境治理体系与结构，提升环境治理能力及治理效能的重要方式，然而，该结论更多来自学术界的理论研究。实际上，"公众自发地进行环境保护的能力是有限的，必须与政府的需求相结合"，但有研究认为，政府"不同程度上存在着希望公众参与来使决策更加科学并缓和社会矛盾，又害怕公众参与会削弱行政权威的'暧昧'状态，很多时候将公众参与仅仅当做'花瓶'和'摆设'，对公众参与持有忽冷忽热的态度"[①]。那么，环保工作人员对于公众参与治理的态度与公众想要参与的环境治理以及实际上的参与行动是否一致呢？以下部分将从公众和环保工作人员的双重角度来探讨不同主体对于公众参与环境治理的态度问题。

一　不同主体对于公众参与的态度是一致的吗？

公众参与的理论地位很高，政策法律也给予了其充分的重视，那么，实际的公众参与环境治理情况如何？参与效能是否如政策预期？根据前述问卷调查，我们发现在当前环境领域，存在比较严重的公众参与失灵问题，为何会出现这种理论和政策预期同现实之间的明显差距呢？已有的研究大多从公众角度或者制度体系角度予以分析，但受前期调查研究的启示，有理由认为，在制度体系的完善之外可能还存在其他一些被忽略的要素，比如，公众对于参与环境治理的态度认知与工作人员对公众参与的态度是否一致？就前期了解的情况而言，二者的态度存在一定的反差，如果这种反差是真实存在的，那么是否会影响公众的参与效能呢？更进一步的问题是，什么样的参与方式才是环保部门及其工作人员所期待的，什么样的方式又是公众青睐的呢？

在环境保护领域，公众是最直接的受益者，也是环保政策的目标群体，环保工作人员则是典型的政策执行者。在各种对于政策受众（目标群体）与政策执行者之间的关系的分析中，托马斯·B.史密斯的政策执行理论被广泛应用：根据该理论，政策执行效果取决于理想的政策、政策执行环境、目标群体以及执行者这样四个核心要素。据此可以推断，在政策和外部环境既定的情况下，目标群体和执行者各自的行为及其互动将是影响政策执行结果的关键性因素。因此，接下来的分析将围绕公众这一目标群体和环保工作人员这一执行角色展开，我们分别从公众角度和环保工作人员角度进行了小规模的调查访谈，前一调查聚焦几

---

① 　虞伟：《中国环境保护公众参与：基于嘉兴模式的研究》，中国环境出版社 2015 年版，第 5 页。

个特定小区，以轨道噪声扰民引发的公众参与活动作为调查主题，后一调查以生态环境部门工作人员作为对象进行调查访谈。

二　数据来源及描述性统计

对公众和环保工作人员的调查是本书研究的基础，基本的情况如下。

（一）针对公众的调查

该项调查以轨道噪声扰民事件为切入点，调查的区域分布着若干不同的商业住宅小区，这些住宅小区附近有一条轻轨线，但是由于缺少有效的降噪设施，轻轨运行时产生的噪声对居民造成严重困扰。基于对于环境问题的关注，调查组成员申请加入了该区域业主为解决噪声问题而组建的微信群和QQ群，通过问卷和访谈等形式对该区域业主的诉求表达等参与情况做了进一步了解。本次问卷调查的对象主要是上述住宅区的业主，因此问题设置相对集中，主要涉及业主有关噪声问题的诉求表达与政府回应，大致包括诉求表达的方式、政府回应速度、回应的实际效果以及政府线下协商等情况（具体见表5-17）。

表5-17　　　　　　主要指标及选项赋值（面向业主）

指标	赋值
性别	1=男；2=女
受教育程度	1=初中及以下；2=高中（包括职高）；3=专科；4=本科及以上
您的房屋价格涨幅	1=涨价；2=稳定；3=降价
您的房子与轻轨的距离	1=靠近轻轨的第一排房屋；2=靠近轻轨的第二排房屋；3=靠近轻轨的第三排房屋；4=在第四排房屋甚至更远
轨道噪声对您的影响	1=可以忽略不计；2=有影响，但在忍受范围内；3=影响有点大，影响正常生活和休息；4=影响非常严重，深受其害
政府回应情况	1=回应很及时；2=回应有点儿迟缓；3=很少得到回应；4=迄今杳无音讯

续表

指标	赋值
政府回应的实际作用	1= 帮助很大，问题能够得到很好的解决；2= 还是有效果，但需要自己持续跟进；3= 没什么用，经常敷衍或踢皮球，很少见到实际行动
前期行动效果	1= 效果不错；2= 目前略有效果，但未达到我们的预期；3= 效果不明显
政府是否主动与业主协商	1= 没有；2= 有，但次数很少；3= 已经协商很多次了
是否向有关部门反映过轨道噪声问题	1= 没有反映过；2= 反映过
是否愿意持续参与该群体的噪声活动	1= 愿意，我会持续跟进；2= 不愿意，以后不会去了

此次问卷通过线上链接的形式发布在业主群，由业主自主进行填答。共计发放问卷 300 份，回收 276 份，回收率为 92%，有效问卷为276 份，有效率 92%。问卷所得数据结果基本情况如下：从性别角度看，男性受访者为 139 人，女性 137 人，二者几乎持平，性别分布均衡；从受教育程度来看，初中及以下的占比 3.3%，高中（含职高）占比 12.3%，专科占比 26.1%，本科及以上占比 58.3%，说明该区域的业主大多受过良好的教育，有着较高的文化水平。

（二）针对环保工作人员的调查

这部分问卷调查的对象为各层级环保部门工作人员，受调查难度影响，主要的样本采集方式为滚雪球抽样（具体问卷见附录）。累计发放问卷 234 份，回收有效问卷 233 份，问卷有效率 99.57%。问卷所得样本基本情况如表 5-18 所示：在地域分布方面主要来自重庆市、湖南省与陕西省，占比相对平均。在人口学统计特征方面，性别分布男性（58.37%）多于女性（41.63%）；在年龄方面，26—35 岁年龄段占比45.92%，26—45 岁年龄段累计占比 82.40%；在学历方面，本科学历占比 62.23%，硕士及以上学历占比 14.16%。总体显现出当前环境工作队伍年轻化、高学历的特征。在所属部门层级方面，样本主要来自市级环保部门与区县级环保部门，前者占比 28.76%，后者占比 51.07%。

表 5-18　　　　样本的基本特征（面向环保工作人员，n=233）

类别	选项	频数	百分比（%）
地域	重庆市	80	34.33
	湖南省	78	33.48
	陕西省	75	32.19
性别	男	136	58.37
	女	97	41.63
年龄	25 岁及以下	14	6.01
	26—35 岁	107	45.92
	36—45 岁	85	36.48
	46—55 岁	24	10.30
	56 岁以上	3	1.29
学历	高中及以下	7	3.00
	专科	48	20.60
	本科	145	62.23
	硕士及以上	33	14.16
所在环保部门	生态环境部	8	3.43
	省级环保部门	24	10.30
	市级环保部门	67	28.76
	区县环保部	119	51.07
	乡镇环保站	15	6.44

三　对参与的态度：来自双方的信息反馈

（一）公众对于参与环境治理的态度及其影响因素

公众在轨道噪声治理问题上的参与态度充分体现在其表达诉求的行为实践以及未来的参与意愿中。根据此次调查所得数据（详见表 5-19），在被问及"是否向有关部门反映过轨道噪声问题"时，75.00% 的受访业主表示向有关部门反映过该问题，另外 25.00% 的受访业主则表示没有向有关部门反映过该问题。不过，在被问及"是否愿意持续参与该群体的噪声活动"时，高达 96.01% 的受访者表示愿意持续跟进，只有 3.99% 的受访者不愿意再参与此类活动。

表 5-19　　　　　　　业主参与情况以及后续意愿（n=276）

指标	选项	频数	百分比（%）	平均值	标准差
是否向有关部门反映过轨道噪声问题	没有反映过	69	25.00	1.75	0.434
	反映过	207	75.00		
是否愿意持续参与该群体的噪声活动	愿意，我会持续跟进	265	96.01	1.04	0.196
	不愿意，以后不会去了	11	3.99		

　　上述结果表明，对于这些业主而言，面对轨道噪声带来的污染，四分之三的受访者都采取了实际行动来争取该问题的解决，而绝大部分人（包括此前未曾采取行动的人）表示愿意继续在此问题上持续付诸行动。那么，业主们的参与行为受哪些因素的影响，哪些因素又会对其后续行为意愿产生持续影响呢？以下分别就这两个问题作进一步的分析。

　　对于业主参与情况的影响因素：根据前期了解的情况，将房屋价格涨幅情况、房子与轻轨的距离、轨道噪声对受访者的影响程度作为自变量，将业主们的诉求表达行为实践作为因变量来进行分析，考虑到受访者的性别和受教育程度可能对个体行为产生影响，因此将其作为控制变量。由于因变量是二分类变量，此处利用 SPSS 软件作二元 logistic 回归分析，结果如表 5-20 所示：根据模型汇总，p<0.001，说明该模型在总体上成立，在本次纳入的变量中，至少有一个变量是具有统计学意义的；根据 Hosmer 与 Lemeshow 检验结果（卡方值为 7.128，df=8，显著性为 0.523），p>0.05，说明该模型具有良好的拟合度。

表 5-20　　　　　　　　　　　模型汇总

步骤	卡方	显著性	−2 对数概似	Cox & Snell R^2	Nagelkerke R^2
1	34.295	0.000	276.114[a]	0.117	0.173

　　二元 logistic 回归结果表明，如表 5-21 所示，房屋价格涨幅情

况、房子与轻轨的距离，以及性别和受教育程度因素对于业主是否向有关部门反映意见诉求并没有显著的影响，而轨道噪声对受访者的影响程度则通过了 0.001 的显著性检验（p<0.001，B=0.893），而且，根据 OR 数值可知（Exp（B）=2.442），当轨道噪声的影响程度每增加 1 个单位，那么业主向有关部门表达意见诉求的概率就增加 2.442 个单位。这意味着，从过往的情况来看，业主们是否就轨道噪声问题向有关部门进行反映（即采取实际行动），受到轨道噪声污染程度的显著影响。

表 5-21 业主诉求表达行为影响因素

	B	S.E.	Wald	df	P	Exp（B）	95% EXP（B）置信区间	
							下限	上限
您的房屋价格涨幅	0.278	0.252	1.224	1	0.269	1.321	0.807	2.163
您的房子与轻轨的距离	−0.229	0.197	1.357	1	0.244	0.795	0.541	1.169
轨道噪声对您的影响	0.893	0.217	16.89	1	0.000	2.442	1.595	3.739
（1）性别	0.352	0.302	1.355	1	0.244	1.422	0.786	2.573
受教育程度			4.068	3	0.254			
（1）受教育程度	−1.027	0.724	2.016	1	0.156	0.358	0.087	1.478
（2）受教育程度	0.702	0.548	1.639	1	0.201	2.018	0.689	5.912
（3）受教育程度	−0.031	0.350	0.008	1	0.929	0.969	0.488	1.926
常数	−2.087	0.975	4.578	1	0.032	0.124		

关于业主后续行为意愿的影响因素，根据前期的走访调查，前期的行为及其效果可能会对业主们的后续行为意向产生影响，因此，在前述三个因素（房屋价格涨幅、房子与轻轨的距离、轨道噪声对受访者的影响程度）的基础上增加了政府回应情况、政府回应的实际作用、前期行动效果、政府是否主动与业主展开协商因素。同样，由于在本次调查中，业主们的意向采用二分类方式来衡量，因此也利用 SPSS 软件作二元 logistic 回归分析，结果如表 5-22 所示：根据模型汇总，P<0.05，说明该模型在总体上成立，在本次纳入的变量中，至少有一个变量是具有

统计学意义的；根据 Hosmer 与 Lemeshow 检验结果（卡方值为 6.053，df=8，显著性为 0.641），P>0.05，说明该模型具有良好的拟合度。

表 5-22　　　　　　　　　　　模型汇总

步骤	卡方	显著性	−2 对数概似	Cox & Snell R^2	Nagelkerke R^2
1	25.964	0.007	66.486[a]	0.090	0.315

二元 logistic 回归结果表明，如表 5-23 所示，在上述被纳入进来的各种因素中，依然只有轨道噪声对受访者的影响程度通过了显著性检验（P<0.01，B=1.438），而且，根据 OR 数值可知（Exp（B）=4.213），当轨道噪声的影响程度每增加 1 个单位，那么业主后续行动的概率就会增加 4.213 个单位。这意味着，业主们后续就轨道噪声问题向有关部门表达意见诉求（即采取实际行动）的意愿受到轨道噪声污染程度的显著影响。该结论与业主前期的行为实践相吻合，即轨道噪声对于业主们过往的行为实践以及后续的行为意愿都存在显著的影响。

表 5-23　　　　　　　　业主后续行动意愿的影响因素

	B	S.E.	Wald	df	P	Exp（B）	95% EXP（B）置信区间 下限	上限
您的房屋价格涨幅	−0.169	0.599	0.080	1	0.778	0.844	0.261	2.731
您的房子与轻轨的距离	−0.568	0.396	2.055	1	0.152	0.567	0.261	1.232
轨道噪声对您的影响	1.438	0.530	7.356	1	0.007	4.213	1.49	11.911
政府回应情况	−0.917	0.511	3.225	1	0.073	0.400	0.147	1.087
政府回应的实际作用	0.523	0.660	0.628	1	0.428	1.688	0.463	6.154
前期行动效果	0.564	0.719	0.614	1	0.433	1.757	0.429	7.196
政府是否主动与业主协商	−0.118	0.615	0.037	1	0.847	0.888	0.266	2.965
（1）性别	0.308	0.744	0.172	1	0.679	1.361	0.317	5.844

	B	S.E.	Wald	df	P	Exp（B）	95% EXP（B）置信区间	
							下限	上限
受教育程度			1.651	3	0.648			
（1）受教育程度	-1.52	1.254	1.470	1	0.225	0.219	0.019	2.552
（2）受教育程度	18.043	6207.207	0.000	1	0.998	68513180.02	0.000	0.000
（3）受教育程度	0.206	0.904	0.052	1	0.82	1.228	0.209	7.225
常数	0.102	3.095	0.001	1	0.974	1.107		

（二）环保部门工作人员对于公众参与的态度及其影响因素

环保工作人员对于公众参与环境治理的态度在本次调查中通过他们对于公众参与的必要性认识、公众参与效果评价等指标来进行测量。根据此次调查，当被问及"环境治理是否有必要吸纳公众参与"时，68.24%的受访工作人员认为公众参与非常有必要，29.18%的受访者持中立意见，认为要看情况而定，只有极少数人对此持否定态度（占比仅为2.58%），具体见表5-24。

表 5-24　　　　环保工作人员对于公众参与的态度（n=233）

	选项	频数	百分比（%）	平均值	标准差
环境治理是否有必要吸纳公众参与	完全没有必要	6	2.58	2.66	0.527
	一般吧，看情况	68	29.18		
	非常有必要	159	68.24		
当前阶段公众参与环境治理的效果	适得其反	10	4.29	3.36	0.918
	没啥效果	18	7.73		
	效果不太明显	107	45.92		
	效果还可以	75	32.19		
	效果很显著	23	9.87		

	选项		频数	百分比（%）	平均值	标准差
哪些因素会影响公众参与环境治理的效果	信息公开度	是	153	65.67	0.66	0.476
		否	80	34.33		
	参与渠道	是	148	63.52	0.64	0.501
		否	85	36.48		
	项目本身特性	是	122	52.36	0.52	0.501
		否	111	47.64		
	参与程序	是	109	46.78	0.47	0.500
		否	124	53.22		
	参与者的能力	是	148	63.52	0.64	0.482
		否	85	36.48		
	其他	是	9	3.86	0.04	0.193
		否	224	96.14		

但是，在被问及"当前阶段公众参与环境治理的效果"时，持否定看法的占比达到57.94%（含适得其反、没啥效果、效果不太明显），持肯定看法的占比只有42.06%（含效果还可以、效果很显著），这与受访者对于公众参与必要性的充分肯定形成强烈反差。基本上，超过半数的环保工作人员认为，信息公开度、参与渠道、项目本身特性、参与者的能力等因素都可能会对公众参与环境治理的效果产生影响，只有参与程序这一选项是例外。

那么，公众参与环境治理的效果是否会影响环保工作人员对于公众参与的态度？除此之外，环保工作人员的态度是否还受其他因素的影响呢？根据对部分工作人员的访谈，我们吸收其建议，以受访者所在的环保部门的层级、对于普通公众环保意识、公众参与和支持情况的看法，以及当前阶段公众参与环境治理的效果作为自变量，以环保工作人员对于公众参与环境治理的必要性认知（即"环境治理是否有必要吸纳公众参与"）作为因变量，进行多元 logistic 回归分析。结果如表 5-25 所示：根据模型拟合信息，该模型在总体上成立。

表 5-25   模型拟合信息

模型	模型拟合条件	似然比检验		
	-2 对数似然	卡方	自由度	显著性
仅截距	287.163			
最终	213.162	74.001	40	.001

根据上述诸因素与环保工作人员对于公众参与治理的态度之间的回归分析结果，当前阶段公众参与环境治理的效果对于环保工作人员的态度的影响通过了显著性检验（$p<0.001$），这意味着公众参与环境治理的效果越好，环保工作人员越觉得有必要吸纳公众参与。也就是说，他们对于公众参与的态度取决于公众参与是否有效果，效果越好，越愿意接纳公众参与到环境治理当中来。此外，性别因素对于环保工作人员的态度也存在一定影响（$p<0.05$），这一定程度上说明不同性别的环保工作人员在公众参与问题上存在差别，详见表 5-26。

表 5-26   环保工作人员态度的影响因素

因素	模型拟合条件	似然比检验		
	简化模型的 -2 对数似然	卡方	自由度	显著性
截距	213.162[a]	.000	0	.000
所在环保部门	217.718	4.557	8	.804
普通公众环保意识淡薄	220.885	7.723	8	.461
公众参与和支持不足	225.654	12.492	8	.131
当前阶段公众参与环境治理的效果	245.672	32.511	8	.000
您的性别	219.924	6.762	2	.034
您的学历	218.729	5.567	6	.473

四 公众参与方式：常用与被期待之间是否吻合？

（一）公众参与常用的方式

从此次调查的情况来看，如表 5-27 所示，受访业主个体层面针对轨道噪声问题表达意见诉求时采用的最主要方式是在政务平台留言（如区长、市长信箱、官微等），出现的频率高达53.6%，其次是拨打环保热线进行投诉，出现频率为48.9%，其他诉求表达方式如直接到政府相关部门上访、向新闻媒体或在网络平台曝光、法律诉讼、在特定场合挂横幅等方式出现的频率相对较低。从业主群体的号召行为来看，在政务平台留言（如区长、市长信箱、官微等）和拨打环保热线进行投诉仍然是最为主要的表达意见诉求的方式，前者出现的频率高达74.6%，后者也达到了72.1%。虽然其他方式也在业主群的倡议中出现，但相比于在政务平台留言和拨打环保热线进行投诉而言，出现的频率显然要少得多。

表 5-27　　　　业主反映轨道噪声问题的主要方式（n=276）

指标	选项	频数	百分比（%）
您反映轨道噪声问题时采取的主要方式是（多选）	拨打环保热线进行投诉	135	48.9
	在政务平台留言（如区长、市长信箱、官微等）	148	53.6
	直接到政府相关部门上访	39	14.1
	向新闻媒体曝光	30	10.9
	在网络平台曝光	24	8.7
	在特定场合（如外墙、售楼部）挂横幅	12	4.3
	法律诉讼	21	7.6
	其他	88	31.9
您所在的业主群体在噪声问题上采用的主要办法是号召大家（多选）	拨打环保热线进行投诉	199	72.1
	在政务平台留言（如区长、市长信箱、官微等）	206	74.6
	直接到政府相关部门上访	103	37.3
	向新闻媒体曝光	73	26.4
	在网络平台曝光	57	20.7
	在特定场合（如外墙、售楼部）挂横幅	41	14.9
	法律诉讼	85	30.8
	其他	33	12.0

不过，值得一提的是，从业主群体号召大家采用的方式和业主实际

采用的方式对比来看，业主们的实际响应程度明显弱于群体号召，这意味着，口头上的号召和响应不一定会落实到具体行动中。受访者在诉求表达中的这种行为特征可能受到其他一些因素的影响。根据访谈情况，有不少人是因为时间、精力或者知识能力上的限制，但也有相当一部分人担心过激的行为会对自身造成不必要的麻烦，还有一些人则认为这些方式的效果有限，具体如表 5-28 所示。

表 5-28　　业主对轨道噪声问题解决方式的效果评价（n=276）

指标	选项	频数	百分比（%）	平均值	标准差
拨打环保热线进行投诉	很不好	70	25.4	2.34	1.051
	不太好	82	29.7		
	一般	97	35.1		
	还可以	15	5.4		
	很好	12	4.3		
在政务平台留言（如区长、市长信箱、官微等）	很不好	62	22.5	2.49	1.097
	不太好	72	26.1		
	一般	101	36.6		
	还可以	27	9.8		
	很好	14	5.1		
直接到政府相关部门上访	很不好	54	19.6	2.72	1.221
	不太好	65	23.6		
	一般	90	32.6		
	还可以	39	14.1		
	很好	28	10.1		
向新闻媒体曝光	很不好	52	18.8	2.69	1.186
	不太好	70	25.4		
	一般	88	31.9		
	还可以	43	15.6		
	很好	23	8.3		

指标	选项	频数	百分比（%）	平均值	标准差
在网络平台曝光	很不好	55	19.9	2.54	1.103
	不太好	77	27.9		
	一般	100	36.2		
	还可以	27	9.8		
	很好	17	6.2		
在特定场合（如外墙、售楼部）挂横幅	很不好	72	26.1	2.45	1.179
	不太好	74	26.8		
	一般	85	30.8		
	还可以	25	9.1		
	很好	20	7.2		
法律诉讼	很不好	54	19.6	2.78	1.210
	不太好	49	17.8		
	一般	103	37.3		
	还可以	43	15.6		
	很好	27	9.8		
其他	很不好	71	25.7	2.46	1.103
	不太好	56	20.3		
	一般	115	41.7		
	还可以	20	7.2		
	很好	14	5.1		

对于拨打环保热线进行投诉的效果持否定态度的占比达55.1%，持中立意见的占比35.1%，只有9.7%的受访者对此表示肯定；对于在政务平台留言（如区长、市长信箱、官微等）的效果持否定态度的占比达48.6%，只有14.9%的受访者对此持肯定态度；对于联合业主一起直接到政府相关部门上访的效果持否定态度的占比为43.2%，对此持肯定态度的为24.2%；对于向新闻媒体曝光和在天涯论坛等网络平台曝光的效果持否定态度的占比分别为44.2%、47.8%，对此持肯定态度的分别占比23.9%、16.0%；对于在特定场合（如外墙、售楼部）挂横幅引

起社会关注的效果持否定态度的占比为 52.9%，对此持肯定意见的占比 16.3%；对于走法律诉讼途径的效果持否定看法的比例为 37.4%，对此持肯定意见的占比为 25.4%。由此可见，业主们对于上述意见诉求表达方式的效果预期普遍都比较低，这可能在一定程度上会降低其参与意愿。

（二）被期待的公众参与方式

虽然环保工作人员认为当前阶段公众参与环境治理的效果不尽如人意（认为效果不太明显的占比 45.9%，认为没啥效果的占比 7.7%，认为适得其反的占比 4.3%，认为效果还可以的占比 32.2%，认为效果很显著的占比 9.9%），但值得注意的是，同样根据环保工作人员的信息反馈，如表 5-29 所示，在环保部门查处环境污染的最主要线索来源中，群众举报占比最高，达到 39.9%，足以见得，在现实环境污染防治中，公众参与确实起到了十分重要的作用。

表 5-29　　　　线索来源及被期待的公众参与方式（n=233）

指标	选项		频数	百分比（%）	平均值	标准差
环保部门查处环境污染的最主要线索来源	群众举报		93	39.9	2.28	1.311
	环境监测		41	17.6		
	例行检查		58	24.9		
	突击检查		29	12.4		
	媒体曝光		6	2.6		
	其他		6	2.6		
您认为公众最有必要参与哪个环节	环保立法与决策		57	24.5	2.49	1.153
	项目环评		66	28.3		
	环保执法		54	23.2		
	环保绩效考核		50	21.5		
	其他		6	2.6		
您觉得政府期待公众以何种方式参与环境治理（多选）	通过环保热线投诉	是	180	77.3	0.77	0.420
		否	53	22.7		

续表

指标	选项		频数	百分比（%）	平均值	标准差
您觉得政府期待公众以何种方式参与环境治理（多选）	信访	是	113	48.5	0.48	0.501
		否	120	51.5		
	在政务平台留言	是	118	50.6	0.51	0.501
		否	115	49.4		
	在网络论坛发言	是	100	42.9	0.43	0.496
		否	133	57.1		
	参加座谈会	是	110	47.2	0.47	0.500
		否	123	52.8		
	发邮件	是	64	27.5	0.27	0.447
		否	169	72.5		
	其他	是	8	3.4	0.03	0.182
		否	225	96.6		

不过，在环保工作人员的认知中，政府对于公众参与方式的期待是否与公众通常采用的方式一致呢？根据调查结果，受访工作人员对于"您认为公众最有必要参与哪个环节"的看法中，选择环保立法与决策、项目环评、环保执法、环保绩效考核的占比分别为24.5%、28.3%、23.2%、21.5%，这一定程度反映出环保工作人员认为公众最有必要参与项目环评，然后是环保立法与决策。与此同时，在环保工作人员看来，政府期待公众参与的方式按照频率高低依次为通过环保热线投诉（77.3%）、在政务平台留言（50.6%）、信访（48.5%）、参加座谈会（47.2%）、在网络论坛发言（42.9%）、发邮件（27.5%）、其他（3.4%）。

根据前述分析，从公众角度而言，以轨道噪声事件中的业主行为实践为例，公众实际采用的方式按照频率高低依次为在政务平台留言（如区长、市长信箱、官微等）（53.6%）、拨打环保热线进行投诉（48.9%）、其他（31.9%）、直接到政府相关部门上访（14.1%）、向新闻媒体曝光（10.9%）、在网络平台曝光（8.7%）、法律诉讼（7.6%）、在特定场合（如外墙、售楼部）挂横幅（4.3%）；公众对于这些参与方式的效果评价根据选择频率高低依次为法律诉讼（25.4%）、直接到政府相关部门上访（24.2%）、向新闻媒体曝光（23.9%）、在特定场合（如外墙、售楼部）挂横幅（16.3%）、在网络平台曝光（16.0%）、在政务平台留言（如区长、市长信箱、官微等）（14.9%）、其他（12.3%）、拨打环保热线进行投诉（9.7%）。

综上而言，公众最常采用的参与方式主要是在政务平台留言（如区长、市长信箱、官微等）以及拨打环保热线进行投诉，而与之形成对比的是，公众对于各种参与方式的效果评价最好的是走法律诉讼途径以及直接到政府相关部门上访。也就是说，公众常用的方式不见得是最有效的，而公众认为效果好的方式又往往不在其常采用的行动之列。与这两者相比较，从环保工作人员的角度而言，公众最有必要参与的环节是项目环评，其次是环保立法与决策，而环保工作人员最期待的公众参与方式则是通过环保热线投诉，其次是在政务平台留言。由此可见，在环境问题上，公众最为常用的参与方式与公众被期待的参与方式相对吻合。

第四节　政社之外的维度：环境执法权的纵向流动

根据前述分析，20 世纪 70 年代以来，中国环境治理模式的演化呈现出，在政府与市场和社会关系维度逐渐"放权"，同时在政府内部关系纵向维度环境治理权尤其执法权逐渐上收的特征。在行政执法体制改革中，大部分执法领域都倾向于通过下放执法权为县乡基层执法机构赋权，但是，环境领域执法权的纵向流动却呈现逆向特征，并主要配置在省级和市级层面。为何环境领域行政执法权的配置会呈现如此与众不同的特征，究竟是什么原因导致了环境执法权的逆向流动？

一　环境执法权为何逆"流"而上？

行政执法是公共政策目标和政府治理效能达成的关键性环节，然而，在行政执法实践中，权责错位、职能交叉、多头执法、重复执法、执法缺位等问题长期存在，以致出现"九龙治水"却相互掣肘、各种机构林立却难以满足经济发展与社会转型实际需要的尴尬局面。为破解行政执法困境，党的十八大提出要"深化行政体制改革"，党的十八届三中、四中全会、十九大报告和十九届三中全会进一步明确强调"深化行政执法体制改革"，力图通过"推进综合执法""减少层次、整合队伍、提高效率"来促进行政执法权责的横向整合与纵向调整。

在各种公共性问题中，生态环境问题是举国关注的重点，但生态环境治理效能往往受执法主体安排、执法机制设计以及部门权责配置等执法体制要素的显著影响，因此，在深化行政体制改革进程中，生态环境领域被视为重点领域，环境执法体制改革被作为重要内容加以推进。从中央决策部署及近期各地的实践来看，环境领域的执法体制改革，不仅在横向上实行机构撤并、职能整合、推进综合执法，还在纵向上对政府内部各层级的权责划分作了重大调整。在治理体系中，行政权力的纵向配置涉及两个维度——央地权责关系划分和地方政府不同层级之间的权责配置。对于前者，有学者指出，"中央政府对于高社会风险的全国性公共产品倾向于采用地方分权的供给方式，目的是由地方政府承担相应的社会风险，从而尽可能降低中央政府自身承担的风险"①，而环境保护就属于具有高风险的全国性公共产品，因而在央地环境保护权责关系中"属地管理"是基本的原则。除了央地之间的权责关系划分，公共产品供给和公共事务治理还涉及地方政府不同层级之间的权责划分，在环境领域，这种权责划分具体是怎样的呢？

---

① 于洋：《联合执法：一种治理悖论的应对机制——以海洋环境保护联合执法为例》，转引自曹正汉、周杰《社会风险与地方分权——中国食品安全监管实行地方分级管理的原因》，《社会学研究》2013 年第 1 期。

对于行政执法权责的纵向配置，十八届三中全会明确提出"减少行政执法层级，加强食品药品、安全生产、环境保护、劳动保障、海域海岛等重点领域基层执法力量"①。从现有研究文献来看，"执法重心下移，表现为行政执法活动主要集中在基层区县"②是主流趋势，"执法任务繁重的县乡执法机构在执法过程中面临的一大困境是有责无权或权责不对等。为了化解执法权纵向错配问题，大部分执法领域都需要通过下放执法权为县乡基层执法机构赋权"③。那么，"加强……基层执法力量""执法重心下移"是否就是执法权的下沉呢？从顶层设计与各地实践来看，市场监管、城市管理以及其他领域的行政执法权大致呈现下放的态势，在此背景下，环境执法权配置是否具有一致的流动轨迹？对于环境执法权的纵向层级配置，有研究认为，"相比于中央和基层政府监管的企业，中间层级政府监管的企业在环保行动方面表现更好，在由区县级政府监管时，企业的环保力度最大"④，这与当前阶段行政执法体制改革将重心定位在"区县"层级的总体取向吻合，然而，这是否与当前正在展开和推进的环境执法体制改革中关于执法权纵向配置的实际规划及部署相契合呢？

环境问题是经济社会发展过程中难以回避的现实问题。自《环境保护法（试行）》（1979）出台以来，虽然中国环境污染防治制度体系不断完善，但不少学者注意到"环境政策执行问题重重，治理绩效不如预期"⑤；虽然环境保护工作不断强化，但各种污染问题仍然层出不穷，环境立法与环境政策在整体上的执行效果不尽如人意。为补齐发展进程中的环境短板，党的十八大将生态文明建设纳入"五位一体"的战略布

---

① 《中共中央关于全面深化改革若干重大问题的决定》，2013 年 11 月 12 日中国共产党第十八届中央委员会第三次全体会议通过（http://www.gov.cn/jrzg/2013-11/15/content_2528179.htm）。
② 肖金明：《行政执法体制改革三大取向的结合》，《人民论坛》2017 年第 10 期。
③ 吕普生：《中国行政执法体制改革 40 年：演进、挑战及走向》，《福建行政学院学报》2018 年第 6 期。
④ Wang, R., Wijen, F., and Heugens, P.P., "Government's Green Grip: Multifaceted State Influence on Corporate Environmental Actions in China", *Strategic Management Journal*, Vol.39, No.2, 2018.
⑤ Ran Ran, "Perverse Incentive Structure and Policy Implementation Gap in China's Local Environmental Politics", *Journal of Environmental Policy & Planning*, Vol.15, No.1, 2013.

局；十八届五中全会、十九大报告提出要实行"最严格的"生态环境保护制度；十九大报告、十九届三中全会等将"污染防治"列为中国决胜全面建成小康社会"三大攻坚战"之一。对于如何实现"绿色发展"、打赢这场"污染防治"攻坚战，中央的系列政策文件明确了以推进综合执法和省级以下环境监测监察执法垂直管理为核心的生态环境管理体制改革方案（2016年中共中央办公厅、国务院办公厅印发了《关于省以下环保机构监测监察执法垂直管理制度改革试点工作的指导意见》，以下简称《意见》）。

在环境管理体制改革的顶层设计中，环境执法权的横向位移遵循着与其他领域执法权相对一致的规律，即从权力分割到相对集中再到综合执法。但环境执法权的纵向配置及其流动呈现与其他领域不同的特征。从总体规划和部署来看，对环境执法权的纵向调整涉及环境监察、环境监测、环境执法等多个方面的内容：在环境监察方面，"将市县两级环保部门的环境监察职能上收，由省级环保部门统一行使，通过向市或跨市县区域派驻等形式实施环境监察"（《意见》），即环境监察权统一上收到省级环保部门，市县两级不再配置环境监察权能，在市或跨市县区域由省级环保部门派驻监察队来对区域内生态环境状况进行监察。在环境监测方面，原有职能被一分为二，其一，"生态环境质量监测调查评价和考核工作由省级环保部门统一负责，实行生态环境质量省级监测、考核。现有市级环境监测机构调整为省级环保部门驻市环境监测机构，由省级环保部门直接管理"（《意见》）。也就是说，市级层面不再单独设置独立的环境质量监测机构，而是将原有市级机构调整为省级环保部门的派驻机构而开展工作。其二，将县级环境监测机构原有的主要职能"调整为执法监测，随县级环保局一并上收到市级"（《意见》），以形成环境监测与环境执法有效联动的格局。在环境执法方面，"县级环保局调整为市级环保局的派出分局""现有环境保护许可等职能上交市级环保部门，在市级环保部门授权范围内承担部分环境保护许可具体工作"（《意见》）。具体的权责配置及其流动轨迹如表5-30所示。

表 5-30　　　　　　环境保护领域政府职权的纵向配置及其流动 [①]

	环境监察		环境监测				环境执法	
			监测、评价、考核		执法监测			
	改革前	改革后	改革前	改革后	改革前	改革后	改革前	改革后
省级	√	√	√	√	√	√	√	√
市级	√	× （派驻）	√	× （派驻）	√	√	√	√
县级	√	× （派驻）	√	×	√	× （派驻）	√	× （派驻）

　　从上述《意见》内容来看，环境执法权的流动方向和配置层级呈现与其他领域截然不同的特点：一方面，环境执法权不仅没有下放，而且呈现逆"流"上收的趋势；另一方面，环境执法权并未配置在区县或县乡级，而是逆向流动至省级（环境监察和监测考核）和市级（具体环境执法和执法监测）。也就是说，作为行政执法体制改革的重要领域，在行政执法权总体下放的背景下，环境领域的执法权配置却反其道行之，呈现逆"流"而上的特征，使得改革过程中行政执法权在纵向层级之间的流动呈现下放与上收并存的双向轨迹。

　　与其他众多领域类似，环境领域也同样面临着执法事项和执法任务集中在基层，而基层职能部门因为有责无权、权责不对等、执法力量悬浮等困境而居于"看得见却管不着"的尴尬处境。可见，基层执法事项和执法任务繁重虽然是其他领域行政执法权下放的重要原因，却似乎不足以解释环境领域执法权的配置及其逆流现象。那么，究竟是什么因素使得环境执法权配置及其流动呈现如此与众不同的特征呢？如何理解在当前行政执法重心下沉至"区县"甚至"县乡"的总体趋向形势下，环境执法权主要上收至省级和市级的举措？ 以下通过分析三个典型的环境执法案例——甘肃祁连山国家级自然保护区生态环境破坏、安徽安庆

[①]　表 5-30 系笔者根据《环境行政处罚办法》《环境行政执法后督察办法》《环境监察办法》《环境监测管理办法》以及《关于省以下环保机构监测监察执法垂直管理制度改革试点工作的指导意见》整理而成，其中√表示拥有该职权， × 表示改革后不再拥有该职权。

石化污染以及洪泽湖水污染事件等所反映出的问题，来探讨和提炼导致中国环境执法权逆向流动的原因。

二　核心概念与分析框架

（一）对执法权的语义解读

"执法权"简单来说就是执行法律的权力。根据政治与行政两分的思想，人类的权力分为两种，"一种是制定法律的权力，另一种是执行法律的权力"，与之相应，国家的功能被概括为"国家意志的表达"（政治）和"国家意志的执行"（行政），其中，"执行法律"被视为执行国家意志的最重要方面，甚至二者常常被互换使用[①]。在分权理论中，执行法律的权力是"一个经常存在的权力"，又称"执行权"或"行政权"，它要么被视作与对外权一同"辅助和隶属于立法权"[②]的权力，要么被视作与立法权、司法权并列的权力[③]。足见，"执法权"自古以来都是国家权力结构中的一项最基本权力。

从字面上而言，执法权由"执法"和"权"两个词语构成。其中，"执法"由"执"和"法"连缀而成，据《周礼·春官·大史》记载："大丧，执法以涖劝防"，其中，"执"可以理解为执掌、控制、执行等意思，"法"则是指律法。在现代意义上，执法有广义、中义和狭义之分，广义的执法即"法的实施"，它包括"法的遵守（守法）、法的执行（执法）、法的适用（司法）"[④]三个环节；狭义的执法则仅仅指针对市场主体和社会主体违反或可能违反法律法规和规章制度的行为进行的现场检查、行政处罚及必要的强制措施等具体行政行为；介于二者之间，中义的执法是相对于立法和司法而言，指"国家行政机关、法律授权或委

---

① ［美］弗兰克·古德诺:《政治与行政：政府之研究》，丰俊功译，北京大学出版社 2012 年版，第 9、35、62 页。
② ［英］洛克:《政府论（下篇）》，叶启芳、瞿菊农译，商务印书馆 1964 年版，第 91 页。
③ ［法］孟德斯鸠:《论法的精神（上）》，孙立坚、孙丕强、樊瑞庆译，陕西人民出版社 2001 年版，第 198 页。
④ 沈宗灵:《法理学》，北京大学出版社 2001 年版，第 312 页。

托的组织及其公职人员在行使行政管理权的过程中，依照法定职权和程序，贯彻实施法律的活动"[1]，这种职能活动既包括狭义的执法行为，也包括其他一些贯彻执行法律法规和方针政策的执行性活动，执法对象既包括与执法主体相对应的市场主体和社会主体，也包括特定执行性活动中作为相对方的国家机关及其工作人员。

　　严格意义上，环境执法往往指狭义上的执法，是环境执法机构对市场和社会主体违反或可能违反环境法律法规和规章制度的行为进行的现场检查、行政处罚以及行政强制等具体行政行为。不过，在环境治理实践中，"执法"这一术语往往被扩大至环境监测和环境监察等方面。其中，环境监测主要包括环境质量监测、污染源监督性监测、突发环境污染事件应急监测以及为环境状况调查和评价等环境管理活动提供监测数据的其他环境监测活动（《环境监测管理办法》第二条），它是对地方政府进行考核问责的科学依据和技术支撑，也是环境执法的重要依据和参考；环境监察是指"环境保护主管部门依据环境保护法律、法规、规章和其他规范性文件实施的行政执法活动"（《环境监察办法》第二条），主司"督政"之职；如前所述，环境执法主要是针对市场或社会主体的污染行为所作的具体行政行为，主要行"查企"之职。因此，在狭义上，环境监测、环境监察和环境执法是三种不同的环境行政活动。但是，在改革之前，各地环保机构编制短缺、人员不足，环境监测人员常常参与执法，环境执法人员也常常履行监测职能；由于"没有赋予环保部门完整的执法主体资格、没有正式确立环境执法机构，同时，督政工作近年来刚刚开始，导致环境监察这一从排污收费监理概念逐渐演变而来的称谓比较混乱，地方上存在'监察''执法''监察执法''执法监察'等多种名称和职能，一些环保系统工作人员习惯性将环境监察与环境执法两者混淆"[2]，因此，三者在实际中的界限相对模糊。鉴于此，也

---

① 鄂振辉：《执法权若干理论问题探究——兼对当前广义执法概念的质疑》，《北京行政学院学报》2004年第6期。

② 敖平富、秦昌波、巨文慧：《环境执法在环保垂改中的基本路径与主要任务》，《中国环境管理》2016年第6期。

可以在中义上理解"执法",将环境监测、环境监察和环境执法等一系列由环保部门开展的执行性活动纳入进来予以综合考察。

"权"即权力,在中国古代典籍中有衡量审度之意,也有制约他人能力的意思。在西方,通常对应"power"一词,语义上可理解为能力、力量、操纵力、影响力、职权或者有权力或影响力的人、团体或国家等。对于权力的内涵,马克斯·韦伯作了专门的界定,他指出,权力是"一个人或很多人在某一种共同体行动中哪怕遇到其他参加者的反抗也能贯彻自己的意志的机会"①。这意味着,权力在本质上是一种社会关系,反映了居于其中的社会主体在相互交往中的特定力量对比,而且,这种力量对比往往是非均衡的,由此形成一方(行为主体)对另一方(行为客体)的影响力和制约力。这种影响力和制约力"从行为主体的角度看,表现为一种支配能力;从行为客体的角度看,体现为一种被支配和服从的关系"②。在政府管理实践中,这种支配与被支配、控制与服从关系,在纵向上贯穿科层体系的不同层级,在横向上蔓延至官僚制和类官僚制组织的每一个角落,并在政府主体与行政相对人之间的互动中得到充分体现。

(二)分析框架:价值理念—执法权配置—治理效能

在公共事务治理中,人们对制度现代化的青睐逐渐让位于对治理效能的追求,"当今世界各国之间最重要的政治分野,不在于它们的政府形式,而在于它们政府的有效程度"③。因此,改革往往基于对治理效能的反思而展开并得以推进。行政执法体制改革旨在通过解决行政执法过程中的职能交叉、事权分散、职责错位等问题,实现政府事权和职能以及执法资源的统筹,从而提高政府治理的效能。从理论和实务角度来看,执法权配置被作为行政执法体制改革的重心予以推进,改革的逻辑起点之一就在于执法权配置不合理导致的治理低效。执法权配置对于治

---

① [德]马克斯·韦伯:《经济与社会(下卷)》,林荣远译,商务印书馆1997年版,第246页。
② 燕继荣:《政治学十五讲》,北京大学出版社2013年版,第111页。
③ [美]塞缪尔·P.亨廷顿:《变化社会中的政治秩序》,王冠华等译,生活·读书·新知三联书店1989年版,第1页。

理效能具有十分重要的影响，同时，行政执法体制以及具体的执法权配置又受到价值理念的指引，即价值理念与体制结构一同构成主体行为的约束集。因此，价值理念和治理效能是理解执法权配置及其流动轨迹的重要变量。基于此，此处以价值理念、执法权配置和治理效能为基本要素，来对环境执法权逆向流动的主要原因进行分析探讨。

价值理念：对待不同价值目标的"政治理念"，"是指在一定时期党和中央政府在政治、经济和社会等建设方面的指导思想和工作重点，是决定其他各项规则及其执行的'原规则'"[①]。党的十八大确立了以"生态文明建设"为核心的"绿色发展"理念，十八届四中全会提出加快建立"促进绿色发展、循环发展、低碳发展的生态文明法律制度"，十八届五中全会将"绿色"发展列为"五大发展理念"之一，十九大以来强调继续"推进绿色发展"并将"污染防治"列为"三大攻坚战"之一（"三大攻坚战"分别是防范化解重大风险、精准脱贫、污染防治），这意味着环境保护在国家层面获得空前重视。同时，为了贯彻落实环境保护和绿色发展理念，中央陆续出台了一系列重要法律法规和政策文件，如中共中央、国务院先后颁布《关于加快推进生态文明建设的意见》（2015）、《党政领导干部生态环境损害责任追究办法（试行）》（2015）、《生态环境损害赔偿制度改革试点方案》（2015）、《生态文明建设目标考核办法》（2016），对生态文明建设总体布局、生态环境损害责任追究、生态环境损害赔偿和生态环境保护责任主体作了相应的规划设计；2016年，中共中央办公厅、国务院办公厅印发《关于省以下环保机构监测监察执法垂直管理制度改革试点工作的指导意见》，进一步明确了环境领域行政体制改革的基本思路和框架。中央层面价值理念的变化必然引起地方政府以及环境执法相关主体行为方向的调整。但是，社会治理具有多重面向，每一级地方政府都承接来自上级的多重任务，当环境保护与其他任务比如经济发展目标不兼容的时候，地方政府就会在多重任务目

---

① 任丙强：《地方政府环境政策执行的激励机制研究：基于中央与地方关系的视角》，《中国行政管理》2018年第6期。

标中权衡比较，并按照利益大小、轻重缓急以及见效快慢等做出优先性排序甚至取舍，由此导致出现不同程度的环境治理失灵现象。

执法权配置：在公共事务治理中，主体行动受制度性因素的影响和制约，后者为其设定行动的边界和条件，因此，合理的制度设计是实现有效治理的基石。对于治理效能而言，一个关键性的问题就是权力配置的制度结构是否合理。执法权配置的核心又在于行政权力在收放之间的平衡，而在这一方面，"一放就乱、一抓就死"的权力悖论长期为学界所关注并不断在实务界上演。这种悖论背后实际上是治理体制结构的统一性与治理效能之间的矛盾，"前者趋于权力、资源向上集中，从而削弱了地方政府解决实际问题的能力和这一体制的有效治理能力，而后者又常常表现为各行其是，偏离失控，对权威体制的中央核心产生威胁"①。因此，理论界和实务界一直在寻找合理的临界点，以实现二者之间的平衡。在中国，环保法令与政策出自中央，环境保护责任实行属地化管理，在这种模式下，地方环保部门在业务上受上级环保部门的领导，但在人、财、物等方面受地方政府的约束。这种结构使得，当地方政府的优先价值取向与上级环保部门的"绿色"发展理念不一致时，地方环保部门就容易陷入两难境地，或执法不严、违法不究，或选择性执法、变通执行，而其他部门则"事不关己，高高挂起"，从而加剧企业和公众对环境责任的忽视，并导致环保部门以及环境保护政策权威的弱化。从这一角度而言，生态环境形势严峻，"从中央到地方所面临的压力超出以往，其根源不仅来自于地方经济发展的考核压力，更在于因环保管理体制的缺陷所带来的制度困境"②，因此，环境保护和绿色发展理念的贯彻亟须从环境执法权配置上予以改革。而且，任何制度设计都预设了相应的运行环境和条件，一旦"制度成立的原始条件发生了变化，

---

① 周雪光：《权威体制与有效治理：当代中国国家治理的制度逻辑》，载周雪光、刘世定、折晓叶《国家建设与政府行为》，中国社会科学出版社 2012 年版，第 7—32 页。

② 张国磊、张新文：《垂直管理体制下地方政府与环保部门的权责对称取向》，《北京理工大学学报》（社会科学版）2018 年第 3 期。

制度却不能随机应变"①，极有可能出现制度失效。在当前阶段，伴随着社会主要矛盾的历史性变化，人们对于环境质量有了更高的要求，"生态环境保护任重道远"。在此背景下，推进环境治理效能的提升就需要建立能够回应这种历史性转变和社会环境变化的新型环境执法体制，需要探索有利于提升环境治理效能的环境执法权纵向配置的合理层级。

治理效能：自"治理"概念被提出以来，这一概念以及由此而来的治理理论被广泛应用于理解和分析社会经济发展中的国家与社会、政府与市场、权力与权利之间的关系，并形成了相应的制度范式和行动框架。然而，21世纪以来，不少国家都陷入了治理困境，人们发现"治理失效"或"治理失灵"不仅存在于发展中国家和转型国家，也存在于发达国家之中。这引起了人们对治理效能问题的关注，也推动着人们对各种治理理论的反思与深化，形成了包括善治、回归国家、合作（联动/协同）治理等在内的系列理论。它们基于各自视角对环境治理作了分析，或强调社会中心，或主张国家中心，或呼吁对二者予以调和，虽然在字面表达及侧重点上互不一致，但共识性地认为"任何一个行动者，不论是公共的还是私人的，都没有解决复杂多样、不断变动的问题所需要的知识和信息；没有一个行动者有足够的能力有效地利用所需的工具；没有一个行动者有充分的行动潜力单独地主导一个特定的政府管理模式"②，因此，政府、市场及社会各主体合作，通过各方协同和联动来实现治理绩效的叠加是治理公共事务的必然选择。生态环境问题是公共事务治理理论的发端地，也是各种典型治理理论的核心议题，在这一领域，不管是政府管控式还是市场激励式抑或社会自组织治理，就其内在而言，都试图通过合理定位政府、市场、公众的角色和权责、理顺各主体相互之间的关系，来构建能够实现环境有效治理的结构模式。但传统的环境治理理论似乎更多关注国家与社会、政府与市场、权力与权利之

---

① ［美］弗朗西斯·福山：《政治秩序的起源：从前人类时代到法国大革命》，毛俊杰译，广西师范大学出版社2012年版，第443页。

② Christopher Hood, "Paradoxes of Public-sector Managerialism, Old Public Management and Public Service Bargains", *International Public Management Journal*, Vol.3, No.1, 2000.

间不同主体的平面化关系及其互动，对于纵向环境执法权的配置问题却不多见。毋庸置疑，后者实际上也是影响环境治理效能的关键性因素。

三　逆"流"之因：基于三个案例的分析

（一）祁连山保护区生态环境破坏：属地管理与地方保护

甘肃祁连山地处青藏、蒙新、黄土三大高原交汇地带，是中国西部的重要生态安全屏障，因此，国家于 1988 年批准设立了甘肃祁连山国家级自然保护区（以下简称"保护区"）。由于矿产资源和水资源丰富、生物种类多样，长期以来，该区域局部地区存在较为严重的生态环境破坏问题。对此，习近平总书记多次作出批示，要求抓紧整改。在中央有关部门督促下，甘肃省虽然做了一些工作，但情况没有明显改善。2017年，经中央督察组专项督查核实，保护区内存在违法违规开放矿产资源、违法建设和违规运行水电设施、企业偷排偷放等严重破坏生态环境的问题，并且相关部门对该区域内生态环境突出问题整改不力。①

上述问题的直接原因在于没有严格贯彻落实党中央关于生态环境保护的决策部署。据了解，2014 年 10 月，国务院批复了祁连山国家级自然保护区的划界，但此后省国土资源厅依然违法违规延续、变更或审批14 宗矿权，省发改委则以国土、环保、林业等部门的前置审批为"挡箭牌"，违法违规核准和验收保护区内的非法建设项目。对此乱作为现象，省环境保护厅不仅没有加强指导和监督，反而在保护区划界确定后仍违法违规审批或验收项目。2016 年 5 月，甘肃省组织对祁连山生态环境问题整治情况展开督查，但督查报告形成后并未对典型违法违规项目予以查处。而且，在整改落实中还存在以批示代替检查、发现问题不处理、光发文件不落实、追究责任不到位、约谈整改避重就轻，甚至弄虚作假和包庇纵容等问题。如此种种，使得该保护区的生态环境问题日

---

① 《中共中央办公厅、国务院办公厅就甘肃祁连山国家级自然保护区生态环境问题发出通报》，2017 年 7 月 20 日，新华社（http://www.xinhuanet.com//local/2017-07/20/c_1121354050.htm）。

益严重。

保护区生态环境执法不力、效果不彰问题首先需要从相应的体制结构层面进行反思。对于保护区的生态环境治理，甘肃省于 1997 年 9 月 29 日出台并实施《甘肃祁连山国家自然保护区管理条例》（以下简称《条例》），迄今为止，该条例分别在 2002 年、2010 年、2016 年、2017 年先后经历四次修订。通过对比发现，前三次修订方案实际上与 1997 年的条例大同小异，截止到 2017 年 11 月 30 日新修订的《条例》公布之前，保护区的生态环境治理由省林业行政主管部门"负责""主管"，保护区管理局（省林业行政主管部门的派出机构）具体负责管理保护区内的自然资源和自然环境，管理局再下设自然保护站负责本辖区内自然资源和自然环境的管理。同时，保护站还接受所在地（市）、县林业行政主管部门的领导，即保护区的管理实际上实行双重领导，而且，这种管理及其具体工作的开展以"地、县""市、县"为主。具体到执法权配置，管理局负责监督检查和组织环境监测，保护站则负责环境一线执法。

按照属地管理的基本原则，保护区所在地人民政府理应承担区域内生态环境保护与修复的主体责任，但从前三次关于《条例》的修改内容来看，牵头的是省林业行政主管部门，具体负责的是保护区管理局下属的自然保护站，保护站同时接受管理局以及保护站所在的地（市）、县林业行政主管部门的双重领导，而保护区所在地各级人民政府则只是"应当加强对保护工作的领导"（具体的管理体系如表 5-31 所示）。这意味着，保护区的直接管理主体存在责任重而配置低、地方政府主体责任稀释等问题。而且，在双重甚至多重领导模式下，保护区主管部门"由于人、财、物均受到地方政府控制，致使环保监测监察执法工作的独立性、公正性、协同性和执法人员的稳定性难以保证"[①]，于是出现各种以批示代替检查、以责代罚、避重就轻等变通执行问题，或干脆"睁一只眼闭一只眼"，甚至合谋弄虚作假、包庇纵容、编造和篡改环境监测数据等行为。

---

① 方灿芬：《对"属地管理"与"垂直管理"环保监管改革的探讨》，《环境保护》2016 年第 1 期。

表 5-31　　　　　　　　　　　祁连山保护区管理体系

	《国家级自然保护区监督检查办法》	《甘肃祁连山国家自然保护区管理条例》（2017年修订）
国务院环境保护行政主管部门	对全国各类国家级自然保护区进行"监督检查"（第二条）、"定期评估"（第七条）和"执法检查"（第十二条）	
省级人民政府环境保护行政主管部门	"对本行政区域内地方级自然保护区的监督检查，可以参照本办法执行"（第二十一条）	"负责保护区的综合管理"（第六条）
县级以上地方人民政府环境保护行政主管部门	"对本行政区域内的国家级自然保护区的执法检查内容，可以参照本办法执行；在执法检查中发现国家级自然保护区管理机构有违反国家级自然保护区建设和管理规定行为的，可以将有关情况逐级上报国务院环境保护行政主管部门，由国务院环境保护行政主管部门经核实后依本办法的有关规定处理"（第二十一条）	
保护区所在地人民政府环境保护行政主管部门		"应当对本行政区域内保护区的管理进行监督检查"（第六条）
省林业行政主管部门		"是保护区的主管部门，其所属的甘肃祁连山国家级自然保护区管理局（以下简称管理局）负责保护区的具体管理工作。管理局下设自然保护站（以下简称保护站）"（第六条）
县级以上人民政府发展改革行政主管部门、国土资源行政主管部门、农业行政主管部门、水行政主管部门以及其他相关部门		"在各自职责范围内，做好保护区的保护管理工作"（第六条）

　　更为严重的是，市级层面（保护区大部分处于张掖市）甚至明目张胆地降低环境绩效在领导干部绩效考核中的指标权重，省级层面则通过立法形式为各种破坏保护区生态环境的行为开"绿灯"（1997年制定的《条例》以及后续三次修订方案违背上位法的规定，降低了《中华人民共和国自然保护区条例》所规定的环保标准，将"禁止在自然保护区内进行砍伐、放牧、狩猎、捕捞、采药、开垦、烧荒、开矿、采石、挖沙"等10

类活动，缩减为"禁止进行狩猎、垦荒、烧荒"等 3 类发生频次少且基本得到控制的活动），这不仅严重弱化了地方政府及其职能部门治理保护区生态环境的主体意识与法定责任，还在一定程度上充当了破坏生态环境行为的"保护伞"，严重降低保护区生态环境执法的权威及保护区的生态环境治理效能。而作为监督检查和监测组织者，保护区管理局则部分地由于其"派出机构"的地位，很难对"地、县""市、县"范围保护区的生态环境质量以及相关部门的环境保护职能实行有效监测与监督。

如果说，负主要管理职责的机构重责低配以及立法层面的"放水"对于保护区生态环境治理效果不彰具有直接而显性的影响，那么，央地之间价值理念和目标追求上的不相容则是其深层次的原因。工业化进程中，生态环境保护与经济发展之间存在天然的张力（俗称"环境库兹涅茨曲线"），在这一规律主导下，在工业化前期阶段，"促增长"和"保环境"成为一道非此即彼的选择题。虽然中央高度重视生态环境保护，强调"五位一体"战略布局和绿色发展理念，但"地方政府对待环境治理的态度更多地取决于多重任务环境下的利益权衡"，并且"环境治理的成效与政府官员升迁的关联度高低决定了地方政府推进环境治理的积极性"①，而事实上，财税分权体制和早期"唯 GDP 论英雄"的政绩观使得地方政府的选择不言而喻。在财税分权体制下，"地方政府获得中央政府的授权和委托来发展本地经济（以 GDP 作为衡量指标）并监督辖区企业的生产活动，从企业缴纳的税收中获得一定的收益分成"②，这赋予了地方政府鼓励企业扩大规模、增加产出的经济动力；在"GDP 至上"的政绩考核体系下，企业为地方财政收入所做的贡献越大，辖区内政府官员的政绩越容易凸显从而获得晋升优势，这赋予了地方官员支持企业扩大生产、增加利润的政治动力。基于此，地方政府和辖区企业往往"合谋"以保护共同的利益。这种地方优先、经济至上的价值取向酿造出诸如祁连山保护区生态环境治理中相关职能部门明知违法违规却依

---

① 杜辉：《环境公共治理与环境法的更新》，中国社会科学出版社 2018 年版，第 85、86 页。
② 聂辉华：《政企合谋与经济增长：反思"中国模式"》，中国人民大学出版社 2013 年版，第 11 页。

然审批探矿采矿权、许可建设和运行水电设施，环境主管部门明知污染破坏严重却蜻蜓点水、瞒报漏报甚至违规审批和验收项目，省人大常委会和省政府法制办等部门明知立法层面的"放水"会加剧生态环境破坏却刻意降低环保标准等系列"有组织"的地方保护主义行为。

综上而言，基于地方利益的考量（地方政府追求财政收入增加、地方官员热衷于政治晋升、辖区企业谋求利益最大化）使得甘肃省及有关市县热衷于片面追求经济增长，而忽视绿色发展，甚至不惜以牺牲保护区生态环境为代价来换取 GDP 政绩；保护区主管部门责重权轻，且因为人、财、物皆受控于同级地方政府而难以实现其监测监察执法工作的独立性和公正性，同时，因为环保工作与其他职能部门的部门利益相抵触而难保其工作的协同性和有效性。由此，导致出现一系列行政干预和地方保护，削弱了保护区生态环境执法工作的权威与力度。就此而言，环境执法工作效力的正常发挥，很大程度在于如何摆脱行政干预和地方保护以实现其权威独立、协同有效和刚性约束。从该角度而言，实行环境监测监察执法垂直管理并上收相应权力是必要之举。此外，有研究表明，"当国家和地方政府同时管制时，EKC 曲线的拐点到来最快。环境管制措施对结构效应和技术效应有着正向的促进作用，对规模效应有一定的抑制作用"[1]。这意味着，环境权力上收不仅有助于破解行政干预和地方保护导致的环境执法困境，也有利于通过强化环境管制来调和环境污染与经济增长之间的紧张关系。

（二）安庆石化臭气之殇：级别悬殊致地方环保难撼强势国企

环境污染防治是一项需要多方联动的系统工程，其中，执法对象的态度与行为对于污染防治效果具有非常重要的影响，而执法对象是否配合又在一定程度上受到其与执法主体之间关系的制约。在各种关系中，权力对比或行政级别的悬殊尤其能对双方行为产生深刻影响。从实际情况来看，企业是最主要的环境污染主体，这当中就包括国企。在广义

---

① 王国蒙、王元地、杨雪：《环境管制对环境库兹涅兹曲线的影响研究》，《软科学》2017 年第 12 期。

上，国企包括中央企业（俗称"央企"）和地方国企，一般而言，前者由国务院（国资委）监督管理，后者由地方政府监督管理。在行政级别上，在央企中，有一部分为副部级单位，另一部分则是厅局级单位，国企领导的级别从部级、厅级、处级到科级不等。与之相应，在生态环境领域，从生态环境部到区县生态环境局，也分别对应部级、厅级、处级到科级。这意味着，在现实中，地方环保部门对辖区内国企的环境执法有可能会遭遇行政级别不够而"不敢管""管不了"的困境。

以"石化城"安庆为例。安徽安庆地处长江中下游，有着"全国唯一厂城一体的重化工城市"之称。安庆石化（于 1975 年建成，1976 年正式投产）集炼油、化肥、化纤、发电于一体，是在中国石化集团安庆石油化工总厂基础上重组改制的特大型石油、化工、化纤联合企业，产品销往华东和中南地区以及国外，对当地经济发展及沿江企业的发展定位等产生了深厚的影响。然而，行业和产品的属性使其发展繁荣的同时，也造成当地环境的严重污染破坏，使得安庆面临"污水收集处理、工业臭气治理、生活垃圾处置、危险废物处置、一般固体废弃物处理、重污染企业搬迁及废弃场地清理"[①]等多方面的环境整治重任。2013 年 6 月，安庆市环保局对中石化安庆分公司开出 9 万元罚单，原因是其向大气排放污染物超标，这也是安庆石化建厂近 40 年来收到的来自安庆当地环保部门的第一张罚单，被认为开启了地方环保部门"挑战"央企的先河。然而，安庆石化污染严重问题早已存在，群众投诉不断，甚至治污小组成员都曾被臭味呛吐，但是，为何 40 年才开出第一张罚单？这其中除了因经济发展与环境保护之间的艰难权衡导致的地方保护主义，显然还存在其他一些重要影响因素。

也许，这可以从同年 4 月安庆市副市长兼任安庆市环保局局长的动向中获得一些线索。"副市长兼任环保局局长"彰显了地方政府对环保工作的高度重视，但事实上，安庆市并不缺少可以胜任环保局局长之人，这种人事任命实则是解困地方环保执法难题的无奈之举。在环境污

---

① 《安庆市生态环境局 . 举全市之力整改突出环境问题 让安庆天更蓝水更清》，2018 年 4 月 23 日，凤凰网安徽综合（http://ah.ifeng.com/a/20180423/6521542_0.shtml）。

染防治工作中，企业"违反法律法规规定排放污染物，造成或者可能造成严重污染的……可以查封、扣押造成污染物排放的设施、设备"（《中华人民共和国环境保护法》第二十五条），对于经限期治理仍不达标排污的企业，可以由地方环保部门加收超标排污费或处以罚款，但由于安庆石化具有央企背景，而且安庆石化总经理同时兼任安庆市常委（副厅级），由安庆市环保部门（县处级）对其进行处罚，就意味着位低权轻者处罚位高权重者，其难度不言而喻。即便安庆市环保部门顶着压力和阻力向安庆石化亮出了第一剑，但是，相对于安庆石化产生的污染和对当地造成的危害而言犹如九牛一毛，而且，这张 9 万元的罚单内容并未在安庆市环保局网站公布，当地环保部门在面对媒体时也显得底气不足。由安庆市副市长兼任环保局局长，此举归根结底是为了提升环保部门的规格权限，破解高级别污染企业无人敢管和地方环保部门无力监管的困局。然而，此举是否能够撼动作为地方支柱型企业以及央企在地方重要布局的安庆石化呢？这是有待考证的问题。

　　在环境执法中，除了查封扣押、征收排污费和罚款，对于经限期治理仍不达标的污染企业，还可以采取"限制生产、停产整治"，甚至"责令停业、关闭"的措施，但是实际上，地方环保部门无权关闭任何一家企业，因为根据《中华人民共和国环境保护法》（第六十条），"责令停业、关闭"需要报经有批准权的人民政府批准，也就是说，当执法对象是中央直接管辖的企业事业单位时，如果要对其"责令停业、关闭"，就必须报有权批准设立以及管辖这些企业事业单位的人民政府批准。在该案中，"如果要把安庆石化关掉，那我们就要报告国务院"[1]。且不论在面对地方环境保护需求和行业经济发展冲突时，作为"有批准权"的政府会如何取舍，单从层级距离来看，从安庆市政府（地级市）到国务院，中间尚且隔着一个政府层级（安徽省），而且，即便由副市长兼任环保局长，由于安庆石化总经理同时兼任安庆市委常委，二者之间级别相当，

---

[1]　《石化城安庆臭气之殇：环保局官员自嘲治臭办主任》，2013 年 4 月 20 日，21 世纪经济报道（http://finance.ifeng.com/news/region/20130420/7936594.shtml）。

这种政府层级距离间隔以及行政级别上的非优势地位，往往使得地方环保部门乃至地方政府在面对大型国企时难以树立其权威。

由此而言，安庆市环保部门对于安庆石化污染问题在长达四十年的时间里都束手无策，除了囿于经济发展与环境保护之间的艰难权衡，"更受制于'强企业、弱政府'的行政级别，这是全国同类石化驻地的缩影"①。有媒体报道：中石化湛江东兴公司不仅违法超期试运行排污设备，还长期存在因监控排污的样品"调包"导致的监测数据造假问题；中石化湛江新中美公司擅自拆除废水处理装置并涉嫌通过安装自来水管稀释污水排放，广州石化存在严重安全隐患等。虽然地方环保部门多次检查督促其整改，但是，效果却难以彰显②。在石化行业之外，地方环保部门无力监管大型国企污染的情况频频出现，如重庆庆铃铸造有限公司（中日合资，其中控股中方是重庆国资委下的"一号企业"）严重污染空气，该企业所在地北碚区环保部门虽然长期关注并跟踪庆铃铸造公司污染一事，但由于行政级别低的关系，"环保部门只能用协调的方式去解决，而系统外的协调尤其麻烦，三四年下来也没什么进展"③；河南新义煤矿先后被当地环保部门下达33份整改文书，并多次处以罚款，但面对整改通知，煤矿置若罔闻、屡罚不改，这当中除了利益因素，也的确存在行政体制上的问题——新义煤矿系省属煤矿，归洛阳市煤炭工业局管辖，而煤矿所在地是洛阳市下辖的新安县，这种行政级别上的弱势地位使得新安县环保部门的执法看似严格，实则难以奏效，因为"总不可能叫市煤炭局派人下来开会""毕竟是国有企业，地方也要看它的脸色"④。

大型国企在企业经营之外往往承担着相应的公共职能，具有一定的公共性特点，在当下环境污染防治战略阶段本应树立正面典型，但是，其中

① 《地方环保局向污染央企开罚单 罚中石化9万元》，2013年6月10日，21世纪经济报道（https://new.qq.com/cmsn/20130611/20130611000466）。
② 《中石化环境违法被央视曝光 地方抱怨监督执法难》，2012年9月27日，南方都市报（http://news.sohu.com/20120927/n354018798.shtml）。
③ 《大型国企掣肘中国环保战役》，2015年2月6日，凤凰周刊（http://www.ifengweekly.com/detil.php?id=1650）。
④ 曙明：《33张整改通知为何难阻污染》，《检察日报》2018年9月13日第5版。

一些却成了生态环境破坏的"主力"和污染防治的"钉子户",地方环保部门对这些大型国企的监督形同虚设。这种执法困境,从体制上而言,缘于地方环保部门行政级别相对弱势,面对强势国企时因权威不足而显得力不从心;更进一步而言,则在很大程度上是因为双方在利益追求和价值取向上的冲突。对于国企而言,它所承担的部分公共职能和公共性特点并不能掩盖其追求经济利益和行业发展的本质属性,因此,当企业发展与保护环境之间存在难以调和的矛盾时,往往会优先考虑企业自身利益的最大化;对于地方环保部门而言,"高规格""高级别"(在本案例中,"安庆石化"股权结构如图 5-9 所示)的威慑、本级政府的态度、与上级(国企管辖部门)之间的沟通难题,往往使其监督执法面临两难困境,可以说在这种情况之下,其监督执法的力度和刚性直接取决于当地政府的立场是否坚定(是否能抵挡得住来自上级的压力和严格执法可能导致的经济增速放缓及其对官员政治晋升的潜在影响),而监督执法的最终效果则取决于本级政府、上级政府以及国企所属政府部门之间的沟通协调情况,其中,后者的利益取舍和价值目标具有举足轻重的影响。

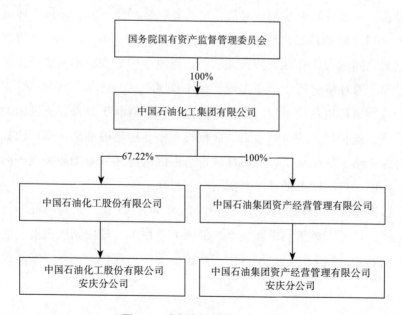

图 5-9 "安庆石化"股权结构

如前所述，权力对比和行政级别在环境监察监测执法时具有十分重要的影响。在环境污染防治中，地方环保部门因其权力和级别的限制，在对强势国企监督执法时，其权威、力度和刚性都大打折扣，由此导致，公共利益让位于企业利益，地方利益受制于部门利益。从这一角度而言，提升地方环保部门的行政级别、提高其规格权力是强化对大型国企环境监管执法力度的必要之举。从长远和常规来看，强化对污染国企的环境执法力度并非仅仅通过"副市长兼任环保局局长"的人事任命就能实现的，毕竟党政领导干部任期相对短暂而防治污染是一个长期工程，更何况环境污染防治绝非一人之力所能实现。因此，必须从环保机构设置和环境行政权力配置层面作出结构性调整，寻求体制上的合理变革。

（三）洪泽湖水污染来源之争：环境跨域性与府际合作失灵

环境污染可以借助水的流动性和大气的扩散性等特质向周边区域转移，并影响到这些区域的环境质量，因此很容易转化成跨域性污染，这是它不同于其他社会问题之处。环境污染无边界，但治理资源与权力配置以行政区划为界限，导致对跨区域环境污染的治理呈现碎片化和低效的特征，为改变这一状况，必然需要跨越区域界限、实行不同主体尤其不同区域之间的政府协同合作。但是，在跨区域环境治理中，"地方政府彼此之间的合作存在着协调成本、信息成本和监控成本，这导致了地方政府在对环境进行治理中出现了合作意愿不足的情况"[1]；与此同时，治理跨区域环境污染不仅对本区域有益，而且有利于改善邻近区域的环境质量，这种显著的空间溢出效应使得在不分担环境治理成本（比如增加环保支出）的情况下，某些地区也可能因周边区域增加环保投入而受益，因而一定程度上助长了"搭便车"心理。

以洪泽湖水质污染事件为例，2018 年 8 月 25 日，正当鱼蟹即将丰收之际，江苏省泗洪县洪泽湖水域涌入大量污水，致使湖区鱼蟹大面积死亡，养殖户损失惨重，湖区生态环境遭受严重破坏。江苏、安徽两省

---

① 郭斌：《跨区域环境治理中地方政府合作的交易成本分析》，《西北大学学报》（哲学社会科学版）
2015 年第 1 期。

生态环境厅及相关市、县就事件调查处置事宜两次召开会商会，确认此次事件发生的原因"主要是由于上游遭受特大洪涝自然灾害，紧急泄洪时未通知下游，洪水夹带大量面源污染导致水体溶解氧过低"①。但是，各方对于污水具体来源、对方水质监测数据是否准确、赔偿责任如何界定等问题却各执一词：宿迁市环保局的监测和调查结果显示"污水均来自安徽方向"②，但安徽省环保厅则发布通报否认辖区内存在工业污染源，认为江苏徐州的奎河（奎河起源于江苏徐州，汇入安徽宿州境内新濉河后，再流向江苏泗洪县进入洪泽湖）才是污染源头，并单方面（未得到江苏方面认可）发布了一份宣称由"皖苏两省开展联合监测"得来的奎河水质监测数据，这份数据与江苏省提供的数据结果不同③。由于对污染来源缺乏共识，致使事故责任难以合理划分，并导致污染事件无法及时有效应对。事实上，类似的跨界污染并非个案，"八百里秦川一千里污染"、安徽沱湖一夜变成"酱油湖"、河流污染引发河南两地"罗生门"之类的新闻频频见诸报端，治污工作年年开展，治理力度不断加强，但为何污染困局始终难解？

　　就此次污染事件来看，污染主要来自上游泄洪夹带的污水，但双方对污水究竟来源于安徽境内还是江苏境内各执一词。安徽方面否认辖区内存在工业废水一说，将事件归因于"台风影响下"的天灾。实际上，经各方监测调查证实污水确实来源于安徽方向；另外，就在同年9月18日，生态环境部点名通报了宿州"工作不严不实，整改避重就轻，城东污水处理厂……处于空转状态。安徽省上报的整改情况严重失实"④。当然，这也并不能证明污水就一定来源于宿州，调查人员沿河而上，在安徽、河南两省均看到部分河流污染严重。这意味着此次污染事

---

① 《对市政协五届二次会议第077号提案的答复》，2018年9月27日，宿迁市环保局（http://www.suqian.gov.cn/cnsq/zxyabl/201809/a8d10232d6ba40b0b383ff9d9d0a35c8.shtml）。
② 《洪泽湖受污染初步调查结果：污水均来自安徽方向》，2018年8月31日，扬子晚报（http://jsnews.jschina.com.cn/shms/201808/t20180831_1878590.shtml）。
③ 《洪泽湖水质污染来源之争》，《新京报》2018年9月11日第A14版。
④ 《生态环境部通报4起中央环保督察整改不力问题》，2018年9月18日，生态环境部（http://www.mee.gov.cn/xxgk2018/xxgk/xxgk15/201809/t20180918_661898.html）。

件可能涉及更广泛区域、更多主体、责任划分也更加困难，已经超出单独区域治理的能力和效力范围，因而需要上下游联动、各方主体协同，实行跨区域界限合作治理。从此次污染调查情况来看，除了污染受害方泗洪县，主要还涉及安徽省宿州市、安徽泗县、江苏徐州等地，由于是跨界污染，必然牵动各自的上级乃至更高层面的介入，因此，江苏省生态环境厅、宿迁市生态环境局、泗洪县委县政府与安徽省生态环境厅、宿州市政府、宿州市生态环境局、泗县县委县政府都是此次污染事件的责任主体。

污染的空间转移性使得各方主体都被卷入到合作治理格局中，但从事件的发展来看，这种跨区域合作治理并不顺畅。原因之一在于，对于跨界污染问题，在同一主体而言，治理的成本和收益是不对等的。从江苏方面来看，上游排污导致的洪泽湖水域污染给当地渔民带来惨重损失并严重危及水域生态环境，因此，必然要及时、强力治污止损。但由江苏单方面投入治理，不仅治污成本高，而且因为位居下游，效果也难以为继，治污成本远远大于治理收益。从安徽方面而言，河水的流动性使得污染在很大程度上得以转移，因此在此次事件中的治污动力或者说承担赔偿责任的意愿明显趋弱。何况，污染治理所产生的收益是共享的，这对于安徽方面极不划算，不仅耗费原本可用于其他方面比如发展经济的人财物力，还无形中对江苏方面形成助力，使其更容易在政绩锦标赛中胜出。更何况，安徽并非洪泽湖水域污染的唯一源头，河水流经的上游区域比如河南、江苏徐州等地也都有可能是污染来源。因此，如果上游区域不参与合作，那么安徽将面临十分窘迫的问题——花自己的钱，为上游担责，为下游谋利。这种成本和收益的严重不对等，使得各方主体之间出现典型的集体行动困境，以致洪泽湖水域治理一度陷入"公地悲剧"。更为严重的是，基于环境污染和污染治理的空间溢出效应，一些地方政府甚至刻意将污染企业选址在边界区域，由此导致"环境污染的边界效应"①。

① 龙文滨、胡珺：《节能减排规划、环保考核与边界污染》，《财贸研究》2018 年第 12 期。

"区域环境的不可分割性和治理效益的共享性，要求打破原有地方政府基于传统行政管理辖区的'碎片化'治理格局"①，实行多方联动合作治理。在此次污染事故处理中，主要的合作有：第一，表态加强沟通，"尽快查找污染原因，迅速采取控源措施，防止受影响范围进一步扩大"②；第二，启动跨界突发环境事件应急机制，进行联合监测联合采样以排查事故原因；第三，召开联席会议，由江苏、安徽两省生态环境厅及相关市、县共同参会对事件进行分析研判。另外，此前，淮河流域相关地界已经缔结了跨区域环境治理协议（主要包括《关于环境保护合作协议》《洪泽湖生态环境保护规划文本》），形成了相关区域各方参与的契约型协作治理机制。然而，从事态的发展来看，主动表态、积极行为的主要是江苏方面，而安徽则是权力干预下的被迫协同；双方建立了联合监测机制，但对于双方采样的数据却互相不认可；各方早在2012年就共同签署了《关于环境保护合作协议》，约定上游泄洪应提前通报下游地区，但相关责任人却表示对此不知情，认为这是框架性的协议，具体落实还需要相互再签署细化的联防联控协议③。这意味着，契约基础上的府际合作，虽然"在一定程度上能够克服区域环境治理的碎片化，避免相关行动者的'搭便车'行为……但带有强烈的应急性和突击性质，无法确保合作行动开展的长效性，且现行协调、监督机构在执法过程中的合法性、权威性也受到质疑"④。

时隔数月，洪泽湖污水早已退去，但此类问题依然难解。一场鱼蟹死亡事件如同跨区域环境污染及其治理的缩影，不仅暴露出河流上下游之间的矛盾，也凸显出跨区域界限的环境治理困境：环境污染的空间转移性和污染治理的正外部性使得一些地方容易滋生"搭便车"心理；各区域发展目标和环境规制上的差异导致地方政府在治理环境污染问题时

① 孙涛、温雪梅：《动态演化视角下区域环境治理的府际合作网络研究——以京津冀大气治理为例》，《中国行政管理》2018年第5期。
② 《江苏调查洪泽湖污染原因》，《人民日报》2018年8月30日第13版。
③ 《洪泽湖水质污染来源之争》，《新京报》2018年9月11日第A14版。
④ 孙涛、温雪梅：《府际关系视角下的区域环境治理——基于京津冀地区大气治理政策文本的量化分析》，《城市发展研究》2017年第12期。

不仅各自为政，还可能出现"战略性"行为；治理污染"画地为牢"的分权体制使得各区域在面临共同的污染或跨界污染问题时难以有效协调合作。由此来看，破解跨区域环境治理"公地悲剧"的关键在于打消坐收渔利的"搭便车"心理、改变各自为政的"碎片化"治理格局、强化生态环境保护的共同目标。这就需要突破环境治理的行政分权体制，以纵向权责制约来强化横向府际合作，特别是在跨界区域，地方政府之间的协同合作往往需要仰仗上级政府尤其共同上级政府的态度及其介入，如"对河流入境断面和出境断面水质的监测，应当由上级环保部门负责，监测事权上收，统一标准，统一监测，实时公布"①，如此才能使监测数据获得双方认可。反之，如果这种介入只是个案式，而缺少在规划、标准、环评、监测等各个环节的统一部署，那么，其效果必将大打折扣，更遑论长效治理与治理效果的持久性。

四 结论：地方保护、级别悬殊与跨域合作失灵

党的十八大以来的行政体制改革以"推进综合执法""减少层次、整合队伍、提高效率"为核心，以"精简"和"效率"为主线。在环境保护领域，行政执法权的横向整合路径与其他领域的执法权整合方向相对一致，在纵向维度，环境领域行政执法重心下移、力量下沉至基层，但是执法权却上收，呈现与其他领域行政执法权流动方向相逆的特征。现有研究"大都试图根据同样的标准指导不同领域的执法权配置，比如在纵向上倾向于执法权下放、横向上主张执法权相对集中，这种整齐划一标准忽视了不同领域的执法权配置方案对于实际执法效果的差异化影响，或者说忽视了不同领域的实际执法过程对于执法权配置的差异化要求"②，因此，很难充分解释环境执法权的这种逆向流动现象。

有鉴于此，上述从环境保护领域行政执法的实践经验出发，通过典

---

① 《河流跨界污染须联防联治》，《人民日报》2018年10月13日第6版。
② 吕普生：《中国行政执法体制改革40年：演进、挑战及走向》，《福建行政学院学报》2018年第6期。

型案例来分析探讨为何该领域行政执法权流动呈现"逆流而上"的特征，是什么因素主导并驱动了这种逆向流动趋势。借助价值理念—执法权配置—治理效能的分析框架，通过分析三个环境执法案例——甘肃祁连山国家级自然保护区生态环境破坏、安徽安庆石化污染以及洪泽湖水污染事件等及其所反映出的问题，发现：（1）在环境"属地管理"背景下，经济发展优先的价值理念导致地方政府更热衷于追求经济发展，当环境保护与经济发展之间存在冲突时，甚至不惜以牺牲环境为代价来确保地方经济增长，地方环保部门则因为受到来自地方政府的压力及其他职能部门的干预而弱化了监督执法的权威和力度；（2）在环境执法中，权力对比关系和行政级别悬殊对于执法主体的权威以及执法对象的态度行为具有显著影响，由于国企及其主要领导的行政级别优势，地方环保部门在面对辖区内大型国企污染时容易陷入"不敢管""管不了"的境地；（3）环境污染具有跨域转移性，因此需要跨区域界限的合作治理，但环境污染和污染治理的"空间溢出"效应使得一些地方容易滋生"搭便车"心理，而治理资源和权力配置以行政区域为界限又进一步增加了区域之间的合作成本。这些因素共同指向对于更高权威的需求，只有当环境保护获得更高的行政权威支持才能免于来自地方的行政干预、增强对于强势国企的执法力度、提升跨域环境问题合作治理的效度。换而言之，环境污染防治中的地方保护主义、行政级别悬殊导致地方环保部门无力监管强势国企、环境污染跨域转移而不同区域之间府际合作失灵等因素共同作用，使得中国环境执法权配置呈现逆"流"向上的特征。

　　从总体规划设计来看，环境执法权的纵向调整涉及环境监察、环境监测、环境执法等多个方面，按照垂改《意见》部署，环境执法权主要配置在省级和市级环保部门，其中，环境监察和监测考核上收至省级环保部门，具体环境执法以及执法监测则上收至市级环保部门。然而，值得思考的是，基层执法事项多、执法任务繁重是不争的事实，因此，改革方案屡次强调执法重心下移、执法力量下沉，但是如何妥善处理这种执法重心下移、执法力量下沉与执法权上收之间的关系？从垂改《意见》来看，主要采用"派驻""派出""授权"的方式来"下沉"执法力量，但问题在于，在基层环境执法中，如何确保"派驻""派出"以及被"授权"队伍的合法主体资格？与此同时，在执法力量的人财物等方面直接受上级环保部门管辖的情形下，如何确保地方政府及其职能部门的积极配合？

此外，将行政执法权"放置"在省级或市级层面是否合理并足够彰显环境执法权威？从甘肃祁连山保护区生态环境破坏案例中可以发现，软化环境执法的并非仅仅保护区管理局下属的自然保护站，市级乃至省级层面的"绿灯""放水"行为意味着省级环保部门也难逃渎职怠政之责；在安徽安庆石化污染案例中，安庆石化总经理同时兼任安庆市委常委，而其背后中石化直接隶属国务院管辖，那么环境监察、监测考核权配置在省级、具体执法和执法监督权由市级环保部门行使，这又能对其形成多大监督制约力？对于跨域污染治理，上级政府尤其共同上级政府的态度及其介入具有举足轻重的影响，但问题在于，当跨界污染跨的是不同的省级行政区域时，比如洪泽湖水污染事件涉及江苏和安徽两个省份的不同区县，那么省级环保部门之间的沟通协商是否能摆脱"搭便车"心理、实现有效合作？从案例可知，实际上双方并不认同对方的监测数据，契约基础上的府际合作协议也并未发挥实效。这意味着，即便将环境监察、监测考核等权力上收至省级环保部门，环境执法及执法监督上收至市级环保部门，也依然存在监督不力、监测考核不实的风险。因此，如何合理配置各层级环境治理权责，实现跨部门、跨区域联动和跨层级协同，是环境行政体制改革进程中的核心议题。

第六章　何以"有声"？公众参与环境治理的路径机制

要想成功地建立生态社会，或实现某些有益于环境的改良，（公众）必须拥有权利去影响公共政策，影响政治经济生活的组织与开展。以珍重地球为己任的一场运动和一个社会必定会珍重栖息于地球的每一个人，它们会赋予全体人以权利，使之积极参与到建设自己幸福、实现自己抱负的事业中。

——丹尼尔·A.科尔曼，2002①

近些年来，党和政府对公众参与环境治理给予了高度重视，如《环境保护法》《环境保护公众参与办法》以及《公民生态环境行为规范（试行）》等法律法规明确了环境治理中公众的法律地位、参与方式方法以及相应保障等基本内容。与此同时，党的十九大提出"构建政府为主导，企业为主体，社会组织和公众共同参与的环境治理体系"②，生态环境部等六部门提出"要更广泛地动员全社会参与生态文明建设，推动

---

① ［美］丹尼尔·A.科尔曼：《生态政治：建设一个绿色社会》，梅俊杰译，上海译文出版社2002年版，第132—133页。

② 《习近平指出：加快生态文明体制改革，建设美丽中国》，2017年10月18日，《人民日报》（http://cpc.people.com.cn/19th/big5/n1/2017/1018/c414305-29594512.html）。

形成人人关心、支持、参与生态环境保护的社会氛围，到 2025 年基本建立生态环境治理全民行动体系"①，中共十九届六中全会进一步明确要"开展全民绿色行动，让'绿水青山就是金山银山'的理念成为全党全社会的共识和行动"②。这一系列法律法规和政策文件为公众参与环境治理提供了越来越充分的空间和渠道，是公众参与从理念转变为现实的制度基础。

但从实际情况来看，公众的环境行为大打"折扣"，在环境治理中，"沉默的大多数"现象仍广泛存在，公众参与环境治理的效能远不及预期，出现了理论上和政策上高度重视，但实际参与失灵的问题。如前所述，制度空间是公众参与机会在政治生活中的聚合结构，是公众参与得以实现的关键场域和前提条件。为促进公众有效参与进而提高环境治理效能，有必要在公民环境权的法律确认、政府的鼓励以及司法救济权的完善等多方面建立共识，以合法的规范和机制的更新等来鼓励和引导"沉默的大多数"发声，通过公众"有声"来促进环境共治。

第一节　激励和价值引导：以垃圾分类为例

随着人口的急剧增长和居民消费水平的不断提高，生活垃圾产量快速增长，成分也愈加复杂。但粗放型的垃圾混合处理不仅造成巨大的资源浪费，存在二次污染的风险，还常常因"邻避效应"导致群体性事件与冲突。垃圾处理以及由此产生的环境冲突与社会问题正逐渐成为制约城镇可持续发展的新问题。与此同时，生活垃圾中蕴含着丰富的可回

---

①　生态环境部:《"美丽中国，我是行动者"提升公民生态文明意识行动计划（2021—2025 年）》，《中华环境》2021 年第 1 期。

②　黄守宏:《生态文明建设是关乎中华民族永续发展的根本大计》，《人民日报》2021 年 12 月 14 日第 9 版。

收利用资源，据统计，中国每年产生的生活垃圾中含有 6000 余万吨可回收垃圾，其中约有价值 250 亿元的资源未被有效利用 [1]。因此，"减量化""资源化"和"无害化"是解决城镇发展过程中"垃圾围城"这一困境，缓解可持续发展中的资源环境约束的重要出路。

一 垃圾分类政策及其效果

2000 年，原建设部发文"拟选择一些条件相对成熟的城市，开展生活垃圾分类收集试点"[2]，之后在北京、上海、广州等八座城市开展试点工作。2017 年《生活垃圾分类制度实施方案》正式出台，提出"将生活垃圾分类作为推进绿色发展的重要举措"，并明确了"政府推动，全民参与"的基本原则，试图通过各种举措"引导居民逐步养成主动分类的习惯，形成全社会共同参与垃圾分类的良好氛围"，同时提出目标，"到 2020 年底，基本建立垃圾分类相关法律法规和标准体系，形成可复制、可推广的生活垃圾分类模式，在实施生活垃圾强制分类的城市，生活垃圾回收利用率达到 35% 以上"[3]。由此，正式开启了全国范围生活垃圾强制分类时代。2018 年《中共中央、国务院关于全面加强生态环境保护坚决打好污染防治攻坚战的意见》提出"全民共治"原则，对垃圾分类处理和"无废城市"建设试点等工作作了全面部署，进一步推进垃圾分类工作进程。

垃圾分类关乎绿色发展大计，但又隐匿在鸡毛蒜皮的小事中，要养成全民自觉分类的习惯，形成全社会共同参与的良好氛围仍任重道远。

---

[1] Fan Fei, Lili Qu, Zongguo Wen, Yanyan Xue, Huanan Zhang, "How to Integrate the Informal Recycling System into Municipal Solid Waste Management in Developing Countries: Based on a China's Case in Suzhou Urban Area", *Resources, Conservation and Recycling*, Vol.110, July 2016.

[2] 建设部（已撤销）：《建设部城市建设司关于公布生活垃圾分类收集试点城市的通知》，2006 年 6 月 1 日发布。在该《通知》中，北京、上海、广州、深圳、杭州、南京、厦门、桂林被确定为"生活垃圾分类收集试点城市"。

[3] 国务院办公厅：《国务院办公厅关于转发国家发展改革委住房城乡建设部生活垃圾分类制度实施方案的通知》（国办发〔2017〕26 号），2017 年 3 月 18 日发布实施。

据此前统计，"日常生活中的大部分垃圾，有近七成没有分类就直接进入了垃圾桶。了解垃圾分类的人群中，只有24.29%的人是按分类要求将垃圾放入垃圾桶，65.97%的人都是将家里垃圾统一打包后放在社区垃圾桶里，还有4.18%的人随意处理垃圾"①。近些年来，在法律政策引领、组织高位协调、配套建设和机制创新多角度合力作用下，各地纷纷开展垃圾分类工作和"无废城市"建设，虽然取得了积极成效，但区域失衡依然显著，民众的垃圾分类意识虽然有所增强，但仍未从根本上改变"事不关己，高高挂起""自我例外""法不责众"等心态。这导致垃圾分类政策实施效果与预期目标之间存在明显的差距，甚至围绕垃圾分类的部分举措（如"楼层撤桶"），民众的消极应对甚至质疑之声频频出现。

垃圾分类简单来讲就是将垃圾按照不同属性分类投放，它是垃圾处理系统的前置环节。看似简单，但对于居民而言则是一个复杂的过程，居民的分类投放不只是对各种环境状况判断权衡后的行为选择，还受到法律规范的约束②。因此，有研究认为，城市生活垃圾分类政策之所以难以推进，主要原因在于政策支持不足、分类服务设施落后③、宣传教育④和奖惩激励⑤等政策存在缺陷，以及人们关于垃圾分类的知识不充分⑥。这意味着，居民的垃圾分类意愿与行为受到法律政策等外部环境因素的规范和约束，其中，奖惩激励极有可能是一个十分重要的因素。各地垃

---

① 《中华人民共和国生态环境部.垃圾分类离我们有多远?》，2010年6月1日，生态环境部（https://www.mee.gov.cn/home/ztbd/sjhjr/2010hjr/xcgt/201006/t20100601_190267.shtml）。

② 陈绍军、李如春、马永斌：《意愿与行为的悖离：城市居民生活垃圾分类机制研究》，《中国人口·资源与环境》2015年第9期。

③ Shigeru Matsumoto, "The Opportunity Cost of Pro-Environmental Activities: Spending Time to Promote the Environment", *Journal of Family and Economic Issues*, Vol.35, No.1, 2014.

④ 徐林、凌卯亮、卢昱杰：《城市居民垃圾分类的影响因素研究》，《公共管理学报》2017年第1期。

⑤ 王丹丹、菅利荣、付帅帅：《城市生活垃圾分类回收治理激励监督机制研究》，《中国环境科学》2020年第7期；钱坤：《从激励性到强制性：城市社区垃圾分类的实践模式、逻辑转换与实现路径》，《华东理工大学学报》（社会科学版）2019年第5期。

⑥ 邓俊、徐琬莹、周传斌：《北京市社区生活垃圾分类收集实效调查及其长效管理机制研究》，《环境科学》2013年第1期。

圾分类探索中的"积分制""付费投放"等似乎皆从实践层面印证了奖惩激励对于居民垃圾分类行为的督促作用。那么，激励因素究竟是否对居民的垃圾分类行为产生实质性作用？它是如何影响居民的垃圾分类行为的？怎样据此来提升居民的积极性，进而促进垃圾分类政策落地生根见效？

二　是否受激励因素和价值感知的影响？

（一）理论基础

法律政策出台后需要通过有效的激励机制来促成其贯彻落地，而激励机制是否有效则取决于遵守该法律政策能否增进成员利益，如果违背，又是否会受到相应的惩处。在这一方面，国外一些做法成效显著，有不少可供借鉴之处，如美国规定不同种类垃圾收取不同处理费，激励居民对垃圾进行分类收集[①]；英国为了从源头上减少垃圾量、提高垃圾的回收利用率，向没有对垃圾进行分类的人收取垃圾处理费，费用随着垃圾重量的增加而逐渐升高；日本通过对乱扔垃圾者的拘捕和罚款，以及由此连带整个小区垃圾处理费增加等方式强化邻里之间对垃圾分类的监督[②]。与实践相对应，理论层面的研究也表明，激励策略对居民垃圾分类行为具有显著影响。垃圾分类是一种社会行为，这一社会行为建立在无数个人行为的基础上，因此分类的成本也会负担到每一位居民身上[③]。由于成本与收益的不对等，作为理性行动者的居民缺少主动进行垃圾分类的动机，可能因此陷入"集体行动的困境"。因此，一系列能够对个体垃圾分类行为产生反馈刺激的选择性激励措施，是克服这一困境的重要策略[④]。

① 黄安年：《美国的垃圾分类和垃圾处理场》，《出版参考》2006年第14期。
② 杨帆、邵超峰、鞠美庭：《城市垃圾分类的国外经验》，《生态经济》2016年第11期。
③ 张郁、徐彬：《基于嵌入性社会结构理论的城市居民垃圾分类参与研究》，《干旱区资源与环境》2020年第10期。
④ 张莉萍、张中华：《城市生活垃圾源头分类中居民集体行动的困境及克服》，《武汉大学学报》（哲学社会科学版）2016年第6期。

　　针对具体的激励内容,有研究表明经济利益能够显著影响居民的生活垃圾分类行为[①],同时,非经济收益如获得荣誉表彰等精神方面的满足也能够吸引居民参与垃圾分类,进而改善生态环境[②]。还有研究发现媒体宣传和完善服务设施对居民垃圾分类行为习惯的养成与意识的构建作用有限,这一作用的发挥需要持续性的经济激励来强化和维系[③]。根据行为修正理论和政策工具类型,激励机制可以被分为诱导性激励与强制性激励[④]。其中,行为修正理论认为,外界环境在影响修正个体行为时,存在两种作用方式:一是个体为了达到既定的目标,会主动调整自己的想法,坚持或放弃某种行为;二是外部主体(如政府、社区)为了达到它们的目标,通过改变外部环境给予相对人足够的刺激,这也能够对个体行为产生一定的影响,即通过对"不认可"行为的惩罚和对"认可"行为的赞扬来影响人的行为[⑤]。归纳起来实际上就是两类:抑制、消减不期望行为的发生,或者激发、强化期望行为持续存在。因此,在垃圾分类过程中,激励机制在两个维度上发挥作用,既可以通过奖励、表扬等诱导性激励促进居民进行垃圾分类,也可以通过罚款、社区劳动等强制性方式减少垃圾分类不作为的情况。研究表明,无论是诱导性激励还是强制性激励,都能显著提升居民的垃圾分类参与率[⑥]。

　　从上述理论与他国经验来看,外部因素如激励策略或特定的激励机制能够对居民的垃圾分类行为起到良好的引导和约束效果。需要注意的是,一般而言,外部因素或制度环境往往对人的心理产生影响,进而影

---

① 徐林、凌卯亮、卢昱杰:《城市居民垃圾分类的影响因素研究》,《公共管理学报》2017 年第 1 期。

② 张郁、徐彬:《基于嵌入性社会结构理论的城市居民垃圾分类参与研究》,《干旱区资源与环境》2020 年第 10 期。

③ 童昕、陶栋艳、冯凌、文布帆:《可持续转型社区行动:社区生活垃圾分类实验及反思》,《北京大学学报》(自然科学版) 2018 年第 1 期。

④ 鲁先锋:《垃圾分类管理中的外压机制与诱导机制》,《城市问题》2013 年第 1 期。

⑤ 徐红梅、王华、张同建:《斯金纳强化理论在隐性知识转化中的激励价值阐释》,《情报理论与实践》2015 年第 5 期。

⑥ 钱坤:《从激励性到强制性:城市社区垃圾分类的实践模式、逻辑转换与实现路径》,《华东理工大学学报》(社会科学版) 2019 年第 5 期。

响其行为。这在感知价值理论中得到验证，该理论一开始被用于分析消费者的感知价值与消费行为之间的关系[①]，之后逐渐与经济学、管理学等学科融合，被用于分析不同情境下感知价值对个体行为的影响机理。感知价值是个体对其行为的利弊权衡，也是对某种物品或行为的主观感受和偏好[②]。在垃圾分类问题上，感知价值可以被定义为居民就其所感知的个体利益、社会利益进行权衡后对特定行为效用的总体评价，它对于个体的分类态度和情感意识具有深刻的塑造作用[③]，会影响到个体的垃圾分类行为[④]。而且，感知价值有自利和利他之分，当自利型感知价值被激活后，他们会拒绝参与不能带来个人利益的垃圾分类等环境友好行为[⑤]。

综上而言，在垃圾分类行为的相关研究中，既有对激励机制或激励措施等外界情景因素与居民垃圾分类行为之间关系的研究，也有对感知价值的影响因素以及感知价值对居民垃圾分类行为影响的研究，但将三者置于同一框架下的探讨颇为少见。相关研究发现，社会规范没有直接改变人们的垃圾分类意愿，却能利用感知价值影响它，居民从经济人的视角判断垃圾分类能够给自己带来足够的回报、提升自我价值，因此愿意主动进行垃圾分类[⑥]。那么，价值感知作为一种心理因素，在激励策略影响居民垃圾分类行为过程中是否存在中间作用？激励策略这种社会规范、感知价值以及居民的垃圾分类行为三者之间究竟是一种怎样的关系？如何利用这种关系来促进居民践行垃圾分类行为？

---

① Valarie A.Zeithaml, "Consumer Perceptions of Price, Quality, and Value: A Means-End Model and Synthesis of Evidence", *Journal of Marketing*, Vol.52, No.3, 1988.

② Flint Daniel J., Woodruff Robert B., Gardial Sarah Fisher, "Exploring the Phenomenon of Customers' Desired Value Change in a Business-to-Business Context", *Journal of Marketing*, Vol.66, No.4, 2002.

③ Kirakozian, "The Determinants of Household Recycling: Social Influence, Public Policies and Environmental Preferences", *Applied Economics*, Vol.48, No.16, 2016.

④ 李晨阳、刘益颖、李弓力：《城市居民垃圾分类参与程度与影响因素的统计研究——以郑州市为例》，《统计理论与实践》2021 年第 7 期。

⑤ Laurel Evans, Gregory R. Maio, Adam Corner, Carl J. Hodgetts, Sameera Ahmed, Ulrike Hahn, "Self-interest and Pro-environmental Behaviour", *Nature Climate Change*, Vol.3, No.2, 2013.

⑥ 张启尧、羊芷青、严兰萍：《社会情境对城市居民垃圾分类参与意愿的影响研究——以南昌市为例》，《石家庄铁道大学学报》（社会科学版）2021 年第 1 期。

（二）研究假设

根据前述分析，激励策略有诱导性和强制性两种。诱导性激励强调探究个体需求和政策目标之间的内在联系，利用表彰、奖励等方式促进个体积极主动进行垃圾分类。与以往垃圾分类带来的环境改善等收益相比，这一激励能够通过正向引导将居民参与垃圾分类的收益以切实可见的形式展现出来，居民则通过成本收益分析决定其行为实践。与此相对应，强制性激励强调通过设置标准来规范个体的行为，并对违反标准的行为进行惩罚，以减少政策不期望行为的发生率。二者遵循几乎完全不同的逻辑，强制性激励强调垃圾分类是每一个人应尽的义务，不履行就应当受到惩罚，诱导性激励则向人们传达一种观念，即垃圾分类是一种好的但不一定是必需的行为，如果践行该行为则能够得到额外奖励。基于理论梳理和经验感知，提出以下假设：

假设 H1：诱导性激励对居民垃圾分类行为具有正向驱动作用。

假设 H2：强制性激励对居民垃圾分类行为具有正向驱动作用。

根据感知价值理论，个体感知到的价值会对其行为产生影响，而社会结构和社会关系在价值创造过程中能发挥重要作用[1]，鉴于此，如果激励策略影响居民垃圾分类行为的假设成立，那么，外在激励是否能够通过影响个体的内在心理过程塑造其行为，即外部激励是否会通过感知价值来起作用？感知价值的维度构成随其应用环境变化而变化，有学者基于对消费者行为的分析提出了顾客价值分类的三大维度：外在价值与内在价值、自我导向与他人导向、主动价值与被动价值[2]；有学者从社会感知价值、环境感知价值、经济感知价值三个维度衡量感知价值，以分析农业废弃物的循环利用[3]；在垃圾分类领域，感知价值还可以被划分为

---

① 郑凯、王新新：《互联网条件下顾客独立创造价值理论研究综述》，《外国经济与管理》2015 年第 5 期。

② Holbrook M B., "Customer Value: A Framework for Analysis and Research", *Advances in Consumer Research*, Vol.23, No.1, 1996.

③ 何可、张俊飚：《农业废弃物资源化的生态价值——基于新生代农民与上一代农民支付意愿的比较分析》，《中国农村经济》2014 年第 5 期。

个体感知价值、利益感知价值、道德感知价值[①]；此外，也有人采用二维测度方法将感知价值分为经济感知价值、非经济感知价值[②]或利己价值、利他价值[③]。基于以上分析并结合实际情况，此处依据价值产生来源的不同将居民在垃圾分类过程中感知到的价值区分为外部感知价值和内部感知价值两类。前者来源于个体对外界环境的感知，指居民可以通过垃圾分类在外界关系中获得一定的收益，如回收垃圾获得金钱回报，或因遵守政策规范与社会规则而免受经济方面的惩罚；后者来源于个体内部心理，强调通过参与垃圾分类带来的社会环境改善或个体行为在利他主义方面的道德意义，如垃圾分类能够改善生态环境，这种提高社会福利的行为能够让个体感到快乐与满足。基于此，另外的假设是：

假设 H3：内部感知价值在激励策略与居民垃圾分类行为之间起中介作用。

假设 H4：外部感知价值在激励策略与居民垃圾分类行为之间起中介作用。

基于理论分析与研究假设，主要的分析框架如图 6-1 所示。

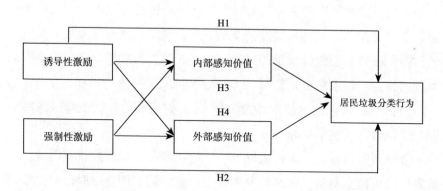

图 6-1　激励策略、感知价值与居民垃圾分类行为分析框架

---

① 徐林、凌卯亮、卢昱杰：《城市居民垃圾分类的影响因素研究》，《公共管理学报》2017 年第 1 期。

② 张郁、徐彬：《基于嵌入性社会结构理论的城市居民垃圾分类参与研究》，《干旱区资源与环境》2020 年第 10 期。

③ 高明、吴雨瑶：《基于价值共创的城市生活垃圾分类研究——以福州市为例》，《北京化工大学学报》（社会科学版）2020 年第 2 期。

（三）问卷设计及其发放

针对上述问题，课题组成员于 2022 年 5 月在所在城市部分小区进行了问卷调查和访谈。关于居民垃圾分类标准，目前大部分地区规定将垃圾分为厨余垃圾、有害垃圾、可回收垃圾和其他垃圾四类，因此，主要通过调查受访者对这些不同种类垃圾的处理方式来了解居民的垃圾分类行为。问卷中设计了一组关于垃圾分类行为的问题，分别对应四类垃圾，询问受访者是否对其进行分类收集处理。选项采用 Likert 五级量表进行赋值，从"从来不这样做"到"每次都会这样做"，按照频率依次计为 1—5 分，对应数字越大，代表分类频率越高。

外部感知价值和内部感知价值是中间变量，它用于考察居民在参与垃圾分类时感受到的价值收获。调查中，也设置一组有关居民垃圾分类感知价值的题项，包括进行垃圾分类时感知到的个人利益、责任感、生态环境和政策规范方面价值的提升。选项从"非常不符合"到"非常符合"，按照程度依次计为 1—5 分，对应数字越大，代表相应感知价值情况与受访者的现实情况越接近。

自变量激励策略有诱导性与强制性之分，诱导性策略即通过经济奖励、积分兑换或者表扬等非经济奖励方式，调动居民参与垃圾分类的主动性与积极性；强制性激励即通过警告、罚款等方式抑制居民混合投放垃圾的行为。问卷中分别针对二者进行提问。选项从"非常不符合"到"非常符合"，按照程度依次计为 1—5 分，数字越大，代表激励策略情况与受访者的现实情况越接近。

考虑到受访者的个人特质以及小区物业情况、垃圾投放点设置、政策宣传等可能会对居民的垃圾分类行为产生影响，因此在验证上述假设时，将居民个人及其家庭特征，包括被调查者的性别、年龄、户籍类型、最高学历，以及社区或小区特征，包括小区物业服务满意度、步行扔垃圾的距离和社区是否进行过垃圾分类宣传活动等加以控制。具体变量及其说明如表 6-1 所示。

表 6-1 变量、指标及其赋值

变量	指标	赋值
个人特征	性别	女 =0, 男 =1
	年龄	20 岁及以下 =1, 21—30 岁 =2, 31—40 岁 =3, 41—50 岁 =4, 51—60 岁 =5, 61 岁及以上 =6
	户籍类型	农村 =0, 城镇 =1
	最高学历	初中及以下 =1, 高中、中专 =2, 大专、本科 =3, 研究生及以上 =4
外部环境	物业服务满意度	非常不满意 =1, 不满意 =2, 中立 =3, 满意 =4, 非常满意 =5
	步行扔垃圾距离	不到 1 分钟 =1, 2 分钟左右 =2, 3 分钟左右 =3, 4 分钟左右 =4, 5 分钟甚至以上 =5
	社区垃圾分类宣传活动	从来没有 =1, 有过，但次数少 =2, 不知道 =3, 次数较多 =4, 经常进行 =5
激励策略	经济激励（如积分兑换奖品、现金奖金等）能够对我起到促进作用（诱导性激励）	非常不符合 =1, 不太符合 =2, 一般 =3, 比较符合 =4, 非常符合 =5
	精神激励（如荣誉称号、公开表扬等）能够对我起到激励作用（诱导性激励）	
	经济惩罚（如罚款、征收垃圾处理费等）能够对我起到约束作用（强制性激励）	
	非经济惩罚（如警告、公开批评等）能够对我起到约束作用（强制性激励）	
感知价值	我进行垃圾分类主要是为个人和家庭（外部感知价值）	非常不符合 =1, 不太符合 =2, 一般 =3, 比较符合 =4, 非常符合 =5
	我进行垃圾分类主要出于对政策的响应（外部感知价值）	
	我内心觉得垃圾分类能够保护生态环境（内部感知价值）	
	我进行垃圾分类主要出于内心的责任感（内部感知价值）	
居民垃圾分类行为	收集可回收垃圾（如塑料瓶、硬纸壳、报纸等）	从来不这样做 =1, 有这样做过、但很少 =2, 大概对半 =3, 大部分时候会这样做 =4, 每次都会这样做 =5
	正确投放厨余垃圾（如剩菜剩饭、菜根菜叶、水果皮等）	
	妥善处理有害垃圾（如废电池、过期药品、杀虫剂等）	
	合理处置其他垃圾（如卫生间废纸、砖瓦陶、抹布等）	

考虑到新冠疫情防控的原因，此次调查主要采取便利抽样的方式发放问卷。预计的调查对象基本都要符合以下特征：受访者基本上都是成年人，具有较为成熟的认知能力；居住在城市地区，知道生活垃圾分类政策。问卷发放初期，我们发现线下问卷涉及的样本具有比较明显的集中性特征，比如年龄多在40岁以上，而且总体学历层次较低，大部分人最高学历不超过高中、中专。造成这一情况的部分原因是，在小区发放问卷时，接触到的对象主要是退休人员、一些对学历要求不高的行业的从业者如商户摊主、保安或体力劳动者。为了避免年龄与学历的不合理分布对调查结果造成误差，后续通过网络方式对这些小区不同人群补充收集了一部分问卷。最终共收集到线下纸质问卷208份，线上问卷95份，剔除不认真作答、重复率高的无效问卷3份、选项前后矛盾的无效问卷12份，共获得有效问卷288份，问卷有效率为95.05%。

（四）研究方法

研究方法上，采用因果中介分析。这一方法能够识别出自变量通过中介变量对因变量产生影响的作用机理，估算其中的"平均中介效应"以及"直接效应"，识别变量之间的关系[①]。中介效应中变量之间的关系如下列方程所示：其中 c 用来衡量自变量 X 对因变量 Y 的总效应；a 代表自变量 X 对中介变量 M 的影响；b 代表控制自变量 X 的影响后，中介变量 M 对因变量 Y 产生的影响；c'代表了控制中介变量 M 的影响后，自变量 X 对因变量 Y 的直接影响；e_1、e_2、e_3 为回归残差。

$$Y = cX + e_1 \qquad\qquad (1)$$

$$M = aX + e_2 \qquad\qquad (2)$$

$$Y = c'X + bM + e_3 \qquad\qquad (3)$$

关于检验中介效应的方法，温忠麟等人在分析逐步法缺陷的基础

---

① 朱旭峰、赵慧：《政府间关系视角下的社会政策扩散——以城市低保制度为例（1993—1999）》，《中国社会科学》2016年第8期。

上，提出了更加完善的中介效应检验流程，即在原有逐步法的基础上引入 Bootstrap 法，先使用原有方法依次检验 a 与 b，如果不显著则用 Bootstrap 法直接检验系数乘积 ab。这种新的检验流程综合了逐步检验法和 Bootstrap 法的优点，无论是考虑第一类错误率、检验力还是结果解释性，与 Bootstrap 法及逐步法相比，改良后的方法都更加有效[①]。

此处利用因果中介分析的方法，解释不同激励策略对居民垃圾分类行为的平均干预效应以及感知价值的中介效应。其中，自变量为诱导性激励与强制性激励，中介变量为内部感知价值与外部感知价值，因变量为居民垃圾分类行为。

中介效应的具体检验流程分为 3 步：第一步，检验自变量对因变量的总效应，即方程（1）中的系数 c。若激励策略能够显著影响居民的垃圾分类行为，那么就可以进行后续步骤；第二步，继续对方程（2）中的系数 a 与（3）中的系数 b 进行检验。在本研究中，a 代表激励策略与感知价值的回归系数，b 代表感知价值与居民垃圾分类行为的回归系数，如果二者都通过了显著性检验，则存在显著的间接效应。如果存在其中一个系数不显著的情况，那么进入第三步，通过 Bootstrap 法直接验证系数乘积。如果 ab 显著，则证明间接效应同样显著。

三　假设检验：激励策略、价值感知与居民垃圾分类行为

（一）样本的基本特征

根据调查所得数据，受访者的基本情况如表 6-2 所示：从样本的性别比例来看，男性受访者占总人数的 29.17%，女性占总人数的 70.83%，女性人数明显多于男性；从年龄结构来看，中青年居多，大约 90% 的样本年龄处于 60 岁以下；从文化程度看，超过一半的受访者没有接受过高等教育，这与预期比较一致；从户籍类型来看，75.35%

[①]　温忠麟、叶宝娟：《中介效应分析：方法和模型发展》，《心理科学进展》2014 年第 5 期。

的受访者为城镇居民。

表 6-2 　　　　　　　样本基本特征（n=288）

变量名称	选项	频次	占比
性别	男	84	29.17%
	女	204	70.83%
年龄	20 岁及以下	5	1.74%
	21—30 岁	26	9.03%
	31—40 岁	69	23.96%
	41—50 岁	104	36.11%
	51—60 岁	51	17.71%
	61 岁及以上	33	11.46%
户籍类型	城镇	217	75.35%
	农村	71	24.65%
最高学历	初中及以下	124	43.05%
	高中、中专	65	22.57%
	大专、本科	83	28.82%
	研究生及以上	16	5.56%

（二）信效度检验

测量误差的存在可能使得问卷所得数据与现实情况之间出现偏差，为了保证前后收集到的数据分析得出的结论具有一致性，需要对问卷进行信度检验。量表的信度可以借助 SPSS 软件的 Cronbach α 系数来测量。通常，该系数值在 0—1，越接近 1 代表量表信度越高，如果系数低于 0.6，表示内部一致信度不足；达到 0.7—0.8 表示具有较好的信度；达到 0.8—0.9 说明信度非常好。分析结果显示，量表的 Cronbach α 系数为 0.786，表明量表条目之间的一致性较好，数据可靠稳定，可以进行下一步的效度分析。

效度是实际测量结果与想要考察的内容的符合程度，效度越高，测量到的情况与想要考察的情况越符合。上述变量在国内已经存在一定的研究基础，因此设计量表的时候以被反复验证的经典量表作为基础，再根据问题的特殊性对其进行增删修改，以保证测量结果能够反映真实的情况。然后在 SPSS 中采用 KMO 和 Bartlett 球形检验，验证结果显示 KMO=0.777>0.6，Bartlett 球形检验的统计显著性 p<0.001。由此可见，问卷各测量因素之间相关性较强，效度较好。

（三）逐步回归分析

1.诱导性激励、感知价值与居民垃圾分类行为

为检验"诱导性激励→居民垃圾分类行为"的作用路径是否成立，以及感知价值是否在其中具有中介作用，构建模型 1—6 进行验证，结果见表 6-3：模型 1 的结果表明，诱导性激励对居民垃圾分类行为具有显著的正向影响（p<0.05，β=0.123），因此假设 H1 得到验证。

模型 2 表明，诱导性激励对内部感知价值具有显著的正向影响（p<0.001，β=0.227）；模型 4 表明，内部感知价值对居民垃圾分类行为也具有显著的正向促进作用（p<0.001，β=0.297）；模型 6 的结果表明，当诱导性激励与内部感知价值、外部感知价值被一并纳入模型后，诱导性激励对居民垃圾分类行为的影响不再显著（p>0.05，β=0.044），内部感知价值对居民垃圾分类行为则有显著的正向影响（p<0.001，β=0.286），这说明诱导性激励对居民垃圾分类行为的影响因内部感知价值的存在而被削弱。结合模型 1、2、4、6，内部感知价值在诱导性激励与居民垃圾分类行为之间存在显著的中介作用，即存在诱导性激励→内部感知价值→居民垃圾分类行为的作用路径。由此部分验证了 H3 的内容。

表 6-3　　　　　　诱导性激励→居民垃圾分类行为路径检验

变量	分类行为	内部价值	外部价值	分类行为	分类行为	分类行为
	模型 1	模型 2	模型 3	模型 4	模型 5	模型 6
性别	0.136	−0.183	0.039	0.188	0.127	0.184
年龄	0.058	0.018	−0.001	0.038	0.031	0.053
户籍类型	0.173	0.247	−0.360*	0.107	0.231*	0.144
最高学历	−0.036	−0.015	−0.035	−0.024	−0.016	−0.028

变量	分类行为	内部价值	外部价值	分类行为	分类行为	分类行为
物业服务满意度	0.249***	0.057	−0.029	0.234***	0.257***	0.236***
步行扔垃圾距离	0.064	−0.016	−0.050	0.071	0.075	0.074*
社区垃圾分类宣传活动	0.378***	0.126*	0.034	0.339***	0.371***	0.338***
诱导性激励	0.123*	0.227***	0.128*			0.044
内部价值				0.297***		0.286***
外部价值					0.124**	0.116**
R^2	0.394	0.099	0.041	0.464	0.396	0.480
$\triangle R^2$	0.377	0.073	0.013	0.449	0.378	0.461
F	22.692***	3.833***	1.487	30.202***	22.845***	25.555***

注："分类行为"指居民垃圾分类行为，"内部价值"指内部感知价值，"外部价值"指外部感知价值；*** 表示 $p<0.001$，** 表示 $p<0.01$，* 表示 $p<0.05$。

模型 3 的结果表明，诱导性激励对外部感知价值具有显著的正向促进作用（$p<0.05$，$\beta=0.128$）；模型 5 表明，外部感知价值对居民垃圾分类行为的影响通过了显著性检验（$p<0.01$，$\beta=0.124$）；根据模型 6，将诱导性激励和内部感知价值、外部感知价值一并纳入模型后，诱导性激励对居民垃圾分类行为的影响不再显著（$p>0.05$，$\beta=0.044$），外部感知价值对居民垃圾分类行为则有显著的正向 $p<0.01$，$\beta=0.116$），这说明诱导性激励对居民垃圾分类行为的影响因外部感知价值的存在而被削弱。结合模型 1、3、5、6，外部感知价值在诱导性激励与居民垃圾分类行为之间也存在显著的中介作用，即存在诱导性激励→外部感知价值→居民垃圾分类行为的作用路径。由此部分验证了 H4 的内容。

2. 强制性激励、感知价值与居民垃圾分类行为

为检验"强制性激励→居民垃圾分类行为"这一路径关系是否成立，以及感知价值在其中是否起中介作用，构建模型 7—12 进行验证，结果见表 6-4：根据模型 7，强制性激励对居民垃圾分类行为有很强的正向促进作用（$p<0.001$，$\beta=0.237$），因此假设 H2 得到验证。

模型 8 的结果表明，强制性激励对内部感知价值有很强的正向强化作用（p<0.001，β=0.366）；模型 10 表明，内部感知价值对居民垃圾分类行为有显著的正向影响（p<0.001，β=0.297）；根据模型 12，当强制性激励、内部感知价值和外部感知价值被一并纳入模型之后，强制性激励对居民垃圾分类行为的影响仍然显著（p<0.01，β=0.137），内部感知价值对居民垃圾分类行为也依然具有显著的正向影响（p<0.001，β=0.248）。结合模型 7、8、10、12 可知，内部感知价值在强制性激励与居民垃圾分类行为之间存在显著的中介作用，即存在强制性激励→内部感知价值→居民垃圾分类行为的作用路径。由此部分验证了 H3 的内容。

表 6-4　　　　强制性激励→居民垃圾分类行为路径检验

变量	分类行为	内部价值	外部价值	分类行为	分类行为	分类行为
	模型 7	模型 8	模型 9	模型 10	模型 11	模型 12
性别	0.168	−0.136	0.046	0.188	0.127	0.196*
年龄	0.039	−0.020	−0.029	0.038	0.031	0.047
户籍类型	0.235**	0.347**	−0.328*	0.107	0.231*	0.185
最高学历	−0.005	0.039	−0.012	−0.024	−0.016	−0.013
物业服务满意度	0.223***	0.019	−0.034	0.234***	0.257***	0.222***
步行扔垃圾距离	0.062	−0.017	−0.046	0.071	0.075	0.072*
社区垃圾分类宣传活动	0.328***	0.048	0.016	0.339***	0.371***	0.314***
强制性激励	0.237***	0.366***	0.081			0.137**
内部价值				0.297***		0.248***
外部价值					0.124**	0.111*
R^2	0.431	0.173	0.032	0.464	0.396	0.493
△R^2	0.415	0.150	0.005	0.449	0.378	0.475
F	26.409***	7.316***	1.164	30.202***	22.845***	26.922***

注："分类行为"指居民垃圾分类行为，"内部价值"指内部感知价值，"外部价值"指外部感知价值；*** 表示 p<0.001，** 表示 p<0.01，* 表示 p<0.05。

模型 9 的结果表明，强制性激励对外部感知价值的影响没有通过显著性检验（p>0.05，β=0.081）；模型 11 表明，外部感知价值对居民垃圾分类行为具有显著的正向影响（p<0.01，β=0.124）；如上，根据模型 12，当强制性激励、内部感知价值和外部感知价值同时被纳入模型时，强制性激励对居民垃圾分类行为有显著的正向影响（p<0.01，β=0.137），外部感知价值对于居民垃圾分类行为的影响也通过了显著性检验（p<0.05，β=0.111），即存在强制性激励→居民垃圾分类行为和外部感知价值→居民垃圾分类行为的路径关系，但由于强制性激励并不显著影响居民的外部感知价值，因此外部感知价值在强制性激励与居民垃圾分类行为之间不具有中介作用，由此部分否定了 H4 的假设，即强制性激励→外部感知价值→居民垃圾分类行为这一路径假设不成立。

此外，不管是否加入其他变量，物业服务满意度对居民垃圾分类行为的影响都通过了 0.001 的显著性检验，社区垃圾分类宣传活动对居民垃圾分类行为的影响也都通过了 0.001 的显著性检验。这意味着居民对物业服务的满意度越高，越愿意采取垃圾分类行动；垃圾分类宣传工作做得越到位，居民进行垃圾分类的意向越强。此外，在部分情况下，垃圾分类宣传活动对内部感知价值具有一定的促进作用，户籍类型对于外部感知价值、内部感知价值以及居民垃圾分类行为具有显著的影响，性别因素也在部分情况下对居民垃圾分类行为具有一定的影响。

（四）非参数百分位 Bootstrap 法检验

为进一步验证前述假设中的中介效应是否显著，接下来采用 Bootstrap 方法，设定重复抽样 5000 次，置信水平为 95%，运用 SPSS 中的 Process 插件，分析感知价值分别在诱导性激励、强制性激励对于居民垃圾分类行为的影响中是否存在中介效应。检验结果见表 6-5。

表 6-5   基于 Bootstrap 的中介效应检验

路径假设	效应类型	标准化效应值	BootSE（标准化）	Boot-LLCI（标准化）	Boot-ULCI（标准化）	占总效应比例
诱导性激励→居民垃圾分类行为	总效应	0.129	0.048	0.035	0.222	
	直接效应	0.061	0.044	-0.033	0.154	47.05%
	内部感知价值间接效应	0.055	0.021	0.018	0.099	42.47%
	外部感知价值间接效应	0.013	0.008	0.000	0.032	10.48%
强制性激励→居民垃圾分类行为	总效应	0.240	0.047	0.147	0.333	
	直接效应	0.145	0.049	0.049	0.241	60.33%
	内部感知价值间接效应	0.086	0.028	0.037	0.146	36.04%
	外部感知价值间接效应	0.009	0.008	-0.005	0.026	3.63%

由检验结果可知，在诱导性激励影响居民垃圾分类行为的路径中，总效应的 95% 偏差矫正置信区间（CI）为 [0.035, 0.222]，置信区间不包含 0，说明诱导性激励对居民垃圾分类行为的总效应显著成立。直接效应的 95% 偏差矫正置信区间（CI）为 [-0.033, 0.154]，区间内包含 0；内部感知价值间接效应的 95% 偏差矫正置信区间（CI）为 [0.018, 0.099]，区间内不包含 0；外部感知价值间接效应的 95% 偏差矫正置信区间（CI）为 [0.000, 0.032]，区间内也不包含 0。由此可见，在这一路径中，诱导性激励的直接效应不显著，但内部感知价值与外部感知价值的间接效应显著，即诱导性激励通过内部感知价值和外部感知价值来对居民的垃圾分类行为产生影响。而且，诱导性激励每提升 1 个单位，居民垃圾分类行为概率就提高 12.9%，其中，内部感知价值的间接效应提高 5.5%，占总效应比例为 42.47%，外部感知价值的间接效应提高 1.3%，占总效应比例为 10.48%。

在强制性激励影响居民垃圾分类行为的路径中，总效应的 95% 偏差矫正置信区间（CI）为 [0.147, 0.333]，置信区间不包含 0，说明强制性激励对于居民垃圾分类行为的总效应显著成立。直接效应的 95% 偏差矫正置信区间（CI）为 [0.049, 0.241]；内部感知价值间接效应的 95% 偏差矫正置信区间（CI）为 [0.037, 0.146]，置信区间不包含 0；外部感知价值间接效应的 95% 偏差矫正置信区间（CI）为 [-0.005, 0.026]，区间内包含 0。这说明，在这一路径中，强制性激励的直接效应显著，内部感知价值的间接效应也显著，但外部感知价值的间接效应不显著，即外部感知价值在强制性激励影响居民垃圾分类行为过程中不具有显著的中介效应。而且，强制性激励每提升 1 个单位，居民的垃圾分类行为概率就提高 24.00%，其中，直接效应、内部感知价值间接效应分别提高 14.5%、8.6%，二者分别占总效应比例为 60.33%、36.04%。

对比逐步法与 Bootstrap 法的分析结果，两者结论一致，都证实了"诱导性激励→内部感知价值→居民垃圾分类行为""诱导性激励→外部感知价值→居民垃圾分类行为"和"强制性激励→内部感知价值→居民垃圾分类行为"这三条路径显著成立。这意味着，在诱导性激励促进居民垃圾分类行为的过程中，内部感知价值与外部感知价值都具有中介作用；在强制性激励影响居民垃圾分类行为的过程中，内部感知价值也具有中介作用。

四 习惯养成之路：强化激励与塑造价值内外兼修

垃圾分类是环境治理的重要举措，但该政策实施效果与理想预期之间存在明显的差距。为讨论这种差距产生的原因，对重庆市部分小区进行调查，以激励策略为自变量进行分析，并加入感知价值，检验其是否在激励策略影响居民垃圾分类行为过程中起到中介作用。结果表明，诱导性激励与强制性激励对于居民垃圾分类行为都具有显著的促进作用；内部感知价值在诱导性激励和强制性激励促进居民垃圾分类行为的过程中均存在中介作用；外部感知价值只在诱导性激励促进居民垃圾分类行为的过程中具有中介作用。换言之，诱导性激励通过影响居民的感知价值（内部感知价值和外部感知价值）来影响其垃圾分类行为；强制性激励通过影响居民的内部感知价值而不是外部感知价值来影响其垃圾分类行为。此外，物业服务情况以及政府对垃圾分类的政策宣传也能够显著影响居民的垃圾分类行为。

上述结果意味着，从正面诱导性激励和负面强制性激励双重视角，构建一套旨在引导和规范居民垃圾分类行为的措施是有必要且有效的。

诱导性激励将居民行为与现实可得的利益相连接，更多是从正面角度形成对居民垃圾分类行为的引导促进作用。而且，诱导性激励相对温和、阻力小，容易为居民所接受，能够在推行强制垃圾分类的初期营造一个相对轻松有利的氛围。当居民感知到对垃圾进行分类能够获得一定收益，而且这种收益于他而言具有足够的吸引力时，这种基于获得感的激励方式常常能够转化为感知到的价值要素（既有心理上的满足等内部价值，也有对政策响应的外部价值的感知），从而产生行为的动力，进而提高居民的垃圾分类参与率。

与之形成对比，当不合理的垃圾分类行为比如未按分类要求混乱投放面临批评、惩罚或罚款等压力时，这种负面的强制性激励会逐渐强化居民对于垃圾分类的义务感和责任感（当然，这种强化在一开始的时候往往会遭到部分居民的反感，但是持续一段时间后，来自强制性激励＋周围居民的"声讨"会使其逐渐适应并内化这种义务感）。当这种外部性的强制内化为内部的责任义务之后，居民的行为方式将逐渐被重塑，进而逐渐形成正确投放垃圾的行为习惯。

作为生活垃圾的最大生产者与垃圾分类的主要执行者，居民对垃圾进行源头分类是破解垃圾围城问题的关键，因此，居民对垃圾分类政策的支持与参与对政策执行至关重要。但长期以来，习惯锁定、意识缺失、文化差异等因素对于该项政策实施形成一定阻碍，因此需将居民环保行为的培育当成一项系统性工程。从研究结果来看，不仅要注重政策制定，还应着眼于价值塑造，通过相应的机制构建和优化，将政策要求内化为居民对于实施该政策的价值感观，从而从责任义务和内部驱动维度重塑并强化居民的行为习惯。具体可以从如下方面采取措施：

一是构建多层次垃圾分类激励与约束机制。通过丰富多样的诱导性激励政策，强化居民收益与行为之间的关系，提高居民垃圾分类的外在价值感知。虽然与强制性激励策略相比，诱导性激励策略对居民垃圾分类行为的推动作用有限，只能给用户提供某种"蜜月期的新鲜感"，但密集的激励活动有助于塑造社区的行为规范，营造居民参与垃圾分类的正向舆论氛围，在短时间内提高居民垃圾分类参与率，为长期的习惯养成奠定基础。通过丰富强制性激励策略内容，强化居民的内在价值感知，如可以设定包括罚款、社区劳动、批评警告等多种方式的惩罚措施，或者通过一些市场工具如废弃物收费、垃圾处理税、价格变化等规定来减少垃圾分类不作为的情况。与诱导性激励策略相比，强制性激励策略效果更加显著，有助于强化个体的垃圾分类意识、形成长期的垃圾分类习惯，但这种激励策略实施难度较大，容易引发抵触情绪和负面言论，所以应综合采取诱导性激励与强制性激励相补充的方式，充分发挥二者各自的优势，通过"软硬兼施"从正反两个方向强化居民的价值感知和行为习惯。

二是优化垃圾分类服务与设施供给。通过优化服务设施，降低分类成本，这是在调查访谈中得到的一个共识性的建议。建设完善的生活垃圾分类回收设施与服务体系，是促使居民坚持参与垃圾分类的基础与前提。实际上，受访者绝大部分都理解并意识到垃圾分类的重要性，但服务体系与设施配备上的不足直接对冲了他们在价值感知下的行为意愿。因此，为了方便居民对垃圾进行分类投放，须配备足量的分类垃圾桶，合理设置垃圾桶的摆设地址，在垃圾投放点配备相关的服务设施如洗手池等，从而降低居民分类投放垃圾的时间和精力成本。

三是完善垃圾分类法律法规监督体系和宣传机制。包括垃圾分类在内的几乎所有关乎环境保护和环境治理的议题，都需要政府、市场与社会的协同共治。因此，无论是何种形式的激励策略，抑或是配套设施的建设、服务体系的完善，都需要相关法律法规提供保障与支撑，一方面据此明确居民的责任与义务，另一方面则据此明确管理方的责任、规范其行为。只有从制度上合理定位各方的角色，从法律法规上明确其责任义务，才能构建出"党委领导、政府主导、企业主体、公众参与，密切配合、协同发力"①的共治格局，从而为环境治理提供完善的治理体系。同时，只有完善相应的宣传机制，才能提升居民的意识，增强对政策的响应和支持程度，促进政策顺利贯彻落实。

不过，由于疫情等客观条件的限制，样本数据尤其居民垃圾分类行为实地观测数据的获取存在一定难度，主要通过对被调查者的信息反馈进行数据资料的收集。虽然这一方法被现有的研究普遍接受，但所得数据是静态的，被调查者在答题时会出现社会期许效应，测量结果不排除存在一定的误差，比如在调研访谈中，调研人员明显感觉出社区实际垃圾分类情况与居民所反映的垃圾分类情况之间的差异。为了保证研究的严谨性，未来研究可以采取多时点的观察测量，尽量避免这一局限，以验证结论的合理性和稳定性。

值得一提的是，垃圾分类是环境治理和城镇建设中的一个复杂而又极其重要的课题，上述中介机制仅能部分解释激励策略与居民垃圾分类行为之间的关系，而且，此处的调查分析未充分涉及小区在垃圾分类试点前后的情况比较、分类垃圾桶设置、垃圾分类配套设施和服务情况、社区再生资源回收等相关硬件内容，也未详细探讨社会资本等要素内容，这是研究的不足之处。未来在以下方面可以作更进一步的讨论，如宣传教育是否同样能够改变居民的价值感知？激励政策的弹性如何？诱导性激励与强制性激励的实施临界点如何确定？三者之间的作用关系是否存在一定的条件？垃圾分类配套设施和服务如何改变居民的行为习惯？社会资本在垃圾分类政策实施中起到怎样的作用？对诸如此类问题的探讨，不仅有助于促进对居民垃圾分类行为逻辑和影响因素的全面认识，也有助于促进垃圾分类政策的实施，从而为"无废城市"建设提供参考素材。

---

① 全国人大常委会：《全国人民代表大会常务委员会关于全面加强生态环境保护依法推动打好污染防治攻坚战的决议》，2018 年 7 月 10 日。

第二节 机制优化：以实现耳朵里的环境权为例

人类社会发展往往伴随着对环境的冲击，工业革命尤其 20 世纪 60 年代以来，生态环境遭到的污染破坏急剧加重，人类进入"环境危机时代"。日益严峻的环境问题引起了社会各界的广泛关注，在理论层面，以"环境权"为核心概念的权利话语不断被发展和建构，而环境权这一新型权利主张成为"生态文明时代的标志性权利"[①]和环境法学的基础价值；在政策层面，国务院新闻办发布的《国家人权行动计划（2021—2025 年）》明确提出"改善生态环境质量，不断满足人民群众日益增长的优美生态环境需要，促进人与自然和谐共生"[②]，并设"环境权利"专章，从污染防治、生态环境信息公开、环境决策公众参与、环境公益诉讼和生态环境损害赔偿、国土空间生态保护修复以及应对气候变化等六个方面分别进行阐述，将环境权嵌入"人民日益增长的美好生活需要"的时代背景中。

一 被忽略的环境权

从公众角度而言，时至今日，环境权已经发展为"包括相当广泛的内容，并且正逐步地从防治环境污染发展到要求环境的舒适性（包括环境的安静度、清洁度、美好感及舒适感等），从而使环境权逐渐发展为

---

① 杨朝霞、钟华友：《实现"绿色"发展需要确认环境权》，《光明日报》2016 年 1 月 21 日第 16 版。
② 《国务院新闻办公室 . 国家人权行动计划（2021—2025 年）》，2021 年 9 月 9 日，新华社（http://www.gov.cn/xinwen/2021-09/09/content_5636384.htm）。

最基本的一种权利"①。在这些环境权益内容中，一直以来，干净的水、清洁的空气以及美丽景观等备受重视，而环境的安静度（又称宁静权、安宁权或免于过度噪声干扰的权利，也可以称为"耳朵里的环境权"）则处于边缘化地位，甚至被排除在环境权的清单中②。部分原因在于，相比于水污染、空气污染或其他类型的环境污染问题，噪声问题有其特殊性，通常情况下，噪声污染的时间存在间隔，密度呈现非均衡性特征，这使得"噪声干扰是否达到了污染的程度"在实践中难以得到充分证明；而且，人们由于听力、注意力等差异，对噪声的敏感度和容忍度不一，噪声污染的严重性因此有时会被"人为弱化"。

　　虽然人们对于噪声问题的重视程度远不如其他领域的环境问题，但实际上，噪声污染一直以来都是环境污染的重要形式。据不完全统计，"2020 年生态环境、公安、住房和城乡建设等相关部门受理环境噪声投诉举报约 201.8 万件，生态环境部门'全国生态环境信访投诉举报管理平台'共接到公众举报 44.1 万余件，其中噪声扰民问题占全部举报的41.2%，排各类环境污染要素的第 2 位。"③根据世卫组织和欧盟合作公布的报告，噪声污染是继空气污染之后影响人类健康的第二大污染因素。④由此可见，在现代社会，噪声污染已经成为城市发展中面临的重要问题，而如何防治噪声污染、保障人们耳朵里的环境权既是环境污染防治的重要内容，也是实现人民群众日益增长的优美生态环境需要的核心议题。

二　法制历程：从无到有、从法规到法律及其修正

　　环境污染防治以法律制度为基石。在专门的噪声污染防治法律法

---

① 蔡守秋：《环境权初探》，《中国社会科学》1982 年第 3 期。
② 邹雄：《论环境权的概念》，《现代法学》2008 年第 5 期。
③ 生态环境部：《2021 中国环境噪声污染防治报告》，第 2 页。
④ 《世卫组织最新报告称噪声污染仅次空气污染》，2011 年 4 月 10 日，新京报（http://news.sohu.com/20110410/n280202504.shtml）。

规出台之前，人们主要通过信访等形式对噪声问题进行反映或予以指控，而环保部门的处理也具有明显的阶段性特征：《环境保护法（试行）》（1979）出台以前，由于缺乏法律依据，对于噪声问题主要从技术上进行缓解，而且"从治理技术方案到治理经费和治理队伍，基本上由环保部门包办代替"①；《环境保护法（试行）》颁布实施之后，环保部门从包办替代者转变为监督管理者（《环境保护法（试行）》确立了"谁污染谁治理"的基本原则），同时，对环境噪声污染的防治也获得了初步的法制保障②。但由于缺乏对噪声污染问题及其防治的具体的、可操作的规定，在实际应对中，有的地区以地方性的暂行条例、噪声标准等为依据，有的则处于于法无据的状态。在此背景下，社会大环境对噪声污染防治意识不足、态度消极，噪声污染的治理数量有限，收效甚微。

为了改变这种社会性的消极认知，解决噪声污染防治法律依据不足等问题，1989年9月26日，国务院颁布了《环境噪声污染防治条例》（1989年12月1日开始实施，以下简称《防治条例》）。这是中国针对噪声污染防治工作颁布的第一个正式法规，标志着对环境噪声的针对性控制进入法制轨道，为保障人们的身体健康和声环境质量提供了明确的法律依据，对于推动噪声污染防治工作的全面开展具有里程碑的意义。此后，随着经济的迅猛发展，工业生产、城市建设、交通运输以及人们的生活环境发生了巨大变化，《防治条例》在一些方面的规定已经严重滞后于经济社会发展形势，难以满足噪声污染防治工作的现实需求，因此，全国人大常委会于1996年10月29日通过了《环境噪声污染防治法》，并于1997年3月1日起施行（2018年12月29日修正③）。从法

---

① 程越：《环境安静的法制保障——祝贺〈中华人民共和国环境噪声污染防治条例〉颁布》，《噪声与振动控制》1990年第1期。

② 《环境保护法（试行）》明确提出："积极防治工矿企业的和城市生活的废气、废水、废渣、粉尘、垃圾、放射性物质等有害物质和噪声、震动、恶臭等对环境的污染和危害"（第十六条）；"加强对城市和工业噪声、震动的管理。各种噪声大、震动大的机械设备、机动车辆、航空器等，都应当装置消声、防震设施"（第二十二条）。

③ 2018年12月29日第十三届全国人民代表大会常务委员会第七次会议修正通过了《中华人民共和国环境噪声污染防治法》，此次修正主要是环保机构的调整，原来的"环境保护行政主管部门"更改为"生态环境主管部门"。

规上升为法律，噪声污染防治工作在以下方面取得了突破：一是从点源式的个案治理向注重预防和加强源头控制转变，如要求城市规划布局时"合理划定建筑物与交通干线的防噪声距离"（第十二条），实行建设项目"三同时"制度（第十四条），对噪声污染严重的设备进行淘汰和名录制（第十八条）；二是突出重点领域，通过增加一系列规定，如增加了对噪声限值汽车的限制（第三十二条）、先房后路和先路后房的防噪措施（第三十六条、第三十七条）、文化娱乐场所和公共场所活动的音量限制（第四十三条、第四十五条）以及室内装修作业的时间限制（第四十七条）等，以此加强对交通噪声污染和社会生活噪声污染的防治；三是加强了环保部门的统一监督管理职责，如整合了原有规定中公安部门对于生活噪声的监管职能（第六条），并强化了对噪声监测的监管（第二十条）。

随着社会经济形势的发展变化，噪声污染的产生及其防治出现了新的变化，与此同时，人们对于声环境质量的要求不断提升，由此促进了噪声污染防治法制内容的更新——2021年12月24日，十三届全国人大常委会第三十二次会议审议通过了《噪声污染防治法》，于2022年6月5日正式施行。

与《环境噪声污染防治法》相比较，此次修改在多个方面取得了跨越式进展（详见表6-6）：第一，扩大了噪声污染的内涵及其适用范围，在原来"超标排放"基础上增加了"未依法采取防控措施"导致的噪声扰民现象（第二条），并根据工业生产、建筑施工、交通运输和社会生活等不同领域，对排放超标和未加防控导致的噪声污染作出更为详细的规定；第二，进一步明确噪声污染防治的宗旨，将防治噪声污染上升到"保障公众健康，保护和改善生活环境，维护社会和谐，推进生态文明建设，促进经济社会可持续发展"高度（第一条）；第三，提出噪声污染防治应当坚持"统筹规划、源头防控、分类管理、社会共治、损害担责"的基本原则（第四条）；第四，进一步强化对噪声污染的源头防控，如通过噪声污染防治经费的财政支持、工业噪声污染排污许可制、将噪声污染防治费用列入工程造价、城市交通路线的合理规划与选

公众参与环境治理的理论与实践

址、使用低噪声工艺和设备、道路养护等措施，从源头上预防和控制噪声污染；第五，强化地方政府对于声环境质量的属地责任；第六，完善噪声污染防治体系结构，在明确环保部门以及其他相关部门的监管职责基础上，重视基层群众自治组织的协助职能、专家和公众的参与作用，构建出"政府统筹规划、统一监管，污染排放主体负责，社会力量共同参与"的多元主体共治格局；第七，极大丰富了噪声污染防治的方式方法；第八，通过进一步明确企业事业单位的主体责任以及相应的法律效果，强化噪声污染排放者的责任意识。

表 6-6 噪声污染防治法制内容变迁

		《环境噪声污染防治条例》	《环境噪声污染防治法》	《噪声污染防治法》
主体及其权责	政府	各级人民政府环保部门统一监督管理；公安、交通、铁道、民航根据各自职责实施监督管理；公安部门对生活噪声实施监督管理（第六条）；国务院环境保护部门建立噪声监测制度、组织监测网络、制定统一的监测办法（第十二条）；环境保护部门和其他监督管理部门有权现场检查（第四十条）；环境保护部门和公安部门等其他监督管理部门的行政处罚权（第七章）	新增：将"各级人民政府"分为国务院和县级以上，其他大致未变；去掉了公安部门对生活噪声的单独监管规定（第六条）；在原有基础上增加，噪声监测机构应报送监测结果（第二十条）；县级以上人民政府经济综合主管部门对生产、销售、进口禁止生产、销售、进口的设备的责令改正（第五十三条）	新增：地方各级人民政府对声环境质量负责（第六条）；县级以上人民政府应明确各部门的监管职责、建立协调联动机制、加强信息共享，推进防噪工作（第七条）；各级住房和城乡建设……等在各自职责范围内对建筑施工、交通运输和社会生活噪声污染防治实施监督管理（第八条）；基层群众性自治组织的协助（第八条）；噪声监测和评价规范的制定、监测网络的组织、监测站点的布置、开展监测、发布结果等规定（第二十三条）；县级以上人民政府市场监督管理部门、海关的权责规定（第七十二条）；住建部门权责规定（第七十三条）；公安机关交通管理部门、城市轨道交通有关部门权责规定（第七十九条）等

续表

		《环境噪声污染防治条例》	《环境噪声污染防治法》	《噪声污染防治法》
主体及其权责	社会	任何单位和个人的保护义务；检举、控告权利（第七条）	新增：建设项目环境影响报告书中应有项目所在地单位和居民的意见（第十三条）	新增：获取声环境信息、参与和监督权利（第九条）；编制方案、制定、修改标准应征求行业协会、企业事业单位、专家和公众等意见（第二十一条）；制定噪声防治方案应征求专家和公众等意见（第五十八条）；全社会应当增强噪声污染防治意识（第六十七条）
主要领域	工业	建设项目环境影响评价及审查（第十五条）；排噪申报登记（第十六条）；污染企业事业单位的限期治理（第十八条）；强烈偶发性噪声活动的申请与批准（第二十条）	新增：工业设备噪声限值（第二十六条）	新增：新建、改进、扩建排放噪声工业企业的限制性规定（第三十五条）；工业噪声排污许可管理（第三十六条）；制定并公开重点排污单位名录（第三十七条）
	建筑施工	建筑施工提前申报（第二十二条）；排噪超标时限制作业时间（第二十三条）、禁止夜间特定区域作业（第二十四条）	新增：夜间作业须公告附近居民（第三十条）	新增：防噪费用列入工程造价、明确施工和建设单位责任（第四十条）；优先使用低噪声施工工艺和设备（第四十一条）
	交通运输	机动车、机动船、火车、航空器的基本规定（第二十六、二十七、二十九、三十条）；交通枢纽使用广播喇叭的音量控制（第三十一条）	新增：禁止制造、销售或进口噪声限值汽车（第三十二条）；机动车辆维修和保养（第三十三条）；声响装置使用的限制性规定（第三十四、三十五、五十七条）；在已有的噪声敏感建筑物集中区域建设城市交通、在交通干线两侧建设噪声敏感建筑物的防噪措施（第三十六、三十七条）；铁路运输和民用航空飞行的防噪措施（第三十九、四十条）	新增：城市交通设施规划、选线设计、机场选址的规定（第四十五条）；新建、改建、扩建经过噪声敏感建筑物集中区域的交通基础设施的规定（第四十六条）；禁止驾驶拆除或者损坏消声器、加装排气管等擅自改装的机动车造成的噪声污染（第四十七条）；交通道路的养护（第五十一条）

		《环境噪声污染防治条例》	《环境噪声污染防治法》	《噪声污染防治法》
主要领域	**社会生活**	特定区域使用大功率的广播喇叭和广播宣传车的限制（第三十二条）；禁止商业活动采用发出高大声响的方式招徕顾客（第三十三条）；文娱、体育场所的经营者的防噪规定（第三十四条）；家用电器、乐器和室内开展娱乐活动时的音量控制（第三十五条）	新增：使用固定设备造成噪声污染的商业企业的申报及其防治（第四十二、四十四条）；新建营业性文娱场所的经营许可、经营中的文娱场所的防噪要求（第四十三条）；公共场所组织娱乐、集会等的音量规定（第四十五条）；室内装修活动限制（第四十七条）	新增：增强全社会噪声污染防治意识（第六十条）；公共场所组织或开展娱乐、健身等活动的区域、时段、音量规定（第六十四条）；家庭减少噪声生活习惯（第六十五条）；地产开发商的公示义务（第六十七条）；住宅安装电梯等设施设备的防噪规定（第六十八条）
	方式方法	防噪工作纳入国民经济和社会发展计划（第四条）；城市、村镇建设规划应防止噪声污染（第五条）；环保部门统一监管、其他部门在职责范围内监管（第六条）；环境噪声质量标准的制定（第十条）及噪声排放标准的制定（第十一条）；国务院环境保护部门统一监测（第十二条）；环境保护部门和其他监管部门现场检查（第十四条）和其他行政执法权（第七章）；征收超标准排污费（第十三条）	新增：防噪工作纳入环境保护规划（第四条）；规划布局时的整体防治（第十二条）；建设项目"三同时"制度（第十四条）；落后设备淘汰制度和设备名录制度（第十八条）	新增：将防噪经费纳入本级政府预算、明确生态环境保护规划内容（第五条）；防治标准体系建设、标准间的衔接协调（第十三条）；制定、修改规划时进行环境影响评价，且应包括噪声污染防治内容（第十八条）；建设噪声敏感建筑物的验收交付（第二十六条）；声环境质量地方负责、目标责任制、考核评价制（第六条）；部门协调联动机制（第七、八、七十条）；基层群众性自治组织协助（第八、六十九、七十条）；宣传教育和引导监督（第十条）；信息公开机制（第十四、二十、二十三、二十五、二十八、三十七、三十八条）；自行监测、监控设备联网（第三十八、四十二、五十一、五十四、六十四、七十六、七十八、八十条）

注："新增"意味着在前一部法律法规基础上增加的内容。

三 实现路径：基于《噪声污染防治法》（2021）的解读

《噪声污染防治法》明确了新时期噪声污染防治工作的总体要求，将"公众耳朵里的环境权"嵌入和谐社会建设、生态文明建设以及可持续发展理念当中。同时，在明确地方政府属地责任的基础上，提出维护和保障该项权利应当遵循"统筹规划、源头防控、分类管理、社会共治、损害担责"的基本原则，并对于如何实现公众耳朵里的环境权作出了相应规定。归纳起来，主要的路径机制包括：

1.统筹规划与分类防控的源头治理机制

源头防控是环境保护的最基本原则和最为有效的方式之一。在噪声污染防治中，这种源头防控的理念在《防治条例》中就已经萌生出来，经过长时间的探索与实践，形成了以统筹规划城乡建设布局、合理进行城市功能分区、科学设计建筑、道路及其他建设项目选址选线等为核心的整体防控策略。同时，根据不同领域的特点，形成了建设项目环境影响评价、建设项目"三同时"制度、落后工艺和设备淘汰与污染严重工艺和设备名录制、规定并注明工业设备噪声限值；建筑施工作业时间限制、倡导优先使用低噪声工艺和设备；规范交通工具消声器和声响装置的使用、加强道路以及机动车辆等交通工具的养护；对经营活动中的噪声活动予以限制、限定娱乐健身活动的区域、时段和音量、合理设置并维护居民住宅区的共用设施设备等为主要内容的具体防控措施。这种整体统筹规划和分类具体防控相结合的机制设计，是对噪声污染源头防控的进一步强化。

2.基于地方负责的目标责任和考核评价机制

根据《环境保护法（2014修订）》，地方政府"对本行政区域的环境质量负责"（第六条）、"应当根据环境保护目标和治理任务，采取有效措施，改善环境质量"（第二十八条），这意味着环境保护与治理在总体上遵循"属地"原则。此次《噪声污染防治法》（2021）遵循该项原则，提出"地方各级人民政府对本行政区域声环境质量负责"的总体要求（第六条），使噪声污染防治工作与其他领域的环境保护与治理实现责任同步。同时，为了强化和落实地方各级政府的噪声污染防治主体责任，此次法律修正还作出了以下配套规定：将防治目标和任务等纳入生态环境保护规划，以目标任务来引导噪声污染防治工作的开展；将"经费纳入本级政府预算"（第五条），以经费支持来保障噪声污染防治工作的顺利进行；对目标任务完成情况进行考核评价，以考核评价来督促噪声污染防治主体责任的落实。由此形成对噪声污染防治的属地负责、目标引导和考核评价相结合的责任机制。

3. 统一监管基础上的部门协调联动机制

噪声问题与其他环境污染一样存在面源广、涉及领域多、跨域风险大等特征，对噪声污染的防治也必然涉及多方主体、多个部门甚至多个区域，因此，如何实现对噪声问题的有效监管是一直以来面临的重要难题。在噪声污染的监管体系上，自《防治条例》颁布以来，一直实行环保部门统一监管和其他职能部门如公安、交通运输、铁道、民航等部门在各自职责范围内实施监管的双重结构，但是，各部门之间的信息壁垒和协调难题严重制约着对噪声问题的监管力度和效能。对此，《噪声污染防治法》（2021）除了重申地方生态环境主管部门的统一监管职责和相关部门在职责范围内的监管职责，还着重强调由地方政府"建立噪声污染防治工作协调联动机制，加强部门协同配合、信息共享"（第七条）。此举旨在凭借地方政府的权威整合，来打破地方政府职能部门之间的信息壁垒和各自为政的碎片化治理格局，同时，意在通过各部门的协调联动来促进噪声污染防治工作的合力推进、治理格局的整体性转型以及对噪声污染监管效能的提升。

4. 宣传教育与舆论监督引导机制

生态环境是全体人类生存和发展的空间载体，任何人都有保护环境的义务。虽然此前法律法规明确了人们"保护环境不受噪声污染""保护声环境"的义务①，但在很长一段时间内，人们对噪声问题的严重性和危害性认识不足、噪声污染的防治意识缺乏，而且，大多将噪声污染归因于工业企业、建筑施工以及交通运输，却忽略自身对周围环境带来的生活噪声问题，往往将噪声污染防治视作政府部门以及市场主体的责任，唯独将自己从中摘除出来。为此，《噪声污染防治法》明确提出

---

① 《环境噪声污染防治条例》（1989）规定"任何单位和个人都有保护环境不受噪声污染的义务"（第七条），《环境噪声污染防治法》（1996）、《环境噪声污染防治法（2018修正）》规定"任何单位和个人都有保护声环境的义务"（第七条）。

"加强噪声污染防治法律法规和知识的宣传教育普及工作"（第十条），具体途径为：明确各级人民政府及其有关部门的宣传教育职责，要求新闻媒体开展与噪声污染防治相关的公益宣传和舆论监督，鼓励基层群众性自治组织、社会组织、公共场所管理者、业主委员会、物业服务人、志愿者等各类社会主体开展宣传，以此来提高人们对于噪声污染的防治意识，营造保护耳朵里的环境权的社会氛围和舆论压力，从而促进保护声环境义务的行为转化。

5. 信息公开公示机制

不管是受到污染损害后的权益主张，还是基于对干净的水、洁净的空气或安宁的环境的需求，环境权作为一种新型权利皆有其正当性，这种正当权利的实现依赖于公众对于污染破坏具有充分的知情权。从法律依据来看，以往噪声污染防治法律法规中虽然明确了人们有权对造成环境噪声污染的单位和个人进行检举、控告、排除危害，但是，对于如何获取实现这些权利所需的信息并未作出明确规定。此次《噪声污染防治法》从以下几个方面进行了完善：一是明确赋予公众"获取声环境信息"的法定权利；二是要求政府及其职能部门公开噪声防治相关信息，如明确要求将"声环境质量标准适用区域范围和噪声敏感建筑物集中区域范围"（第十四条）向社会公布、"声环境质量改善规划及其实施方案"（第二十条）向社会公开、"定期向社会公布声环境质量状况信息"（第二十三条）、向社会公开"约谈和整改情况"（第二十八条）、公开并适时更新"噪声重点排污单位名录"（第三十七条）；三是明确要求噪声排放主体向社会公开噪声排放及其防治信息，如要求建设单位向社会公开建设项目的噪声污染防治设施验收报告（第二十五条）、实行排污许可管理的单位向社会公开自行开展的噪声监测结果（第三十八条）、房地产开发商公示新建居民住房可能存在的噪声问题及其防治措施（第六十七条）。同时，还明确规定生态环境监管部门"公布举报电话、电子邮箱等，方便公众举报"的职责（第三十一条）。

6. 基层协助与公众参与机制

保护声环境是任何单位和个人都应当履行的义务，但人们对于噪声污染问题的忽视和防治意识的淡薄，使得过去对于噪声污染的治理呈现政府包办特点，而社会主体的主动参与明显不足。为扭转这一状况，提升对噪声污染防治的效能，《噪声污染防治法》对社会主体的作用及其参与机制作出了相应规定，具体而言：一方面，明确基层群众自治性组织在噪声污染防治工作中的协助职责（第八条），鼓励包括基层群众自治性组织在内的各类社会主体开展噪声污染防治相关知识和法律法规的宣传（第十条），要求基层群众自治性组织指导物业管理区域的噪声防治规约（第六十九条），劝阻、调解社会生活中的扰民行为（第七十条）；另一方面，要求相关部门在编制声环境质量相应方案、制定和修改噪声污染防治相关标准时，广泛征求有关行业协会、企业事业单位、专家和公众等主体的意见（第二十一条、第五十八条），以此来鼓励和引导社会力量积极参与噪声污染防治工作。

7. 统一监测、自主监测及联网机制

噪声领域的环境监测既包括对声环境质量的监测，也包括对污染源的监督性监测以及对突发污染事件的应急监测，这些监测活动及其结果是噪声污染预警的前提，也是对其进行行政执法和防治的科学依据。在以往，对于噪声排放，由国务院环境主管部门建立噪声监测制度，组织监测网络，并由环境噪声监测机构统一进行监测。《噪声污染防治法》从三个方面对此进行了补充完善：一是从噪声监测和评价规范的制定、声环境质量监测网络的组织、监测站（点）设置、监测自动化等具体方面完善和强化政府部门对噪声问题的统一监测；二是要求实行排污许可管理的单位"对工业噪声开展自行监测"（第三十八条）、建设单位在噪声敏感建筑物集中区域作业时"设置噪声自动监测系统"进行自我监测（第四十二条）、交通运营单位、民用机场管理机构等主体对噪声问题进行自主监测（第五十一条、第五十四条），并要求各自行监测主体保持原始监测记录，对监测数据的真实性和准确性负责；三是明确规定噪声重点排污单位、建设单位的自动监测设备与监管部门监控设备联网（第三十八条、第四十二条），以此来实现监测数据的互联互通，并确保监测数据的真实性和准确性。

　　综上可知，《噪声污染防治法》以"统筹规划、源头防控、分类管理、社会共治、损害担责"为基本原则，在对实现公众耳朵里的环境权所作出的相应规定中，"社会共治"几乎占据"半壁江山"。具体来看，宣传教育与舆论监督、信息公开公示、基层协助与公众参与均凸显出"全民参与""全社会共同参与""全民共治"的基本理念和基本原则。在这些理念和原则的具体实现路径中：信息的公开公示是参与和共治的前提，包括政府及其职能部门主动公开噪声防治相关信息的责任、噪声排放主体向社会公开噪声排放及其防治信息的义务，以及公众"获取声环境信息"的权利；宣传教育与舆论监督引导致力于通过强化民众的认知来增强其污染防治意识，进而促进民众环境保护义务的行为转化；公众意见征集和问题举报等则分别为相关部门的作为责任和民众的权利实现提供机会渠道。总体而言，信息获取、宣传引导、机会渠道等多维角度的机制优化是促进噪声污染防治"全民参与"，进而实现民众耳朵里的环境权的重要举措。当然，从环境污染和环境问题的本质属性以及污染防治的公共性特质来看，这也是促进实现其他领域环境污染问题"全民参与"和"社会共治"的重要举措。

第三节　面向共治的环境法治转型：从受害者说到公益诉讼

　　对公民权益最低限度的保障和终极守护手段是法治。在中国的环境保护法律法规体系中，"环境保护坚持保护优先、预防为主、综合治理、公众参与、损害担责的原则"（《环境保护法》第五条）。基于该原则，以及"党委领导、政府主导、企业主体、公众参与"（《全国人民代表大会常务委员会关于全面加强生态环境保护依法推动打好污染防治攻坚战的决议》）的方针，公众是环境治理的重要主体。自 2022 年 6 月 5 日开始，最新实施的《噪声污染防治法》中更是明确将"社会共治"作为污染防治的基本原则。因此，公众参与对于环境保护政策实施、环境质量改善具有十分重要的作用。

根据前述分析，公众参与环境治理在法律政策体系中分别在原则、义务和权利维度都有相应规定，其中原则角度的规定经历了从无到有、从参与到共治的转变；义务角度的规定在总体上强调任何单位和个人或一切单位和个人都有保护环境的义务①；权利角度的规定则主要侧重公众对于环境相关信息的获取、举报、控告或检举、诉讼等权利，以及特定事项征求公众等相关主体意见方面。在公众参与的制度保障上，主要规定了环境行政主管部门以及相关监管部门等的宣传教育、信息公开、平台开放以及召开座谈会、听证会等职责。

一 主体的"受害者身份"限制

从内容上来看，这些法律政策赋予了公众广泛的参与环境治理的权利，在这些权利中，诉讼和赔偿请求权是公众作为环境治理参与主体的底线权利，也是保障公众环境权益的最基础的保障。具体到实践中，长期以来，该项权利的实现存在一个显著的前提限制——直接利益相关或受害者是权利行使的主体，尤其在诉讼和损害赔偿请求权方面，受到"损害""危害""侵害"往往是行使诉讼和损害赔偿请求权的前提要件。根据对环境保护类的主要法律法规进行的梳理（见表6-7）：在噪声污染防治、长江保护、固体废物、土壤和水污染防治，以及环境保护法和民事诉讼法等相关法律法规中都有涉及对于提起诉讼和损害赔偿请求的主体的相关规定，但是，绝大部分都将受到"损害""危害""侵害"的

---

① 如《中华人民共和国噪声污染防治法（2021发布）》第九条规定"任何单位和个人都有保护声环境的义务"，《中华人民共和国大气污染防治法（2018修正）》第七条规定"公民应当增强大气环境保护意识，采取低碳、节俭的生活方式，自觉履行大气环境保护义务"，《中华人民共和国水污染防治法（2017修正）》第十一条规定"任何单位和个人都有义务保护水环境"，《中华人民共和国环境保护法（2014修订）》第六条规定"一切单位和个人都有保护环境的义务"。

单位和个人作为当事人，赋予其相应的诉讼和请求损害赔偿的权利，少部分法律明确了"机关""组织"的诉讼权利。可见，在关于诉讼和请求损害赔偿权方面，长期以来，直接的利益受损是基本前提，通常只有利益受到损害、危害、侵害的单位和个人才有权提起诉讼，要求对其受到的损害予以赔偿；对于无直接利益损害的环境污染事件，只能由法律规定的有关"机关"和"组织"才能基于公共利益考虑而提起诉讼，即公益诉讼。

表 6-7　　　　　　　　　　　对环境保护类的主要法律法规

现行有效	已失效
"受到噪声侵害的单位和个人""当事人"（《中华人民共和国噪声污染防治法（2021）》第八十六条）	"受到环境噪声污染危害的单位和个人""当事人"（《中华人民共和国环境噪声污染防治法（2018、2016）》第六十一条）；"直接遭受损害的组织或者个人""当事人"（《中华人民共和国环境噪声污染防治条例（1989）》第四十三条）
"国家规定的机关或者法律规定的组织"（《中华人民共和国长江保护法（2020）》第九十三条）	
"有关机关和组织"（《中华人民共和国固体废物污染环境防治法（2020修订）》第一百二十一条）	"受到固体废物污染损害的单位和个人""当事人"是主体，"鼓励法律服务机构……提供法律援助"（《中华人民共和国固体废物污染环境防治法（2004、2013、2015、2016修订）》第八十四条）；"受到固体废物污染损害的单位和个人"（《中华人民共和国固体废物污染环境防治法（1995）》第七十一条）
"当事人""有关机关和组织"（《中华人民共和国土壤污染防治法（2018）》第九十六、九十七条）；"监察机关提起公益诉讼"（《国务院关于印发土壤污染防治行动计划的通知（2016）》）第三十条	
"因水污染受到损害的当事人"作为主体，"鼓励法律服务机构和律师……提供法律援助"（《中华人民共和国水污染防治法（2017修正）》第九十六条、九十九条）	
"当事人"，符合条件的"社会组织"（《中华人民共和国环境保护法（2014修订）》第六十六条、五十八条）	"受到损害的单位或者个人""当事人"（《中华人民共和国环境保护法（1989）》第四十一条）
"法律规定的机关和有关组织"（《中华人民共和国民事诉讼法（2021修正）》第五十八条）	"法律规定的机关和有关组织"（《中华人民共和国民事诉讼法（2017、2012修正）》第五十五条）

二 主体范围的扩大与环境公益诉讼

诉讼和赔偿请求权的主体限制严重制约了环境治理中公众的实际参与率和效能。不过，如前所述，上述法律规定也呈现一些新的特征，即有关"机关"和"组织"可以基于保障公共利益的目的，对污染环境、破坏生态的责任主体提起诉讼。与此同时，也出现了部分法律规定明确鼓励法律服务机构和律师为受害者提供法律援助的相关规定。这表明，出于公共利益考虑而非仅仅从个体利益受损角度考虑的参与式治理逐渐得到强化。

进一步的信息收集和分析表明，环境公益诉讼正在逐渐进入人们的视野。在北大法宝法律数据库，以"环境公益诉讼"为关键词进行全文搜索，得到中央层面的法律法规等 163 条，其中现行有效的 158 条、失效 1 条、已被修改 4 条。在法规类别中选择"环境保护"，则结果为 45 条，其中现行有效 41 条、失效 1 条、已被修改 3 条（最后搜索日期为 2022 年 6 月 16 日）。具体如表 6-8 所示。

表 6-8　中央层面关于环境公益诉讼的环境保护类法律法规（现行有效）

名称	涉及环境公益诉讼的主要内容	性质
全国人民代表大会常务委员会专题调研组关于《全国人民代表大会常务委员会关于全面加强生态环境保护依法推动打好污染防治攻坚战的决议》落实情况的调研报告	成效包括"引导具备资格的环保组织依法开展生态环境公益诉讼""加强监察机关提起生态环境公益诉讼工作"	工作文件（2020）
国务院关于 2019 年度环境状况和环境保护目标完成情况与研究处理水污染防治法执法检查报告及审议意见情况的报告	主要开展的工作包括"协同推进生态环境公益诉讼"	国务院规范性文件（2020）
国务院关于 2018 年度环境状况和环境保护目标完成情况的报告	过去一年的工作包括"协同推进生态环境公益诉讼，各级人民法院共受理社会组织和检察机关提起的环境公益诉讼案件 1800 多件"	

续表

名称	涉及环境公益诉讼的主要内容	性质
国务院关于 2016 年度环境状况和环境保护目标完成情况与研究处理环境保护法执法检查报告及审议意见情况的报告	解决的问题包括"配合制修订关于环境公益诉讼、环境侵权责任的司法解释 7 件"	国务院规范性文件（2017）
国务院关于印发"十三五"生态环境保护规划的通知	提出"细化环境公益诉讼的法律程序，加强对环境公益诉讼的技术支持，完善环境公益诉讼制度"	国务院规范性文件（2016）
国务院办公厅关于印发控制污染物排放许可制实施方案的通知	提出"依法推进环境公益诉讼，加强社会监督"	国务院规范性文件（2016）
国务院关于 2015 年度环境状况和环境保护目标完成情况的报告	提出将重点抓好的工作包括"完善环境公益诉讼制度"	国务院规范性文件（2016）
国务院关于研究处理大气污染防治法执法检查报告及审议意见情况的反馈报告	过去一年采取的措施包括"构建环境公益诉讼配套制度"	国务院规范性文件（2015）
国务院关于印发水污染防治行动计划的通知	将"积极推行环境公益诉讼"作为环境保护部职责	国务院规范性文件（2015）
国务院关于印发大气污染防治行动计划的通知	提出"建立健全环境公益诉讼制度"	国务院规范性文件（2013）
国务院关于印发国家环境保护"十二五"规划的通知	提出"支持环境公益诉讼"	国务院规范性文件（2011）
最高人民法院、最高人民检察院关于办理海洋自然资源与生态环境公益诉讼案件若干问题的规定	环境公益诉讼的适用范围、诉讼主体（特定）、诉讼类型	司法解释（2022）
最高人民法院关于审理环境公益诉讼案件的工作规范（试行）	适用范围、审判原则、社会组织提起环境民事公益诉讼的相关规定、检察机关提起环境公益诉讼的相关规定	司法解释性质文件（2017）
最高人民法院发布 2021 年度人民法院环境资源审判典型案例	十五个典型案例中关于环境公益诉讼的有 7 个	司法案例（2022）
最高人民法院关于发布第 31 批指导性案例的通知	在发布的 7 个案例中涉及环境公益诉讼的为 5 个	司法案例（2021）
最高人民检察院发布十三起检察机关大运河保护公益诉讼检察专项办案典型案例	十三起生态环境和资源保护公益诉讼案例	司法案例（2021）

名称	涉及环境公益诉讼的主要内容	性质
最高人民法院发布 10 个长江流域生态环境司法保护典型案例	十个典型案例中公益诉讼占 7 个	司法案例（2021）
最高人民法院发布 2019 年度人民法院环境资源典型案例	四十个环境资源典型案例中 6 个公益诉讼	司法案例（2020）
最高人民法院关于发布第 24 批指导性案例的通知	十三个案例中公益诉讼为 9 个	司法案例（2019）
最高人民法院发布人民法院保障生态环境损害赔偿制度改革典型案例	五个案例中涉及公益诉讼 2 个	司法案例（2019）
最高人民法院关于全面加强长江流域生态文明建设与绿色发展司法保障的意见	提出"依法审理环境公益诉讼"案件、推动"建立长江流域环境公益诉讼专项资金管理使用制度""推进流域内环境公益诉讼"	司法解释性质文件（2017）
最高人民法院发布 10 起环境资源刑事、民事、行政典型案例	十个案例中涉及环境公益诉讼一个	司法案例（2017）
污染地块土壤环境管理办法（试行）	"鼓励和支持社会组织……依法提起环境公益诉讼"（第八条）	部门规章（2016）
环境保护公众参与办法	"通过提供法律咨询、提交书面意见、协助调查取证等方式，支持符合法定条件的环保社会组织依法提起环境公益诉讼"（第十六条）	部门规章（2015）
生态环境部关于加强生态保护监管工作的意见	"鼓励社会环保组织依法开展环境公益诉讼"	部门规范性文件（2020）
环境保护部办公厅关于举办第三十五期全国环境法制岗位培训班的通知	将"环境公益诉讼"作为培训内容	部门规范性文件（2017）
国家发展改革委、环境保护部印发关于加强长江黄金水道环境污染防控治理的指导意见的通知	将"建立环境公益诉讼制度"作为公众参与的重要内容	部门规范性文件（2016）
环境保护部关于报送对《环境保护法修正案（草案）》意见和建议的函	建议在法律责任部分补充"环境公益诉讼"的相关内容	部门规范性文件（2012）
环境保护部关于召开全国环境政策法制工作暨研讨会的通知	将"环境公益诉讼"作为专题研讨的内容	部门规范性文件（2012）

续表

名称	涉及环境公益诉讼的主要内容	性质
环境保护部关于印发《"十二五"全国环境保护法规和环境经济政策建设规划》的通知	将"推动环境公益诉讼"作为主要任务之一	部门规范性文件（2011）
司法部发布 2021 年度十大环境损害司法鉴定指导案例	提到近年来"检察环境公益诉讼"，但未公布与之相关的案例	部门工作文件（2022）
生态环境部办公厅关于举办第三十八期全国环境法制岗位培训班的通知	将"环境公益诉讼"作为培训内容之一	部门工作文件（2018）
生态环境部关于印发《生态环境部贯彻落实〈全国人民代表大会常务委员会关于全面加强生态环境保护 依法推动打好污染防治攻坚战的决议〉实施方案》的通知	提出"推动落实环境公益诉讼制度"	部门工作文件（2018）
生态环境部办公厅关于举办第三十七期全国环境法制岗位培训班的通知	将"环境公益诉讼"作为培训内容之一	部门工作文件（2018）
环境保护部办公厅关于举办 2017 年生态环境损害赔偿技术培训班的通知	将"环境公益诉讼的理论与实务"作为培训内容之一	部门工作文件（2017）
环境保护部办公厅关于举办新修订《大气污染防治法》培训班的通知	将"环境公益诉讼"作为培训内容之一	部门工作文件（2015）
环境保护部 2014 中国环境状况公报	提及《环境保护法》（2014）明确了"提起环境公益诉讼的社会组织范围"	部门工作文件（2015）
环境保护部办公厅关于推进环境保护公众参与的指导意见	提出"建立健全环境公益诉讼机制"的任务	部门工作文件（2014）
中共中央办公厅、国务院办公厅印发《关于构建现代环境治理体系的指导意见》	提出要"引导具备资格的环保组织依法开展生态环境公益诉讼等活动"	党内法规制度（2020）
中共中央办公厅、国务院办公厅印发《国家生态文明试验区（江西）实施方案》和《国家生态文明试验区（贵州）实施方案》	提出"逐步建立符合……环境公益诉讼等案件特点的诉讼程序规则。推动开展生态环境公益诉讼"	党内法规制度（2017）
中共中央、国务院关于加快推进生态文明建设的意见	提出"建立环境公益诉讼制度"以增强公众参与程度	党内法规制度（2015）

　　从中央层面关于公益诉讼的环境保护类法律法规等总体情况来看，就性质而言，这些政策文件主要是国务院规范性文件、司法解释或司法解释性质文件、司法案例、部门规章、部门规范性文件、部门工作文件以及党内法规制度等。从时间维度来看，2011—2022年每年都有与环境公益诉讼相关的政策文件出台。从与环境公益诉讼有关的内容来看，党内法规制度重在强调要建立健全环境公益诉讼制度；国务院规范性文件主要从工作计划或规划角度提出要建立健全环境公益诉讼制度，或者在对以往工作情况的报告中提及环境公益诉讼；司法解释和司法解释性文件则较为详细地规定了环境公益诉讼的范围、主体等具体内容；司法案例主要是列出环境公益诉讼的案例典型；部门规章将提起环境公益诉讼的主体明确为"社会组织"；部门规范性文件从制度完善、开展培训、法律补充、专题研讨等方面作出相应规定；部门工作文件主要是将环境公益诉讼纳入培训内容。

　　在地方层面，以"环境公益诉讼"为关键词进行全文搜索（最后搜索日期为2022年6月16日），得到1149条结果，其中现行有效的1109条、失效17条、已被修改22条、尚未生效1条。在法规类别中选择"环境保护"，则结果为705条，其中，现行有效的674条、失效13条、已被修改17条、尚未生效1条；从类别角度来看，在705条结果中，环保综合规定296条、环境标准13条、环境监测15条、污染防治357条、自然保护21条、违法处理3条。

　　由此来看，中央层面关于环境公益诉讼的政策文件并未上升到法律高度，在内容上原则性强、具体可操作的规定较少，主要集中在《最高人民法院、最高人民检察院关于办理海洋自然资源与生态环境公益诉讼案件若干问题的规定》（司法解释，2022）、《最高人民法院关于审理环境公益诉讼案件的工作规范（试行）》（司法解释性质文件，2017）中。不过，根据环境公益诉讼被明确纳入培训内容以及司法案例情况可知，在实务层面，环境公益诉讼已经不再是新鲜事物。同时，根据各项法律法规以及政策文件的规定，环境污染防治中的诉讼主体范围从直接受到"损害""危害""侵害"的单位和个人拓展为有关的"机关"和"组织"

（在具体实践中主要是检察机关和环保组织）。在地方层面，各地对于环境公益诉讼不断探索，形成了数量庞大的政策性文件，这为环境领域的公益诉讼提供了大量实践经验。由此言之，在公众参与环境治理领域，除了传统的检举、控告、举报、座谈、听证等方式和途径，环境公益诉讼正逐渐成为促进公众参与、强化社会监督的重要方式。

三 当前环境公益诉讼的趋势特征及其思考

如上所述，在中央层面的法律法规和政策文件中，党内法规制度频频强调建立健全环境公益诉讼制度，国务院规范性文件则从工作计划或规划角度提出要建立健全环境公益诉讼制度，但就效力级别来看，环境公益诉讼尚未上升到正式的法律层面，主要由司法解释、司法解释性质文件予以规范，具体可操作的规定主要集中在《最高人民法院、最高人民检察院关于办理海洋自然资源与生态环境公益诉讼案件若干问题的规定》（司法解释，2022）、《最高人民法院关于审理环境公益诉讼案件的工作规范（试行）》（司法解释性质文件，2017）中。不过，在实务层面，环境公益诉讼这一主题已经成为环保部门以及法制机构工作人员培训的重要内容。而且，环境公益诉讼已经在各地不断实践，如近些年来，环境公益诉讼的典型案例频频出现，以河南省为例，如下表6-9所示，2008—2020年，在立案数量上，环境资源领域涉及民事公益诉讼的立案数分别为89件、222件、290件，涉及行政公益诉讼的立案数分别为796件、3036件、3014件，各自在民事和行政公益诉讼中的占比最大；与之相似，在线索、诉前程序和起诉方面，环境资源领域案件的占比也是最大的。

表 6-9　　　人民检察院办理公益诉讼案件情况（单位：件）

年份	案件类别	线索	立案	诉前程序	起诉
2018	**民事公益诉讼**	160	133	11	95
	环境资源领域		*89*	*7*	*70*
	食品药品领域		43	3	25
	英烈保护领域		1	1	
	行政公益诉讼	1507	1398	1291	7
	环境资源领域		*796*	*723*	*5*
2018	食品药品领域		295	284	
	国土出让领域		167	157	
	国有财产保护领域		140	127	2
	合　计	1667	1531	1302	102
2019	**民事公益诉讼**	416	318	167	168
	环境资源领域	*276*	*222*	*122*	*124*
	食品药品领域	102	86	44	41
	英烈保护领域	2	2		
	其他领域	36	8	1	3
	行政公益诉讼	6888	4266	3098	11
	环境资源领域	*5357*	*3036*	*2151*	*6*
	食品药品领域	711	581	457	2
	国土出让领域	208	141	89	
	国有财产保护领域	188	164	126	2
	其他领域	424	344	275	1
	合　计	7304	4584	3265	179
2020	**民事公益诉讼**	575	449	373	243
	环境资源领域	*377*	*290*	*244*	*170*
	食品药品领域	151	126	105	56
	英烈保护领域	5	2	2	1
	其他领域	42	31	22	16
	行政公益诉讼	6296	4416	3207	16
	环境资源领域	*4362*	*3014*	*2144*	*8*
	食品药品领域	684	536	427	1

续表

年份	案件类别	线索	立案	诉前程序	起诉
2020	国土出让领域	223	183	123	5
	国有财产保护领域	79	50	38	
	其他领域	948	633	475	2
	合计	6871	4865	3580	259

注:数据来源于《河南统计年鉴 2019》第 697 页,《河南统计年鉴 2020》第 683 页,《河南统计年鉴 2021》第 636 页。

政策上的重视和现实中层出不穷的案例实践与理论研究往往相互印证。学术界关于环境公益诉讼的研究自 21 世纪以来热度逐渐高涨。在知网中以"环境公益诉讼"为主题进行学术期刊检索(最后检索时间为 2022 年 6 月 18 日),将来源类别限定为 SCI 来源期刊、EI 来源期刊、北大核心、CSSCI 与 CSCD,得到结果 318 条(实际上,这方面的研究远不止如此,如果在同样的条件下,将篇名检索换成主题检索,结果高达 949 条,具体趋势如图 6-2 所示)。由此可见,环境公益诉讼作为环境治理中的一个非常重要的议题,正越来越受到各界重视。

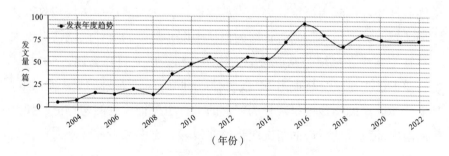

图 6-2　环境公益诉讼主题研究趋势(共计 949 条)

环境公益诉讼是"对已经损害社会公共利益或者具有损害社会公共利益重大风险的污染环境、破坏生态的行为"提起的诉讼①,它既是环境

———————

① 最高人民法院:《最高人民法院关于审理环境民事公益诉讼案件适用法律若干问题的解释(现已被修改)》,2015 年 1 月 6 日发布,第一条。

公共利益受损时最为重要的救济方式，在本质上也是公众参与环境治理的延伸和发展，"为公众参与环境公共事务管理提供新的平台和手段"①。它能从事前预防和事后救济双重角度强化公众参与环境治理的效能。根据《最高人民法院关于审理环境公益诉讼案件的工作规范（试行）》的规定，环境公益诉讼有环境"民事公益诉讼"和"行政公益诉讼"（第一条）两大类②。不过，"无论环境民事公益诉讼还是环境行政公益诉讼，普遍存在'六难'，即立案难、调查取证难、鉴定难、建立激励机制难、胜诉难和执行难"③。在这些难题中，诉讼主体资格尤其原告资格——谁有权提起诉讼，一直以来始终都是环境公益诉讼无法回避的话题。

根据对法律法规和政策文件等的前述梳理可以发现，环境公益诉讼中的法定原告被限定为有关"机关"和"组织"，前者通常指的是检察机关，这一点在法律制度和实践中皆无甚争议；但与此同时，后者则存在规定过于模糊笼统、实践认定太严格的问题，在大部分涉及环境公益诉讼的法律法规和政策文件中，对于诉讼原告往往以"有关机关和组织""社会组织""社会环保组织""具备资格的环保组织"等形式一带而过。在较为具体的规定中，如表 6-10 所示：关于这些"社会组织"的限制性条件也颇为严格。因此，总体而言，在当前法律法规和政策文本中，对有关"组织"原告资格的谨慎态度和严苛的条件限制使得绝大多数社会组织在环境公益诉讼中主体不适格。由此可以看出，"中国环境公益诉讼在立法上呈现出'公权主导'的倾向"④。在这种立法倾向下，环境公益诉讼的实践也呈现较为明显的"行主民辅"的结构特征，如上表河南省环境公益诉讼的情况统计就在线索、立案和诉前程序中存在这

---

① 王太高：《环境公益诉讼制度的本质分析与立法借鉴——以〈环境保护法〉修改为契机》，《社会科学辑刊》2013 年第 6 期。
② 《最高人民法院、最高人民检察院关于办理海洋自然资源与生态环境公益诉讼案件若干问题的规定》则将因破坏海洋生态、海洋水产资源、海洋保护区而提起的公益诉讼分为"民事公益诉讼、刑事附带民事公益诉讼和行政公益诉讼"三类（第一条）。
③ 房保国：《环境公益诉讼尚存"六难"亟待立法完善》，《中国商报》2021 年 11 月 9 日第 P03 版。
④ 梁平、潘帅：《环境公益诉讼模式的重构——基于制度本质的回归》，《河北大学学报》（哲学社会科学版）2022 年第 2 期。

种结构特征。

表 6-10 有权提起环境公益诉讼的"组织"规定

名称	原告资格相关规定	类别
中华人民共和国环境保护法（2014 修订）	对污染环境、破坏生态，损害社会公共利益的行为，符合下列条件的社会组织可以向人民法院提起诉讼：（一）依法在设区的市级以上人民政府民政部门登记；（二）专门从事环境保护公益活动连续五年以上且无违法记录。（第五十八条）	法律
最高人民法院关于审理环境公益诉讼案件的工作规范（试行）	审查社会组织是否属于环境保护法第五十八条规定的"专门从事环境保护公益活动"，应从章程规定的宗旨和业务范围是否包含维护环境公共利益，是否实际从事环境保护公益活动，以及提起环境公益诉讼所维护的环境公共利益是否与其宗旨和业务范围具有关联性等三个方面进行认定。（第五条）	司法解释性质文件
最高人民法院关于修改《最高人民法院关于人民法院民事调解工作若干问题的规定》等十九件民事诉讼类司法解释的决定	依照法律、法规的规定，在设区的市级以上人民政府民政部门登记的社会团体、基金会以及社会服务机构等，可以认定为环境保护法第五十八条规定的社会组织	司法解释
最高人民法院关于审理环境民事公益诉讼案件适用法律若干问题的解释	依照法律、法规的规定，在设区的市级以上人民政府民政部门登记的社会团体、民办非企业单位以及基金会等，可以认定为环境保护法第五十八条规定的社会组织。（第二条）	司法解释

对有权提起环境公益诉讼主体的"机关"和"组织"限定，使公民个体形式的公益诉讼于法无据，而对有关"组织"的限制则导致大量社会组织被排除在环境公益诉讼原告主体范围之外。这与环境公益诉讼的存在价值和本质属性相背离。在理论上，环境公益诉讼被作为公众参与的重要内容予以强调和规范，其落脚点是为了保护环境公共利益，因此，这种诉讼权利理应由全体享有环境权益的主体共享。但立法上的"公权主导"和实务中的"行主民辅"特征使其难以彰显预期的价值。为避免环境公益诉讼被束之高阁，促进公众参与环境治理的实际效能，应当尽可能立足该制度的原初价值，鼓励诉讼主体社会化：一是降低社会组织作为环境公益诉讼原告主体的资格门槛；二是赋予公民个体以环境公益诉讼的原告主体资格。通过主体范围的扩大来促进环境公益诉讼价值的回归，拓宽公众参与环境治理的方式和渠道，强化其参与实效。

附录　调查问卷

一　公众参与环境治理问卷

Part1：基本信息

目前主要身份：

A. 学生

B. 在工作的人：a. 公务员或参公管理人员

b. 企、事业单位工作人员

c. 个体户、自由职业者

d. 其他

C. 家庭主妇／夫　　　D. 离退休人员　　　E. 其他

性别：_____

年龄： A.18 岁以下　B.18—25 岁　C.26—30 岁　D.31—40 岁

E.41—50 岁　F.51—60 岁　G.60 岁以上

婚姻状态： A. 已婚　B. 未婚

是否有子女： A. 是（包括孕期）B. 否

受教育程度： A. 初中及以下　B. 高中　C. 大专　D. 本科　E. 硕士

及以上

Part2: 基于 TPB/VBN 的测量

1. 行为态度（Attitude toward behavior）	从完全不认同到完全认同，依次计为 1—7 分						
	1	2	3	4	5	6	7
我认为保护环境对大家都有好处							
我认为环保行为对减少生态环境破坏非常重要							
我认为以对环境负责的方式节约能源是明智行为							

2. 主观规范（Subjective norm）	从完全不认同到完全认同，依次计为 1—7 分						
	1	2	3	4	5	6	7
周围的人大多数都希望我对环境友好							
我感受到国家对生态环境保护的高度重视							
我感受到舆论媒体对环境保护的积极倡导							
如果我对环境做了不好的行为，会受到他人诟病							
如果我对环境做了不好的行为，会受到处罚或制裁							

3. 行为意向（Behavioral intention）	从完全不认同到完全认同，依次计为 1—7						
	1	2	3	4	5	6	7
我打算以后合理地处理生活中的废弃物							
我将努力减少对环境的污染破坏							
我打算以后尽可能阻止他人污染破坏环境							

4. 感知行为控制 （Perceived behavioral control）	从完全不认同到完全认同，依次计为 1—7 分						
	1						
我的环保知识和技能不太充分							
投入额外的时间、精力、金钱保护环境对于我来说有点困难							
我对我个人的环保行为能否对环境保护起到效果没有信心							
周围的人不注意保护环境，这让我很无奈							

5. 环境行为（Behavior）	从完全不认同到完全认同，依次计为 1—7 分						
	1	2	3	4	5	6	7
我通常会合理处理生活中的废弃物							
日常生活中我比较注意环保							
看到他人污染环境我通常会加以规劝制止							

6. 危险评估（Threat Appraisal）	从完全不认同到完全认同，依次计为 1—7 分						
	1	2	3	4	5	6	7

水域生态环境比以前差了很多							
空气污染对我们身体健康产生了严重影响							
土壤污染对我们的粮食安全构成了威胁							

7. 价值观（Value）	从完全不重要到非常重要，依次计为 1—7 分						
	1	2	3	4	5	6	7

	人与自然和谐统一							
vbio	防止环境污染							
	尊重地球							
	世界和平							
va	人人平等							
	社会公正							
	友善助人							
	成为某个领域的专业权威							
	拥有权力							
ve	具有较高的社会地位							
	身体健康							
	拥有财富							

8. 生态世界观（Ecological worldview）	从完全不认同到完全认同，依次计为 1—7 分						
	1	2	3	4	5	6	7

地球上的空间和资源是有限的							
人类正在严重地破坏生态环境							
动植物和人类一样有生存的权利							
大自然的平衡是很脆弱的，很容易被打乱							
尽管人类有特殊技能，但仍受制于自然法则							

9. 后果意识（Awareness of consequences）	从完全不认同到完全认同，依次计为 1—7 分						
	1	2	3	4	5	6	7

若不加制止，我们将在不久的将来经历一场重大的生态灾难							
局部污染破坏会对整体生态环境产生严重的不良后果							
环境污染破坏会威胁子孙后代的生存发展							

10. 责任归属（Ascription of responsibility）	从完全不认同到完全认同，依次计为 1—7 分						
	1	2	3	4	5	6	7

续表

	1	2	3	4	5	6	7
每个社会成员都应对生态环境负责							
政府部门应该对生态环境负责							
污染破坏者应该对生态环境负责							
环保非政府组织应承担起保护环境的职责							
受环境污染影响的人应为环保发声							

11. 主观规范（Moral norm）	从完全不认同到完全认同，依次计为1—7分						
	1	2	3	4	5	6	7
我觉得自己有道德义务参与保护环境（不管别人怎么做）							
我有责任去劝阻和制止他人破坏环境							
如果对环境做了不好的行为，我会有罪恶感							
如果我对环境不友好，别人可能也会这样，到时候环境污染就会加重							

Part3: 公众参与测量

12. 对当前阶段公众参与环境治理的看法	从完全不认同到完全认同，依次计为1—7分						
	1	2	3	4	5	6	7
公众意见反馈能有效提升政府环境治理水平和能力							
公众意见反馈没有对环境治理起到足够大的影响							
公众角色大多停留在被动接受环保知识宣传层面							
公众参与形式主要是污染后的诉求表达，对环境决策影响有限							
环境方面的信息存在不公开透明的问题							
向政府表达环境诉求的渠道不太畅通							
政府回应公众环保意见诉求的行为存在敷衍、推诿、拖延等现象							
政府不信任公众，不太愿意公众过多参与环境治理							
在环境治理中公众不信任政府，只说不做，不太符合期望							
在表达环境意见诉求时我会有所顾虑							

13.是否有过以下参与行为	是	否
向政府反映过环境方面的意见和诉求		
参加过环境方面的座谈会或意见征集		
参与过环境方面的决策		

二 环境保护工作人员问卷

1. 您的性别（   ）

    A. 男　B. 女

2. 您的年龄（   ）

    A.25 岁及以下　B.26—35 岁　C.36—45 岁

    D.46—55 岁　E.56 岁以上

3. 您的学历（   ）

    A. 高中及以下　B. 专科　C. 本科　D. 硕士及以上

4. 您所在环保部门是（   ）

    A. 生态环境部　B. 省级环保部门　C. 市级环保部门

    D. 区县环保部门　E. 乡镇环保站

5. 您觉得所在区域环境状况如何（   ）

    A. 非常差　B. 比较差　C. 一般　D. 比较好　E. 非常好

6. 您觉得环境保护执法总体效果如何（   ）

    A. 非常差　B. 比较差　C. 一般　D. 比较好　E. 非常好

7. 您认为环保领域最大的难题是（   ）

    A. 环保立法与决策　B. 项目环评　C. 环保执法

    D. 环保政策效果评估　E. 其他

8. 在环境保护执法领域，（组建生态环境部之前）以下问题是否存在（   ）

问题	不存在	很轻微	一般化	比较严重	非常严重
处罚违法行为的权力不够					

续表

问题	不存在	很轻微	一般化	比较严重	非常严重
对违法行为处罚力度不足					
对违法者强制整改难					
追究违法责任难					
污染者屡罚不改					
弄虚作假应对环境执法					
简单以停产应对环境检查					
违法证据获取难度大					
与刑事司法衔接欠佳					
多头执法					
治污成本高					
执法队伍分散					
执法方式单一					
执法形式化、表面化					
对屡罚不改者缺乏进一步措施					
环保执法长效机制不完善					
缺乏对污染环境者的终身追责机制					
执法队伍编制短缺					
执法专业人员少					
执法经费不足					
执法装备落后					
执法人员素质不佳					
执法队伍规范化程度低					
执法能力欠缺					
执法程序不完善					
环保目标太抽象					
环境绩效指标的可操作性弱					
地方经济发展压力大					
地方政府对污染企业的保护					

问题	不存在	很轻微	一般化	比较严重	非常严重
环保信息公开度不足					
环境执法透明性不足					
环境执法考核评议机制不完善					
对地方政府部门环境监督力度不足					
环保事权分散于各部门，存在职能交叉					
其他政府部门不配合					
环保目标与其他部门目标存在冲突					
环保部门权责不匹配					
受领导或其他部门干扰					
环保部门在政府权力体系中处于弱势					
执法人员对环保工作认识不足					
其他部门环保意识淡薄					
地方政府对环保工作重视不足					
污染者追求短期利益无视环保要求					
普通公众环保意识淡薄					
公众参与和支持不足					
公众参与存在邻避效应					

9.对于区域内的重点企业，如果存在污染，您的执法态度是（　　）

A.严格执行

B.权衡企业贡献与污染程度再决定执行力度

C.以沟通、警告为主尽量避免立案执行

D.豁免执行

10. 在环境执法时，被执法者的最常见反应是（　　　）

 A. 激烈抗拒　　　　　　　　B. 不抗拒但也不配合

 C. 假装配合事后又我行我素　D. 积极配合

11. 有没有遇到过被执法对象与执法人员（环保部门）发生纠纷的
 情况（　　　）

 A. 从来没有遇到　　　　　　B. 偶尔会遇到

 C. 经常会遇到

12. 被执法者与执法人员发生纠纷的原因是（　　　）（如果没有遇到
 过则跳过此题）

 A. 纯粹抗拒执法　　　　　　B. 执法者行为不当

 C. 违反了法定程序　　　　　D. 执法依据不充分

 E. 其他部门违规审批为此埋下隐患

 F. 前期环评未严格把关以致污染者认为自己合规

 G. 其他

13. 环保部门查处环境污染的最主要线索来源是（　　　）

 A. 群众举报　　B. 环境监测　　C. 例行检查

 D. 突击检查　　E. 媒体曝光　　F. 其他

14. 您认为环境治理是否有必要吸纳公众参与（　　　）

 A. 完全没有必要　　　B. 一般吧，看情况　　C. 非常有必要

15. 对于环境治理，您认为公众最有必要参与哪个环节（　　　）

 A. 环保立法与决策　　B. 项目环评　　C. 环保执法

 D. 环保绩效考核　　　E. 其他

16. 您认为当前阶段公众参与环境治理的效果（　　　）

 A. 适得其反　　　B. 没啥效果　　　C. 效果不太明显

 D. 效果还可以　　E. 效果很显著

17. 您认为哪些因素会影响公众参与环境治理的效果（　　　）（按照
 影响程度从高到低依次列出）

 A. 信息公开度　　　B. 参与渠道　　　C. 项目本身特性

 D. 参与程序　　　　E. 参与者的能力　　F. 其他

18. 您觉得政府期待公众以何种方式参与环境治理（　　　　）（可多选）

　　A. 环保投诉热线　　　　B. 信访　　　　C. 电子政务平台

　　D. 网络论坛　　　　　　E. 座谈会　　　　F. 邮件

　　G. 其他

19. 您对环境执法工作有何建议或意见？＿＿＿＿＿＿＿＿＿＿＿＿＿

　　＿＿＿＿＿＿＿＿＿＿＿＿＿＿＿＿

20. 您对公众参与环境治理有何建议或意见？　＿＿＿＿＿＿＿＿＿＿

　　＿＿＿＿＿＿＿＿＿＿＿＿＿＿＿＿

三　轨道噪声扰民及公众参与问卷

1. 性别（　　　　）

　　A. 男　　　　　　B. 女

2. 职业（　　　　）

　　A. 公务员或参公管理人员　　　B. 企、事业单位工作人员

　　C. 个体户、自由职业者　　　　D. 学生

　　E. 退休人员　　　　　　　　　F. 其他

3. 受教育程度（　　　　）

　　A. 初中及以下　　　　　　　　B. 高中（包括职高）

　　C. 专科　　　　　　　　　　　D. 本科及以上

4. 您的房屋价格跟买进来的时候相比较（　　　　）

　　A. 涨价　　　　B. 稳定　　　　C. 降价

5. 您买这里的房子最主要的目的是（　　　　）

　　A. 小孩读书　　　B. 改善居住环境

　　C. 投资　　　　　D. 其他

6. 在学校维权活动中您的角色是（　　　　）

　　A. 组织者

　　B. 虽然不是组织者，但作为代表去参加了相应的活动

　　C. 普通参与者

　　D. 因为某些原因，我没有去参加过

7. 您加入学校相关的群（微信或 QQ 群）是因为（　　）（若没加
入则跳过该题）

A. 有人动员，所以就加入了

B. 事关小孩读书所以主动打听并参与进来

C. 听到有人谈论，所以参与进来

D. 被人强行拉进来的

E. 我是群主

F. 其他

8. 在学校问题上，政府相关部门与业主进行了协商会谈，您的参与
情况是（　）

A. 参加了协商会谈

B. 因时间冲突，没有去参加

C. 去了也没什么用，所以没有去

D. 担心被约谈，所以没去

E. 已经有足够多的人去了，所以没去

F. 因其他原因，所以没去

9. 学校问题的解决对噪声问题有何影响（　　　）

A. 增加了解决噪声问题的信心　B. 降低了解决噪声问题的信心

10. 您的房子与轻轨线的距离（　　　）

A. 靠近轻轨的第一排房屋　　　B. 靠近轻轨的第二排房屋

C. 靠近轻轨的第三排房屋　　　D. 在第四排房屋甚至更远

11. 轨道噪声对您有多大程度的影响（　　　）

A. 可以忽略不计　　　　　　　B. 有影响，但在忍受范围内

C. 影响有点大，影响正常生活和休息

D. 影响非常严重，深受其害

12. 针对目前轨道噪声问题，您是否向有关部门反映过意见（　　　）

A. 没有反映过　　　　　　　　B. 反映过

13. 您反映轨道噪声问题时采取的主要方式是（　　）（根据实际情况填写，可单选也可多选）

   A. 拨打环保热线进行投诉

   B. 在政务平台留言（如区长、市长信箱、官微等）

   C. 直接到政府相关部门上访

   D. 向新闻媒体曝光

   E. 在网络平台曝光

   F. 在特定场合（如外墙、售楼部）挂横幅

   G. 法律诉讼

   H. 其他

14. 您反映轨道噪声问题后得到回应的情况（　　）

   A. 回应很及时　　　　　　　B. 回应有点儿迟缓

   C. 很少得到回应　　　　　　D. 迄今杳无音讯

15. 根据您的经验，相关部门的回应对于实际问题的解决有多大帮助（　　）

   A. 帮助很大，问题能够得到很好的解决

   B. 还是有效果，但需要自己持续跟进

   C. 没什么用，经常敷衍或"踢皮球"，很少见到实际行动

16. 在轨道噪声群体活动中您扮演的角色是（　　）

   A. 活动组织者

   B. 虽然不是组织者，但作为代表去参加了相应的活动

   C. 普通参与者

   D. 因为各种原因，我没有去参加过

17. 您加入解决轨道噪声的群（微信或QQ群）是因为（　　）（若没有加入则跳过该题）

   A. 有人动员，所以就加入了

   B. 利益攸关，所以主动打听并参与进来

   C. 听到有人谈论，所以参与进来

   D. 被人强行拉来的

E. 我是群主

F. 其他

18. 您所在的群体在噪声问题上采用的主要办法是号召大家（　　　）

（多选，请将您的答案按照重要程度排序）

A. 拨打环保热线进行投诉

B. 在政务平台留言（如区长、市长信箱、官微等）

C. 直接到政府相关部门上访

D. 向新闻媒体曝光

E. 在网络平台曝光

F. 在特定场合（如小区外墙、售楼部）挂横幅

G. 法律诉讼

H. 其他

19. 据您的了解，您所在群体在噪声问题上采取的行动效果如何

（　　　）

A. 效果不错

B. 目前略有效果，但未达到我们的预期

C. 效果不明显

20. 根据您的了解，以下哪种方式效果最好（　　　）

A. 法律诉讼

B. 在特定场合（如小区外墙、售楼部）挂横幅

C. 直接到政府相关部门上访

D. 拨打环保热线进行投诉

E. 在政务平台留言（如区长、市长信箱、官微等）

F. 向新闻媒体曝光

G. 关注国家新政策，期望顺势解决

21. 据您了解，针对轨道噪声问题，相关部门有没有主动与业主展
    开协商（　　　）

    A. 没有

    B. 有，但次数很少

    C. 已经协商了很多次了

22. 政府举行的关于轨道噪声问题的协商会谈，您的参与情况是
    （　　　）

    A. 参加了协商会谈

    B. 因时间冲突，没有去参加

    C. 去了也没什么用，所以没有去

    D. 担心被约谈，所以没去

    E. 有足够多的人去了，所以没去

    F. 因其他原因，所以没去

23. 您对目前所面临的轨道噪声问题的解决前景持何种看法（　　　）

    A. 坚信很快能得到解决

    B. 肯定能解决，但可能要一个漫长的过程

    C. 感觉看不到希望

24. 若轨道噪声问题长时间得不到解决，您最有可能（　　　）

    A. 把这个房子卖了

    B. 自费安装隔音玻璃

    C. 联合业主继续向有关部门反映情况

    D. 联合业主通过法律诉讼途径来争取权益

    E. 通过其他途径（如媒体）来争取解决问题

    F. 无所谓，轨道噪声对我影响不大

    G. 其他

25. 您是否愿意持续参与该群体的噪声活动？（　　　）

    A. 愿意，我会持续跟进　　　B. 不愿意，以后不会去了